工业和信息化"十三五"人才培养规划教材

Android
应用程序开发与典型案例
微课版

华清远见教育集团 季久峰 刘洪涛 主编
高明旭 吴昊 陆晓燕 副主编

人民邮电出版社
北京

图书在版编目（CIP）数据

Android应用程序开发与典型案例：微课版 / 华清远见教育集团，季久峰，刘洪涛主编. -- 北京：人民邮电出版社，2019.4（2021.12重印）
工业和信息化"十三五"人才培养规划教材
ISBN 978-7-115-50732-7

Ⅰ. ①A… Ⅱ. ①华… ②季… ③刘… Ⅲ. ①移动终端－应用程序－程序设计－高等学校－教材 Ⅳ. ①TN929.53

中国版本图书馆CIP数据核字（2019）第022764号

内 容 提 要

本书主要讲解Android应用开发的核心技术及典型应用案例，内容由浅入深、通俗易懂。全书共15章。其中，第1~4章为基础知识介绍，可以使读者为以后的编程奠定坚实的基础。第5~14章为更深层次的内容介绍，使读者可以掌握更深一层的Android开发技术。第15章为项目实践，通过一个完整的谷歌电子市场案例，运用软件工程的设计思想，介绍如何进行Android应用程序的开发，带领读者体验项目开发的全过程。

本书可以作为计算机类相关专业的教材，也可作为相关内容爱好者的自学参考书。

◆ 主　　编　华清远见教育集团　季久峰　刘洪涛
　　副 主 编　高明旭　吴　昊　陆晓燕
　　责任编辑　左仲海
　　责任印制　马振武

◆ 人民邮电出版社出版发行　北京市丰台区成寿寺路11号
　　邮编　100164　电子邮件　315@ptpress.com.cn
　　网址　https://www.ptpress.com.cn
　　北京天宇星印刷厂印刷

◆ 开本：787×1092　1/16
　　印张：17.5　　　　　　　　2019年4月第1版
　　字数：435千字　　　　　　2021年12月北京第5次印刷

定价：49.80元

读者服务热线：(010)81055256　印装质量热线：(010)81055316
反盗版热线：(010)81055315
广告经营许可证：京东市监广登字20170147号

前言
Foreword

　　Android 一词的本义指"机器人"，是由 Google 公司于 2007 年 11 月正式对外发布的一种以 Linux 为基础的开放源代码操作系统，主要用于便携设备。依靠 Google 的强大开发和媒体资源，凭借其开放性和优异性，Android 平台在发展的过程中得到了包括手机厂商和著名移动运营商在内的业界的广泛支持，除应用于手机外，目前已逐渐扩展到平板电脑及其他领域。随着行业的迅猛发展，Android 研发工程师日益成为 IT 职场的紧缺人才。近年来，高校已经纷纷开设 Android 移动开发专业。但是，各院校在 Android 专业教学建设的过程中大都面临教材难觅、内容更新迟缓的困境。虽然目前市场上与 Android 开发相关的书籍比较多，但大都是针对有一定基础的业内研发人员编写的，并不完全符合高校的教学要求。高校教学需要一套充分考虑学生现有知识基础和接受度的、明确各门课程教学目标的、便于学校安排课时的 Android 专业系列教材。

　　针对高校专业教材缺乏的现状，我们以多年来在嵌入式工程技术领域及移动开发行业内人才培养、项目研发的经验为基础，汇总分析了近几年积累的数百家企业对 Java 及 Android 研发相关岗位的真实需求，并结合行业应用技术的最新状况及未来发展趋势，调研了开设 Android 专业的高等院校的课程设置情况、学生特点和教学用书现状，通过整理和分析，对专业技能和基本知识进行合理划分，编写了系列教材，包括《Java 编程详解（微课版）》和《Android 应用程序开发与典型案例（微课版）》。

　　本书由华清远见教育集团创始人季久峰和教研副总裁、研发中心总经理刘洪涛任主编，高明旭、吴昊、陆晓燕任副主编。本书的完成得到了华清远见嵌入式学院及创客学院的帮助，教材内容参考了学院与嵌入式及移动开发企业需求无缝对接的、科学的专业人才培养体系。

　　读者登录华清创客学院官网 www.makeru.com.cn，或在微信公众号内搜索并关注"创客学院公会"，即可在线学习海量 IT 课程！欢迎读者加入华清远见图书读者 QQ 群 516633798，获取更多资源与服务。

　　由于编者水平有限，书中疏漏及不妥之处在所难免，恳请读者批评指正。

编　者

2018 年 12 月

平台支撑

华清远见教育集团（www.hqyj.com）是一家集产、学、研于一体的高端IT职业教育品牌，致力于培养实战型高端IT人才，业务涵盖嵌入式、物联网、JavaEE、HTML5、Python+人工智能、VR/AR等众多高端IT学科方向。自成立以来，华清远见不忘初心，始终坚持"技术创新引领教育发展"的企业发展理念，坚持"做良心教育，做专业教育，做受人尊敬的职业教育"的核心育人理念，以强大的研发底蕴、"兴趣学习"的人才培养模式、良好的培训口碑，获得众多学员的高度赞誉。15年来，先后在北京、上海、深圳、成都、南京、武汉、西安、广州、沈阳、重庆、济南、长沙成立12个直营中心。到目前为止，已有超过20万名学员从华清远见走出。

华清远见可以为您提供什么

- 智能时代，高端IT技术的系统化学习

"智能革命"将成为2019年的关键词，嵌入式、物联网、人工智能、VR/AR、大数据等多种技术也将不断融合创新，推动智能时代的颠覆浪潮。华清远见涉及嵌入式、物联网、JavaEE、HTML5、Python+人工智能、VR/AR等众多高端IT学科方向，并在这些核心技术方向拥有丰富的教学经验与研发经验积累。华清远见课程体系，是在对企业人才需求充分调研的基础上由教研团队精心打磨而成的系统化的教学方案，且保持每年两次课程升级，不断迭代更新。通过华清远见精英讲师团队的输出，学员可真正学有所成，提升技术实力，从而匹配行业最新人才需求。

- 兴趣导向的学习体验，提升实战经验

华清远见研发中心（www.fsdev.com）自主研发了智能小车、智能仓储、智能家居、人工智能机器人、智能交通、智慧城市、智能农业、VR眼镜等10余种智能产品及实训系统，广泛应用于项目教学，并且根据企业主流需求进行高频率更新。华清远见项目实训导向式的教学模式将技术开发与实训教学完美融合，融趣味性、知识性、实用性于一体，通过最接近企业产品级的项目实训让学员在兴趣中学习，从而拥有企业级项目的研发能力。

- 建立明确的职业发展规划，避免走弯路

华清远见产、学、研一体化的企业发展模式，可以最大化地帮助每一位学员建立更具职业发展前景的职业发展规划，避免走弯路。华清远见研发中心的50多个研发团队，紧跟行业技术发展，确保华清远见教学体系、实训项目、实训设备始终处于业内领先地位。华清远见拥有华为、三星、Intel等众多500强企业员工内训服务经验，并与全国5000多家企业达成了人才培养合作，庞大的企业关系网确保华清远见第一时间了解行业整体人才需求动向，实时跟进人才培养与企业岗位的无缝对接。

- 5000多家就业合作企业，帮你实现高薪就业

华清远见拥有全国5000多家就业合作企业，可以帮助企业快速搭建人才双选通道，通过全年数百场企业专场招聘会，让学员和企业零距离沟通。同时，华清远见全国12大校区的200多个就业保障团队，可帮助学员提前做好就业指导、面试、笔试、职场素养培训等求职环节的准备工作，助力学员高薪就业。华清远见实战型人才培养模式也获得了众多合作企业的高度认可，很多华清学员已成为公司的技术骨干人才。

- 55000个在线课程，随时随地想学就学

华清远见旗下的品牌——创客学院（www.makeru.com.cn）是华清远见重金打造的高端IT职业在线学习平台。创客学院的所有线上课程均为华清远见全国12大校区专家级讲师及业内名师精心录制的，为广大学员提供一对一专属学习方案、名师大屏授课模式体验、4V1陪伴式学习、7×13在线实时答疑服务等，致力于将最高质量的课程及最贴心的服务提供给所有学员。

华清远见业务及优势

- 华清远见3大业务，从线下到线上，再到产品研发，全面覆盖

华清远见教育集团紧跟科技发展潮流，专注于高端IT开发人才的培养。目前，集团业务包含面授课程、在线课程、研发中心3大方向。从长期到短期，从线下到线上，从教学到研发，华清远见教育集团的业务在全面覆盖大学生、在职工程师、高校教师、企业职工等不同人群的同时，也充分满足不同人群的学习时间要求。未来，华清远见将不断提升自身的教研实力，用实际行动打造当之无愧的"高端IT就业培训专家"！

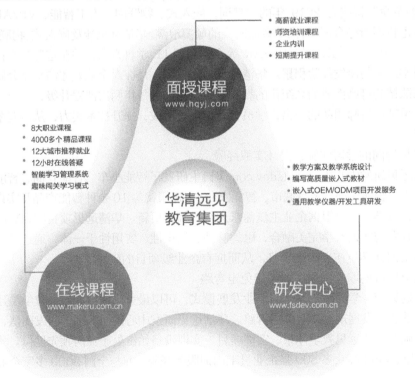

- 华清远见优势，专注高端 IT 教育 15 年，20 万学子口口相传

华清远见自成立以来，始终坚持"做良心教育，做专业教育，做受人尊敬的职业教育"的育人理念，这是我们创业 10 多年最厉害的秘密武器，也是每一步都走得比较踏实的强大后盾。15 年来，我们不忘初心，坚守原则。我们也坚信，只有扎扎实实、真心实意地为学员服务，帮助学员凭借真本事成功就业，才会一次次被市场选择，被行业选择，被学员选择。创业 15 年来，华清远见改变了 20 余万学子的命运，帮助他们实现了梦想，这是华清远见企业价值的实现，更是我们每一个华清人社会价值的实现。

目录 Contents

第 1 章　Android 基本概念　1

1.1　Android 简介　2
　1.1.1　Android 是什么　2
　1.1.2　Android 的发展史　2
1.2　Android 平台特性　3
1.3　Android 系统框架　4
　1.3.1　Linux 内核（Linux Kernel）　4
　1.3.2　程序库（Libraries）　4
　1.3.3　Android 运行时（Android Runtime）　5
　1.3.4　应用程序框架（Application Framework）　5
　1.3.5　应用程序（Applications）　5
1.4　Android 开发框架　6
　1.4.1　应用方面　6
　1.4.2　数据存储　7
　1.4.3　网络访问　8
1.5　Android 开发环境搭建　9
　1.5.1　JDK 的安装和 Java 环境变量设置　9
　1.5.2　Android Studio 的安装　9
　1.5.3　SDK 的安装和配置　11
1.6　创建 Android 项目　12
1.7　Android 应用程序目录结构介绍　13
1.8　本章小结　14
关键知识点测评　15

第 2 章　Activity 与 Fragment 详解　16

2.1　Activity 简介　17
2.2　Activity 简单使用　17
　2.2.1　创建 Activity 类　17
　2.2.2　创建、加载布局文件　19
　2.2.3　配置 Activity　21
　2.2.4　关闭 Activity　22
2.3　Activity 的生命周期　23
　2.3.1　返回栈管理 Activity　23
　2.3.2　Activity 的生命状态　25
　2.3.3　Activity 的生命周期方法　26
2.4　Activity 的加载模式　28
　2.4.1　standard 模式　28
　2.4.2　singleTop 模式　28
　2.4.3　singleTask 模式　29
　2.4.4　singleInstance 模式　30
2.5　Fragment 详解　32
　2.5.1　Fragment 概述　32
　2.5.2　Fragment 使用　32
　2.5.3　Fragment 与 Activity 通信　34
　2.5.4　Fragment 管理与 Fragment 事务　35
2.6　Fragment 生命周期　35
2.7　MVC 设计模式　37
2.8　本章小结　38
关键知识点测评　38

第 3 章　资源文件设计　39

3.1　文字资源文件　41
　3.1.1　创建文字资源文件　41
　3.1.2　在 xml 文件中引用文字资源　41
　3.1.3　在 Java 代码中引用文字资源　42
3.2　颜色资源文件　42
　3.2.1　创建颜色资源文件　42
　3.2.2　颜色的表现方式　42
　3.2.3　在 xml 文件中引用颜色资源　43
　3.2.4　在 Java 代码中引用颜色资源　43
3.3　尺寸资源文件　44
　3.3.1　创建尺寸资源文件　44
　3.3.2　尺寸单位及对比　44
　3.3.3　在 xml 文件中引用尺寸资源　45
　3.3.4　在 Java 代码中引用尺寸资源　45
3.4　样式资源文件　46
　3.4.1　创建样式资源文件　46

3.4.2	在 xml 文件中引用样式资源		47
3.4.3	在 Java 代码中引用样式资源		47
3.5	主题资源文件		48
3.5.1	创建主题资源文件		48
3.5.2	调用系统默认主题文件		48
3.5.3	在 Java 代码中调用自定义主题资源文件		49
3.6	布局资源文件		49
3.6.1	创建布局资源文件		49
3.6.2	布局资源文件的调用		50
3.7	图片资源文件		50
3.7.1	创建图片资源文件		50
3.7.2	在 xml 文件中引用图片资源		50
3.7.3	在 Java 代码中引用图片		51
3.8	菜单资源文件		51
3.8.1	创建菜单资源文件		52
3.8.2	菜单资源的调用		52
3.9	本章小结		53
关键知识点测评			53

第 4 章　图形界面编程　54

4.1	图形界面设计概述	55
4.2	常见布局	56
4.2.1	线性布局	58
4.2.2	相对布局	61
4.2.3	框架布局	63
4.2.4	表格布局	64
4.2.5	绝对布局	67
4.2.6	网格布局	68
4.3	常见控件	68
4.3.1	TextView 文本显示	69
4.3.2	Button 单击触发	70
4.3.3	EditText 文本框输入	70
4.3.4	单选按钮 RadioButton	72
4.3.5	多选按钮 CheckBox	73
4.3.6	进度条 ProgressBar	74
4.3.7	Toast 通知	75
4.3.8	ImageView 显示图片	76
4.3.9	ListView 显示列表	76
4.3.10	AlertDialog 对话框	78
4.3.11	菜单组件	83
4.3.12	Action Bar	88
4.4	selector 的使用	92

4.5	9Patch 图片	93
4.6	本章小结	94
关键知识点测评		94

第 5 章　Intent 与 intent-filter 详解　95

5.1	Intent 简介	96
5.2	Intent 属性与 intent-filter 配置	96
5.2.1	Component 属性	96
5.2.2	Action、Category 属性与 intent-filter 配置	97
5.2.3	指定 Action、Category 调用系统 Activity	100
5.2.4	Data、Type 属性与 intent-filter 配置	101
5.2.5	Extra 属性	103
5.2.6	Flag 属性	104
5.3	本章小结	104
关键知识点测评		104

第 6 章　服务详解　105

6.1	Service 简介	106
6.2	Service 的使用	106
6.2.1	创建 Service	106
6.2.2	配置 Service	107
6.2.3	Service 的启动与关闭	107
6.2.4	Service 与进程的关系	108
6.2.5	Service 与 Activity 的绑定	108
6.2.6	Service 与 Activity 的通信	111
6.3	Service 的生命周期	111
6.4	本章小结	112
关键知识点测评		112

第 7 章　广播机制详解　113

7.1	Broadcast Receiver 简介	114
7.2	自定义广播	114
7.2.1	静态注册	114
7.2.2	动态注册	116
7.3	接收系统广播	118
7.3.1	监听网络变化	118
7.3.2	监听系统开关机	120
7.4	有序广播	121

7.5	本章小结	122
	关键知识点测评	123

第 8 章　Android 多线程编程　124

8.1	线程与进程的基本概念	125
8.2	主线程	125
8.3	线程的基本用法	126
	8.3.1　创建线程	126
	8.3.2　开启线程	126
	8.3.3　子线程中更新 UI	126
8.4	Handler 消息传递机制	127
	8.4.1　消息队列机制原理详解	127
	8.4.2　Handler 的使用	128
8.5	AsyncTask 异步任务	128
	8.5.1　异步任务简介	128
	8.5.2　异步任务的使用	129
8.6	本章小结	131
	关键知识点测评	131

第 9 章　Android 数据存储　132

9.1	数据存储简介	133
9.2	File 文件存储	133
	9.2.1　内部存储	133
	9.2.2　外部存储	135
	9.2.3　文件存储的特点	136
9.3	SharedPreferences 存储	137
	9.3.1　SharedPreferences 与 Editor	137
	9.3.2　将数据存储到 SharedPreferences 中	137
	9.3.3　从 SharedPreferences 中读取数据	140
	9.3.4　SharedPreferences 的特点	140
9.4	SQLite 数据库存储	140
	9.4.1　SQLite 数据库简介	140
	9.4.2　创建数据库	142
	9.4.3　升级数据库	145
	9.4.4　添加数据	145
	9.4.5　删除数据	146
	9.4.6　更新数据	147
	9.4.7　查询数据	147
	9.4.8　使用 SQL 语句操作数据库	149
9.5	本章小结	149
	关键知识点测评	149

第 10 章　内容提供者详解　150

10.1	ContentProvider 简介	151
10.2	URI 简介	151
10.3	自定义 ContentProvider	151
	10.3.1　创建 ContentProvider	151
	10.3.2　配置 ContentProvider	153
	10.3.3　ContentProvider 操作数据库	154
	10.3.4　使用 ContentResolver 访问 ContentProvider	156
	10.3.5　数据共享	156
10.4	使用系统 ContentProvider	156
	10.4.1　读取系统短信	157
	10.4.2　读取系统联系人	157
10.5	本章小结	157
	关键知识点测评	158

第 11 章　传感器编程　159

11.1	传感器简介	160
11.2	常用传感器	162
	11.2.1　方向传感器	162
	11.2.2　磁力传感器	163
	11.2.3　温度传感器	163
	11.2.4　加速度传感器	163
	11.2.5　光线传感器	163
11.3	传感器开发步骤	164
11.4	开发案例	164
11.5	本章小结	167
	关键知识点测评	167

第 12 章　网络编程　168

12.1	网络技术简介	169
12.2	获取手机联网状态	169
12.3	WebView 的使用	170
12.4	使用 URL 访问网络资源	172
12.5	使用 HTTP 访问网络	173
	12.5.1　使用 HttpURLConnection	173
	12.5.2　使用 HttpClient	177
12.6	本章小结	179
	关键知识点测评	179

第 13 章　多媒体开发　180

13.1	多媒体开发简介	181

13.2 音频播放	181	
13.3 视频播放	186	
13.4 调用摄像头	190	
13.5 本章小结	192	
关键知识点测评	192	

第 14 章　图形图像处理　193

14.1 图形图像技术简介	194
14.2 Drawable	194
14.2.1 Drawable 简介	194
14.2.2 Drawable 分类	194
14.2.3 Drawable 使用	196
14.3 位图（Bitmap）	201
14.3.1 BitmapFactory	201
14.3.2 Bitmap 的使用	201
14.4 绘图	201
14.4.1 Canvas	201
14.4.2 Rect 和 Path	203
14.4.3 Paint	203
14.4.4 Canvas 和 Paint 的使用	204
14.5 视图动画	205
14.5.1 TranslateAnimation	206
14.5.2 ScaleAnimation	207
14.5.3 RotateAnimation	208
14.5.4 AlphaAnimation	208
14.5.5 帧动画	209
14.6 属性动画	209
14.6.1 ValueAnimator	210
14.6.2 ObjectAnimator	210
14.6.3 AnimatorSet	211
14.6.4 属性动画的监听器	211
14.7 SurfaceView 绘图	212
14.8 本章小结	215
关键知识点测评	215

第 15 章　项目综合开发　216

15.1 项目简介	217
15.2 项目实战准备	217
15.2.1 搭建服务器	217
15.2.2 项目相关类库	218
15.3 侧拉菜单及 ActionBar 的实现	218
15.3.1 侧拉菜单的实现	218
15.3.2 填充侧拉菜单	219
15.3.3 设置 ActionBar	223
15.4 主界面框架的搭建	225
15.4.1 导入主页需要的类库	225
15.4.2 完成主界面的 xml 布局	226
15.4.3 填充 ViewPager 并绑定 Indicator	227
15.5 填充 HomeFragment 界面	229
15.5.1 工具类 CommonUtil 的创建	229
15.5.2 LoadingPager 类的创建	229
15.5.3 BaseFragment 类的创建	232
15.5.4 封装网络请求框架	233
15.5.5 请求路径封装和 json 数据解析	235
15.5.6 封装 Gson 工具类	238
15.5.7 抽取 BaseHolder 和 BasicAdapter	238
15.5.8 BaseListFragment 基类的抽取	240
15.5.9 HomeFragment 的实现	241
15.5.10 给 HomeFragment 添加轮播图	244
15.6 填充 SubjectFragment 界面	246
15.6.1 SubjectFragment 界面条目的创建	246
15.6.2 SubjectFragment 界面解析数据	248
15.6.3 SubjectFragment 请求数据给界面填充数据	249
15.7 填充 HotFragment 界面	249
15.7.1 自定义流式布局 FlowLayout	249
15.7.2 使用 FlowLayout 完成 HotFragment 界面	253
15.8 完成应用详情页 AppDetailActivity	254
15.8.1 AppDetailActivity 整体框架	254
15.8.2 完成 AppDownload 模块	257
15.9 本章小结	268
关键知识点测评	268

第1章

Android基本概念

■ 目前 Android 这个词已经随处可见,并且随时随地都会听到,但 Android 到底是什么,竟有如此大的威力可以在短短的几年内风靡全球?本章将带领大家详细了解 Android。

1.1 Android 简介

1.1.1 Android 是什么

Android 本义指"机器人"。Android 系统早期由名为"Android"的公司开发，Google 公司在 2005 年收购 Android 公司后，继续对 Android 系统开发运营。Android 系统最初由安迪·鲁宾等人开发制作。最初开发这个系统的目的是创建一个数码相机的先进操作系统，后来发现市场需求不够大，加上智能手机市场快速成长，于是 Android 被改造为一款面向智能手机的操作系统。图 1-1 所示为 Android 系统的 Logo。

图 1-1　Android 系统的 Logo

Google 公司于 2007 年宣布发布基于 Linux 平台的开源操作系统 Android SDK 1.0（预览版），官方中文名为安卓。底层 Linux 内核只提供基本功能，其他应用软件则由各公司自行开发，大部分程序以 Java 语言编写。

由于 Android 系统的开源特性，很多制造商都在生产 Android 系统的设备，如三星、摩托罗拉、HTC、索爱、LG、小米、华为、魅族等。

Android 系统除了运行在智能手机上之外，还可以用在平板电脑、电视、汽车、手表、眼镜等很多设备上。

安卓系统简介

1.1.2 Android 的发展史

- 1996 年，手机性能低下，直接浏览网页比较困难，所以出现了 WAP 制式。
- WAP：（Wait And Pay），由移动运营商将网站转发出去，网页格式为 WML（Wireless Markup Language，无线标记语言）。WML 是精简版的 HTML 语言，少了很多 HTML 标签，解析成本较低。
- 2005 年，Google 公司收购 Android 公司，开始研究 Dalvik VM。
- 2007 年发布 SDK 1.0 预览版。
- 2008 年公布 Android 源代码，我国成立"核高基"（核心高级基础）项目，主要研发本国的移动操作系统。
- 2012 年在 Google I/O 大会上，Android 4.1（Jelly Bean "果冻豆"）随搭载 Android 4.1 的 Nexus 7 平板电脑一起发布。
- 2013 年，Google 在 Android.com 上宣布下一版本名为 KitKat "奇巧"，版本号为 4.4。原始开发代号为 Key Lime Pie "酸柠派"。此外，Google 在此版本封锁了 Flash Player，用户由 Android 4.3 升级到 Android 4.4 后变得无法播放 Flash。
- 2014 年于 Google I/O 2014 大会上发布 Developer 版（Android L），之后在 2014 年 10 月 15 日正式发布且将名称定为 Lollipop "棒棒糖"。
- 2016 年正式发布了 Android 7.0 的首个测试版本 Developer Preview，数据包大小在 1.1GB 左右。相比往年测试版的公开时间，2016 年的 Android 7.Z0 明显来得早了一些。而谷歌负责人透露这样做也是为了给开发者争取到更多测试时间。

1.2 Android 平台特性

随着科技的发展，移动电话（Mobile Phone）正向着智能化的方向迈步，并逐步成为多种工具的功能载体，而 Android 就是这样一个智能手机的平台，一个多种工具的功能载体。

1. 通信工具

移动电话的最基本功能即为通信，因此，使用运营商提供的通信网络进行语音通话也是 Android 平台的最基本功能。除了传统的语音通话功能外，Android 平台还具有短消息功能，以及通常移动电话都具有的个人信息系统管理方面的功能，如电话本等。

2. 网络工具

随着数字业务使用的普遍化，移动电话作为网络工具，可以完成计算机的部分功能。由此，Android 平台在网络方面的功能主要包括浏览器、IM（即时信息）、邮件等，基本包含了网络方面的大部分功能。

3. 媒体播放器

随着多媒体技术的应用，在移动电话上进行音频和视频播放已经成为经常使用的功能。由此，Android 平台具有支持更多的音频/视频格式，支持更高分辨率的视频流畅地播放，以及和网络结合的流媒体方面等的功能。

4. 媒体获取设备

随着移动电话与媒体获取设备的集成日益增强，Android 平台提供了照相机、录音机、摄像机等功能。

5. 多类型的连接设备

Android 平台提供了多种连接方式，如 USB、GPS、红外、蓝牙、无线局域网等。

6. 友好和绚丽的用户界面

Android 平台具有友好的用户界面，使用户更容易学习和操作，同时其绚丽的用户界面具有良好的视觉效果。

7. 可以个性化定制的平台

Android 平台对于用户的个性化需求，提供了全面自定义手机的功能。

除了以上介绍的 Android 平台的功能以外，其在技术上还具有以下几个方面的特点。

- ➤ 全开放智能移动电话平台。
- ➤ 支持多硬件平台。
- ➤ 使用众多的标准化技术。
- ➤ 核心技术完整、统一。
- ➤ 完善的 SDK 和文档。
- ➤ 完善的辅助开发工具。

1.3 Android 系统框架

Android 操作系统结构可分为 4 层，由上到下依次是应用程序、应用程序框架、程序库及 Android 运行时、Linux 内核，如图 1-2 所示。

Android 四层架构简介

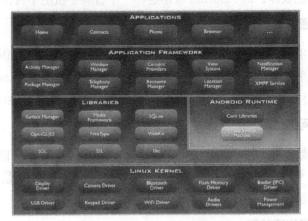

图 1-2　Android 系统框架

1.3.1　Linux 内核（Linux Kernel）

Android 的核心系统服务依赖于 Linux 2.6，如安全性、内存管理、进程管理、网络堆栈、驱动模型。Linux 内核也作为硬件和软件之间的抽象层，它隐藏具体硬件细节而为上层提供统一的服务。

除了标准的 Linux 内核以外，Android 系统还增加了内核的驱动程序，如显示驱动、蓝牙驱动、相机驱动、闪存卡驱动、Binder IPC 驱动、输入设备驱动、USB 驱动、Wi-Fi 驱动、音频系统驱动、电源管理等，为 Android 系统的运行提供基础性支持。

这样分层的好处就是使用下层提供的服务为上层提供统一的服务，屏蔽本层及以下层的差异，当本层及以下层发生变化时，不会影响上层。也就是说，各层各尽其职，各层提供固定的 SAP（Service Access Point），即高内聚、低耦合。

1.3.2　程序库（Libraries）

Android 包含一个 C/C++库的集合，以供 Android 系统的各个组件使用。这些功能通过 Android 的应用程序框架展现给开发者。下面列出一些程序库。

- libc（系统 C 库）：由 BSD 继承衍生的标准 C 系统函数库（libc），调整为基于嵌入式 Linux 设备的库。
- Media Framwork（媒体库）：基于 PacketVideo 的 OpenCORE。这些库支持播放和录制多种流行的音频及视频格式，以及多种媒体格式的编码/解码格式，包括 MPEG4、H.264、MP3、AAC、AMR、JPG、PNG。
- Surface Manager（界面管理）：显示子系统的管理器，管理、访问、显示子系统，无缝组合多个应用程序的二维和三维图形层。
- SGL：Skia 图形库，基本的 2D 图形引擎。

- OpenGLIES：基于 OpenGL ES APIs 实现的 3D 库。该库使用硬件 3D 加速或使用高度优化的 3D 软加速。
- FreeType：位图（Bitmap）和矢量（Vector）字体渲染。
- SQLite：所有应用程序都可以使用的强大而轻量级的关系数据库引擎。

1.3.3　Android 运行时（Android Runtime）

Android 运行时包括以下两部分。

- Android 核心库（Core Libraries）：提供了 Java 库的大多数功能。
- Dalvik 虚拟机（Dalvik Virtual Machine）：依赖于 Linux 内核的一些功能，比如线程机制和底层内存管理机制。同时虚拟机是基于寄存器的，Dalvik 采用简练、高效的 byte code 格式运行，它能够在低资耗和没有应用相互干扰的情况下并行执行多个应用，每一个 Android 应用程序都在它自己的进程中运行，都拥有一个独立的 Dalvik 虚拟机实例。Dalvik 虚拟机中的可执行文件为 .dex 文件，该格式文件针对小内存的使用做了优化。所有的类都经由 Java 编译器编译，然后通过 SDK 中的"dx"工具转换成 .dex 格式文件由虚拟机执行。

1.3.4　应用程序框架（Application Framework）

位于 Android 程序库和运行时上面的是应用程序框架层。通过提供开放的开发平台，Android 使开发者能够访问核心应用程序所使用的 API 框架，这样使得组件的重用得以简化，任何应用程序都能发布它的功能且任何其他应用程序都可以使用这些功能（需要服从框架执行的安全限制），从而使开发者可以编制极其丰富和新颖的应用程序，自由地利用设备硬件优势访问位置信息、运行后台服务、设置闹钟、向状态栏添加通知等。

- 丰富而又可扩展的视图系统（Views System）：可以用来构建应用程序，包括列表（lists）、网格（grids）、文本框（text boxes）、按钮（buttons），甚至包括可嵌入的 Web 浏览器。
- 内容提供器（Content Providers）：使得应用程序可以访问另一个应用程序的数据（如联系人数据库），或者共享它们自己的数据。
- 资源管理器（Resource Manager）：提供非代码资源的访问，如本地字符串、图形、布局文件（layoutfiles）。
- 通知管理器（Notification Manager）：使得应用程序可以在状态栏中显示自定义的提示信息。
- 活动管理器（Activity Manager）：用来管理应用程序生命周期并提供常用的导航回退功能。

1.3.5　应用程序（Applications）

Android 应用程序层就是客户可见的 Android 应用，Android 装配一个核心应用程序集合，连同系统一起发布，这些应用程序包括电子邮件客户端、SMS 程序、日历、地图、浏览器、联系人和其他设置等。而所有应用程序都是用 Java 语言编写的，由用户开发的 Android 应用程序和 Android 核心应用程序是同一层次的。

1.4　Android 开发框架

Android 系统作为一个开放的系统，体积庞大。对于不同的开发者来说，在开发过程中并不需要掌握整个 Android 系统，只需要进行其中某一部分的开发即可。由此，从功能上将 Android 开发分为移植开发移动电话系统、Android 应用程序开发，以及 Android 系统开发 3 种。

从商业模式的角度来讲，移植开发移动电话系统和 Android 应用程序开发是 Android 开发的主流。移植开发移动电话系统主要由移动电话的制造者来进行开发，其产品主要是 Android 手机；而公司、个人和团体一般进行 Android 应用程序的开发，产生各种各样的 Android 应用程序。

对于 Android 移植开发，其主要工作集中于 Linux 内核中的相关设备驱动程序及 Android 本地框架中的硬件抽象层接口的开发；对于 Android 应用程序开发，其开发的应用程序与 Android 系统的第四个层次的应用程序是一个层次的内容；对于 Android 系统开发，涉及 Android 系统的各个层次，一般情况下是从底层到上层的整体开发。

Android 开发框架包括基本的应用功能开发、数据存储、网络访问三大块。

1.4.1　应用方面

一般而言，一个完整的 Android 程序包括 Activity、Broadcast Receiver、Service、Content Provider 四部分。这四部分被称为 Android 四大组件，它们有各自不同的功能，但并不是每个 Android 程序都必须全部包括这四大组件，只需要根据功能要求选择相应的组件即可。

1. Activity

Activity 是 Android 应用开发中最频繁、最基本的模块。在 Android 中，Activity 类主要与界面资源文件相关联（res/layout 目录下的 xml 资源，也可以不含任何界面资源），包含控件的显示设计、界面交互设计、事件的响应设计及数据处理设计、导航设计等 Application 设计的方方面面。

因此，对于一个 Activity 来说，它就是手机上的一个界面，相当于一个网页。所不同的是，每个 Activity 运行结束时都返回一个值，类似一个函数。Android 系统会自动记录从首页到其他页面的所有跳转信息，并且自动将以前的 Activity 压入系统堆栈，用户可以通过编程的方式删除历史堆栈中的 Activity Instance。

2. Broadcast Receiver

Broadcast Receiver 为各种不同的 Android 应用程序间进行通信提供了可能。如当电话呼叫来临时，可以通过 Broadcast Receiver 来接收系统发出的电话来临的广播消息。对用户而言，用户是无法看到 Broadcast Receiver 事件的，它对用户是不透明的。Broadcast Receiver 既可以在资源 AndroidManifest.xml 中注册，也可以在代码中通过 Context.register-Receiver()进行注册。在 AndroidManifest.xml 中注册以后，当事件来临时，即使程序没有启动，系统也会自动启动此应用程序。另外，各应用程序可以很方便地通过 Context.sendBroadcast()将自己的事件广播给其他应用程序。

3．Service

Android 中的 Service 和 Windows 中的 Service 是一个概念，它是可以长期在后台运行的不可见的一个组件。用户可以通过 StartService（Intent Service）启动一个 Service，也可通过 Context.bindService 来绑定一个 Service。

4．Content Provider

Content Provider 提供了应用程序之间数据交换的机制，一个应用程序通过实现一个 Content Provider 的抽象接口将自己的数据暴露出去，并且隐蔽了具体的数据存储实现，这样就实现了 Android 应用程序内部数据的保密性。标准的 Content Provider 提供了基本的 CRUD（Create、Read、Update、Delete）接口，并且实现了权限机制，保护了数据交互的安全性。

Android 应用程序的工程文件目录包括以下几大部分。

- Java 源代码部分（包含 Activity）：放置在 src 目录中。
- R.java 文件：由 Eclipse 自动生成与维护，开发者不需要修改，提供了对 Android 资源的全局索引。
- Android Library：应用程序运行的 Android 库。
- assets 目录：主要用于放置多媒体等文件。
- res 目录：放置的是资源文件，drawable 里面包含的是图片文件，layout 里面包含的是布局文件，values 里面主要包含的是字符串（strings.xml）、颜色（colors.xml）及数组（arrays.xml）资源。
- AndroidManifest.xml：应用的配置文件，在这个文件中需要声明所有用到的 Activity、Service、Receiver 等。

1.4.2　数据存储

Android 应用中会对数据进行一定的操作，根据需求可对数据进行一定的存储。Android 系统自带 5 种存储方式。

1．SharedPreferences 存储数据

这种方式只保存少量的数据，且这些数据的格式非常简单：字符串型、基本类型。比如应用程序的各种配置信息（如是否打开音效、是否使用震动效果、小游戏的玩家积分等），解锁口令密码等。

2．文件存储

Context 提供了两个方法来打开数据文件里的文件 I/O 流：FileInputStream openFileInput(String name, int mode)和 FileOutputStream openFileOutput(String name, int mode)。这两个方法的第一个参数用于指定文件名，第二个参数指定打开文件的模式。

3．SQLite 存储数据

SQLite 是轻量级嵌入式数据库引擎，它支持 SQL 语言，并且只利用很少的内存就有很好的性能。现在的主流移动设备，如 Android、iPhone 等，都使用 SQLite 作为复杂数据的存储引擎。在为移动设备开发应用程序时，也许会使用到 SQLite 来存储大量的数据，所以需要掌握移动设备上的 SQLite 开发技巧。

4．Content Provider 存储数据

Android 系统和其他操作系统不太一样，需要记住的是，数据在 Android 中是私有的。这些数据包括文件数据、数据库数据及一些其他类型的数据。这时，一个程序可以通过实现一个 Content Provider 的抽象接口将自己的数据完全暴露出去，而且 Content Provider 以类似数据库中表的方式将数据暴露，也就是说 Content Provider 就像一个"数据库"。

5．网络存储数据

前面介绍的几种存储都是将数据存储在本地设备上，除此之外，还有一种存储（获取）数据的方式，就是通过网络来实现数据的存储和获取。其详细应用会在后面内容中具体讲解。

1.4.3　网络访问

Android 主要通过 java.net.*及 Android.net.*来进行 HTTP 访问技术的封装；利用其提供的 HttpPost、DefaultHttpClient、HttpResponse 等访问接口来实现具体的 Web 服务访问。而 Google 官方也给我们提供了较多好用的网络请求框架。

1．HttpClient

HttpClient 高效稳定，但是维护成本高昂，故 Android 开发团队不愿意继续维护该库，而是转投更为轻便的 OkHttp。

2．HttpURLConnection

在 Android 2.2 版本之前，HttpClient 拥有较少的 Bug，因此使用它是最好的选择。而在 Android 2.3 版本及以后，HttpURLConnection 则是最佳的选择。它的 API 简单，体积较小，因而非常适用于 Android 项目。压缩和缓存机制可以有效地减少网络访问的流量，在提升速度和省电方面也起到了较大的作用。对于新的应用程序，应该更加偏向于使用 HttpURLConnection，因为在以后的工作当中，我们也会将更多的时间放在优化 HttpURLConnection 上。

3．OkHttp

OkHttp 是一个 Java 的 HTTP+SPDY 客户端开发包，同时也支持 Android，需要 Android 2.3 以上版本。特点：OkHttp 是 Android 版 HTTP 客户端；非常高效，支持 SPDY、连接池、GZIP 和 HTTP 缓存；默认情况下，OkHttp 会自动处理常见的网络问题，像二次连接、SSL 的握手问题。

4．Volley

Volley 是 Google 公司于 2013 年推出的网络请求框架，非常适合进行数据量不大但通信频繁的网络操作。而对于大数据量的网络操作，如下载文件等，Volley 的表现则会非常糟糕。

5．Retrofit

Retrofit 和 Volley 框架的请求方式很相似，底层网络请求采用 OkHttp（效率高，Android 4.4 底层采用 OkHttp），采用注解方式来指定请求方式和 URL 地址，减少了代码量。

优秀的开源框架很多，这里不再一一赘述，推荐多多浏览 GitHub 网页，相信大家一定可以找到更多的优秀框架。

1.5 Android 开发环境搭建

Android 应用软件开发需要的开发环境如下。
- 操作系统：Windows XP/7/10、Mac OS X10、Linux Ubuntu Drapper。
- 软件开发包：Android SDK。
- IDE：Eclipse IDE+ADT。
- 其他：JDK、Apache Ant 等。

以上所提到的软件开发包的下载地址如下。
- JDK 1.8，http://www.oracle.com/technetwork/java/javase/downloads/index.html。
- Android Studio，http://www.androiddevtools.cn/。
- Android SDK 7.0，http://developer.android.com。

1.5.1 JDK 的安装和 Java 环境变量设置

1. JDK 的安装

安装 Android 开发环境前，需要先下载 JDK 安装包并进行安装和配置。例如，得到 JDK 1.8 版本的安装文件 jdk-8u73-windows-x64.exe，双击进行安装。接受许可协议，选择需要安装的组件和安装路径后，单击"下一步"按钮，完成安装过程。

安装完成后，利用以下步骤检查安装是否成功：打开 CMD 窗口，输入 java –version 命令，如果屏幕出现图 1-3 所示内容，说明 JDK 安装成功。

图 1-3　JDK 安装检查

2. JDK 环境变量配置

（1）JAVA_HOME

JDK 安装成功后就可以配置环境变量了，为了以后方便修改 JDK 配置的路径，一般我们会新创建一个 JAVA_HOME 路径。这个环境变量本身不存在，需要创建。创建完则可以利用 %JAVA_HOME%作为统一引用路径，其值为 JDK 在计算机上的安装路径，如图 1-4 所示。

（2）Path

Path 属性已存在，可直接编辑，作用是配置路径，简化命令的输入，其值为 %JAVA_HOME%\bin，如图 1-5 所示。

1.5.2 Android Studio 的安装

（1）根据自己计算机的情况下载匹配的 Android Studio，如 android-studio-bundle-2.1-windows.exe，双击相应图标，出现安装界面，如图 1-6 所示，单击"Next"按钮。

（2）单击"Next"按钮后会出现选择安装 Android Studio 组件的界面，将复选框全部勾选，它们是开发中需要用到的 SDK 和虚拟机，如图 1-7 所示，勾选之后单击"Next"按钮。

（3）出现图 1-8 所示的界面后单击"I Agree"按钮。

（4）出现图 1-9 所示的界面，选择 Android Studio 和 SDK 的安装路径，安装路径可根据自己的习惯设置，SDK 路径在进行 SDK 配置时会用到。

图 1-4　JAVA_HOME 环境变量配置

图 1-5　Path 环境变量配置

图 1-6　Android Studio 安装步骤 1

图 1-7　Android Studio 安装步骤 2

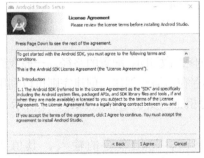

图 1-8　Android Studio 安装步骤 3

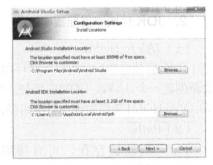

图 1-9　Android Studio 安装步骤 4

（5）单击"Next"按钮后，设置虚拟机硬件加速器可使用的最大内存，如图 1-10 所示。如果计算机的配置较高，默认设置 2GB 即可；如果配置较低，建议设置为 1GB，如果设置得过大会影响其他软件的运行。

（6）单击"Next"按钮后，进入自动安装模式，一小段时间后会看到图 1-11 所示的界面，说明安装成功。

（7）打开 Android Studio 后，进入相关配置页面，如图 1-12 所示。

（8）进行相关配置后单击"OK"按钮，进入下一个页面，如图 1-13 所示，这是程序在检查 SDK 的更新情况。

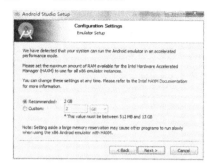

图 1-10　Android Studio 安装步骤 5

图 1-11　Android Studio 安装步骤 6

图 1-12　Android Studio 安装步骤 7

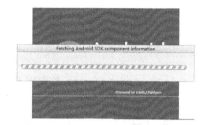

图 1-13　Android Studio 安装步骤 8

（9）检查完成后进入图 1-14 所示的 Android Studio 界面，则可以创建一个新的 Android 工程。

（10）进入 SDK 和 JDK 路径的配置页面，如图 1-15 所示。

图 1-14　Android Studio 安装步骤 9

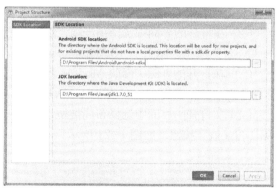

图 1-15　Android Studio 安装步骤 10

（11）将安装 JDK 的路径和 SDK 的路径目录配置好后，Android Studio 的安装配置就完成了。

1.5.3　SDK 的安装和配置

Android Studio 的 SDK 在进行 Android Studio 的安装时就已经进行了下载，这里只进行 SDK 的配置即可。Android Studio 的 SDK 的配置是非常简单的。

（1）打开 Android Studio 后在工具栏上找到"Project Structure"按钮，如图 1-16 所示。

（2）单击"Project Structure"按钮后会进入 Project Structure 界面，在左侧选择"SDK

Location"条目，在右侧进行配置，如图 1-17 所示，路径配置完成后单击"OK"按钮即可。

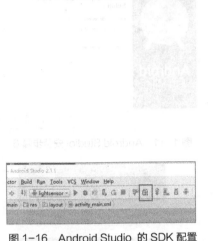

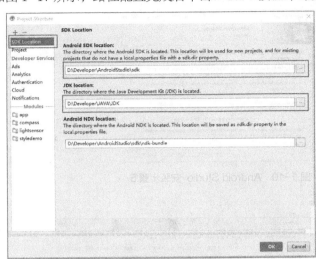

图 1-16 Android Studio 的 SDK 配置

图 1-17 SDK 配置界面

1.6 创建 Android 项目

Android 项目流程简介

（1）这里的 MyApplication 相当于 Eclipse 中的 workspace，Module 相当于 Eclipse 中的 project，所以单击鼠标右键，通过快捷菜单新建一个 Module，如图 1-18 所示。

（2）在打开的界面中选择第一项，然后单击"Next"按钮，如图 1-19 所示。

（3）在打开的界面中修改 Module 名称，然后单击"Next"按钮，如图 1-20 所示。

（4）在打开的界面中选择布局类型，然后单击"Next"按钮，如图 1-21 所示。

图 1-18 Android 项目创建步骤 1

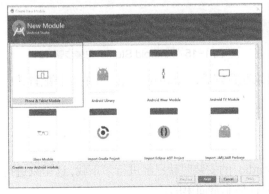

图 1-19 Android 项目创建步骤 2

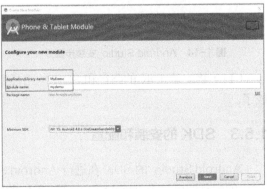

图 1-20 Android 项目创建步骤 3

（5）在打开的界面中修改主文件和主布局文件的名称，然后单击"Finish"按钮，如

图 1-22 所示。

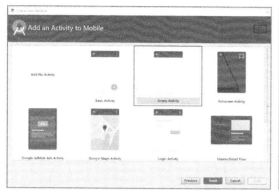

图 1-21　Android 项目创建步骤 4

图 1-22　Android 项目创建步骤 5

1.7　Android 应用程序目录结构介绍

Android 项目结构简介

本节在前面内容的基础上来分析 Android 项目目录结构，对 Android 项目进一步介绍。首先启动 Android Studio，选择 Project 视图，如图 1-23 所示。

由图 1-23 可以看出，Android Studio 创建的项目工程的目录结构分为两部分，首先对编译系统和配置文件进行讲解。

- .gradle：gradle 编译系统，版本由 wrapper 指定。
- .idea：Android Studio IDE 所需的文件。
- build：代码编译后生成的文件存放的位置。
- gradle：wrapper 的 jar 和配置文件所在的位置。
- .gitignore：git 使用的 ignore 文件。
- build.gradle：gradle 编译的相关配置文件（相当于 Makefile）。
- gradle.properties：gradle 相关的全局性设置。
- gradlew：*nix 下的 gradle wrapper 可执行文件。
- gradlew.bat：Windows 下的 gradle wrapper 可执行文件。
- local.properties：本地属性设置（key 设置，Android SDK 位置等属性），这个文件不建议上传到 SVN 中。
- settings.gradle：和设置有关的 gradle 脚本。

图 1-24 所示是项目 app 模块展开后的目录。下面对应用模块里中的目录进行讲解。

- build：编译后的文件存在的位置（最终生成的 apk 也在这里面）。
- libs：工程中使用的依赖库。
- src：源代码。如果最初选择创建 Activity，会有一个 Activity 的子类。
- src/main：主要代码所在位置，就是测试代码所在的位置。
- src/main/assets：Android 中附带的一些文件，资源文件不会在 R 文件注册，原封不动发布，里面可以放置应用程序依赖的一些文件。
- src/main/java：项目的 Java 代码所在的位置。
- src/main/jniLibs：jni 的一些动态库所在的默认位置（.so 文件）。

- src/main/res：系统资源，所有文件都会在 R 文件生成资源 ID。系统资源如下。
  - mipmap：图片。
  - layout：界面布局。
  - menu：菜单。
  - values：字符串、样式等数据。
  - anim：动画。
  - raw：原生文件。
  - mipmap –hdpi：高分辨率的图片目录。
  - mipmap –ldpi：低分辨率的图片目录。
  - mipmap –mdpi：中分辨率的图片目录。
  - mipmap –xhdpi：大分辨率的图片目录。
  - mipmap –xxhdpi：超大分辨率的图片目录。
  - src/main/res/AndroidManifest.xml：清单文件，Android 中的四大组件（Activity、Content Provider、BroadcastReceiver、Service）都需要在该文件中注册程序，所需的权限也需要在此文件中声明，如电话、短信、互联网、访问 SD 卡。
- build.gradle：用来混淆代码的配置文件，防止别人反编译。
- .gitignore：当前 Module 在上传到 Git 的时候的忽略文件。
- app.iml：iml 文件是所有 IntelliJ IDEA 都会自动生成的一个文件（Android Studio 是基于 IntelliJ IDEA 开发的），用于标识是一个 IntelliJ IDEA 项目，我们不需要修改这个文件中的任何内容。
- proguard-rules.pro：标记该项目使用 SDK 的版本号，早期版本名为 default.properties。

图 1-23　Android 项目目录结构

图 1-24　Android 项目中的应用模块

1.8　本章小结

本章首先介绍了 Android 的基本概念，随后讲了 Android 开发环境的搭建及 Android 项目的开发步骤，让读者在了解 Android 平台特性、Android 系统架构、Android 开发框架的基础上对 Android 的应用程序开发有一个很好的认识。

关键知识点测评

1. 以下有关 Android 平台的说法，不正确的一个是（　　）。
   A. Android 平台具有传统的语音通话功能
   B. Android 具有短消息功能，以及通常移动电话都具有的个人信息系统管理方面的功能
   C. Android 平台提供了 USB、GPS、红外、蓝牙、无线局域网等多种连接方式
   D. Android 平台不能自定义手机的功能

2. 以下有关 Android 的叙述中，正确的一个是（　　）。
   A. Android 系统自上而下分为三层
   B. Android 系统在核心库层增加了内核的驱动程序
   C. Android 包含一个 C/C++ 库的集合，以供 Android 系统的各个组件使用。这些功能通过 Android 的应用程序框架（Application Framework）展现给开发者
   D. Android 的应用程序框架包括 Dalvik 虚拟机及 Java 核心库，提供了 Java 编程语言核心库的大多数功能

3. 以下有关 Android 程序库层的叙述，不正确的一个是（　　）。
   A. 系统 C 库是专门为基于嵌入式 Linux 的设备定制的库
   B. 媒体库支持播放和录制多种流行的音频和视频格式，以及多种媒体格式的编码/解码格式
   C. SGL 是 Skia 图形库，基本的 3D 图形引擎
   D. FreeType 包含位图（Bitmap）和矢量（Vector）字体渲染

4. 以下有关 Android 开发框架的描述，正确的是（　　）。
   A. 一般而言，一个标准的 Android 程序包括 Activity、Broadcast Receiver、Service、Content Provider 四部分
   B. Android 中的 Service 跟 Windows 当中的 Service 不同
   C. Broadcast Receiver 提供了应用程序之间数据交换的机制
   D. Content Provider 为不同的 Activity 进行跳转提供了机制

5. 以下有关 Android 开发环境所需条件的说法，不正确的一个是（　　）。
   A. 可在 Windows/Linux 操作系统上进行开发
   B. 使用 Eclipse IDE 进行开发
   C. 需在 Eclipse IDE 中安装配置 ADT
   D. 可以仅仅安装 JRE

6. 以下有关 Android 应用的描述，正确的是（　　）。
   A. 开发期间，在实际的设备上运行 Android 程序与在模拟器上运行该程序的效果几乎相同
   B. 可以直接用 USB 电缆连接手机与计算机，在手机上加载应用程序
   C. 应用程序可以利用模拟器进行视频捕捉
   D. 创建 Android 应用时可以不填写 Package name

第2章

Activity与Fragment详解

■ 本章介绍 Android 应用离不开的 Activity 和 Fragment，包括 Activity 的介绍和使用方法，Activity 的生命周期、加载模式，Fragment 的用法、生命周期。

2.1 Activity 简介

Activity（活动）是 Android 应用开发离不开的关键内容，用户每天使用的 App 中的交互界面就是 Activity。它是一种可以包含用户界面的组件，主要用于和用户进行交互。一个应用程序中可以包含零个或多个活动，但是零个活动的应用程序是很少见的，毕竟现在这个时代用户考虑的是体验是不是很棒，没有界面怎么能算是一个已完成的应用程序呢？每一个开发者也是一样的，谁也不想让自己的应用程序永远不被用户看到吧？

实际上我们在上一章已经和活动打过交道了，并且对活动也有了初步的认识。但是第 1 章的重点是如何创建一个 Android 项目，没有对活动进行进一步的介绍，那么在本章中，我们就对 Activity 进行详细的介绍。

2.2 Activity 简单使用

2.2.1 创建 Activity 类

到目前为止，还没有手动创建过活动，第 1 章中的 MyApplication 是自动创建的。那么对于开发人员来说，手动创建一个活动是必需的，学习手动创建活动可以加深我们对活动的理解，这里需要开发者来手动创建一个活动。

首先，需要创建一个 Android 项目，项目名称为"ActivityTest"，包名就使用默认值 com.example.activitytest。新建项目的步骤已经在第 1 章中讲过了，这次准备手动创建活动，如图 2-1 所示。

创建 Activity 类

图 2-1 手动创建活动

单击"Next"按钮，打开选择 Android SDK 版本的对话框，这里使用 Android 5.0 的新功能，因此一般都会选择"API 21:Android 5.0（Lollipcp）"作为最低版本要求，如图 2-2 所示。

选择最低的 SDK 版本要求之后，单击"Next"按钮，接下来即可看到图 2-3 所示的添加

Activity 的对话框。这里我们需要自己创建 Activity，所以选择"Add No Activity"，然后单击"Finish"按钮，即可看到 Android Studio 正常打开的窗口。

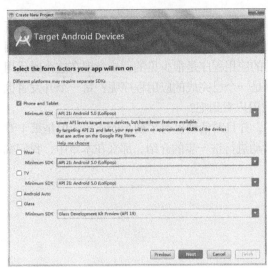
图 2-2　选择 SDK

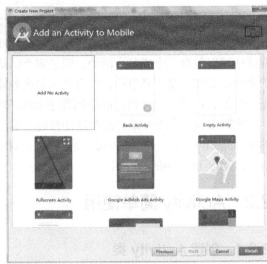
图 2-3　Activity 界面选择

单击"Finish"按钮之后，项目就创建成功了。现在观察 ActivityTest 这个项目，项目中的 src 目录中有 activitytest.example.com.activitytest 包，里面是空的，也可以自己添加一个包，方法是单击 Android Studio 导航栏中的"File"→"New"→"Package"，然后单击"Finish"按钮。目前为止的目录结构如图 2-4 所示。

现在可以创建 Activity 的类了。右击 activitytest.example.com.activitytest 包，在弹出的快捷菜单中选择"New"→"Java Class"命令，会弹出新建类的对话框，我们新建一个名为 FirstActivity 的类，并让它继承自 Activity，单击"OK"按钮完成创建，如图 2-5 所示。

图 2-4　目录结构

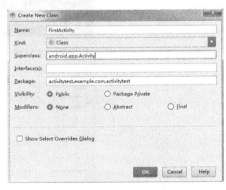
图 2-5　创建 Activity 类

此时可以看到，在活动中应该重写 Activity 的 onCreate()方法，但是在 FirstActivity 内部没有什么代码，所以首先需要做的就是在 FirstActivity 中重写 onCreate()方法，代码如下。

```
public class FirstActivity extends Activity {
    @Override
    protected void onCreate(Bundle savedInstanceState) {
        super.onCreate(savedInstanceState);
    }
}
```

可以看到，onCreate()方法非常简单，就是调用父类的 onCreate()方法。当然，这里只是默认实现这些的，那么通过后面慢慢地深入学习，还需要在其中添加自己的功能代码。

2.2.2 创建、加载布局文件

大家要注意，Android 程序的设计将根据逻辑和视图分类，最好每一个活动都能对应一个布局。布局就是用来显示应用界面的内容，因此我们现在就来手动创建一个布局文件。

创建、加载布局文件

右击 res 目录，在弹出的快捷菜单中选择"New"→"XML"→"Layout XML File"命令，会弹出创建布局文件的对话框。我们将这个布局文件命名为 first_layout，根元素默认选择为 LinearLayout，如图 2-6 所示。

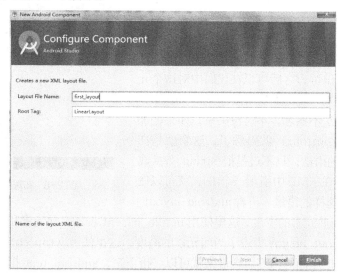

图 2-6　创建布局

单击"Finsih"按钮完成布局的创建，然后会看到图 2-7 所示的窗口。

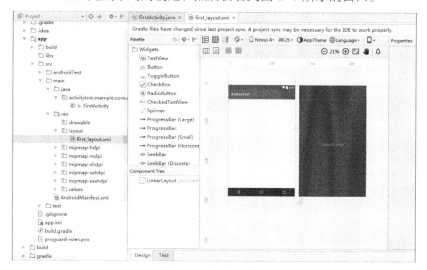

图 2-7　布局显示效果

这是 Android Studio 提供的界面设计工具，为开发者提供了一个可视化布局编辑器。我们可以在屏幕的中央区域预览当前的布局，在窗口下面有两个切换标识，左边是 Design，右边是 Text。Design 是当前的可视化布局编辑器，在这里是不可以对当前布局进行预览的，可以通过拖动的方式编辑布局。而 first_layout.xml 则是通过 XML 文件的方式来编辑布局的，现在单击一下 Text，可以看到如下代码。

```xml
<?xml version="1.0" encoding="utf-8"?>
<LinearLayout xmlns:android="http://schemas.android.com/apk/res/android"
    android:layout_width="match_parent"
    android:layout_height="match_parent">
</LinearLayout>
```

由于刚才在创建布局文件时选择了 LinearLayout 作为根元素，所以现在布局中已经有一个 LinearLayout 元素了。那么现在就对这个布局稍微编辑一下，添加一个按钮，如图 2-8 所示。

这里添加了一个 Button 元素，并在 Button 元素的内部添加了几个属性。Android:id 是给当前的元素定义一个唯一的标识符，之后可以在代码中对这个元素进行操作。这里有一个这样的语法@+id/button，现在可能对这个语法不熟悉，不过没关系，如果把加号去掉，变成@id/button_1 就熟悉了，这个就是在 XML 中引用资源的语法，只不过是把 string 替换成了 id。所以如果要在 XML 中引用一个 ID，就可以使用@+id/id_name 这样的语法。再看 android:layout_

图 2-8　布局中添加 Button

width，它指定了当前元素的宽度，这里使用 match_parent 表示当前元素和父元素的宽度是一致的。android:layout_height 指定了当前元素的高度，这里使用 wrap_content 来表示当前元素的高度，只要能把里面的内容包含进来就可以。接下来，android:test 指定了元素中显示的文字内容。如果现在还没有理解，没有关系的，在后面的布局章节中会详细地对这些知识点进行讲解，这里我们就先学会怎么用就可以了。那么这里先添加一个按钮，然后单击 Text 切换回来，观察预览一下布局对应的代码，如下所示。

```xml
<?xml version="1.0" encoding="utf-8"?>
<LinearLayout xmlns:android="http://schemas.android.com/apk/res/android"
    android:layout_width="match_parent"
    android:layout_height="match_parent">

    <Button
        android:text="Button"
        android:layout_width="match_parent"
        android:layout_height="wrap_content"
        android:id="@+id/button"
        android:layout_weight="1" />
</LinearLayout>
```

在中央预览的区域可以看到，刚才添加的按钮已经成功地显示出来了，所以到目前为止，一个简单的布局已经编写完成。那么在编写完布局之后就需要在活动中加载这个布局。找到刚才打开的 FirstActivity，在 onCreate()方法中添加一句代码。

```
public class FirstActivity extends Activity {
    @Override
```

```
protected void onCreate(Bundle savedInstanceState) {
    super.onCreate(savedInstanceState);
    setContentView(R.layout.first_layout);
}
```

观察代码可以发现，这里调用了 setContentView() 方法来给当前的活动加载一个布局，在这个方法中传入一个布局文件的 ID。在前面介绍目录的时候提到过，项目中添加任何资源都会在 R 文件中生成一个相应的资源 ID，所以创建的 first_layout.xml 布局的 ID 已经被添加到 R 文件中了。现在只需要调用 R.layout.first_layout 就可以得到 first_layout.xml 布局的 ID，然后将这个值传入 setContentView() 方法即可。

2.2.3 配置 Activity

Android 应用要求所有应用程序组件（Activity、Service、ContentProvider、BroadcastReceiver）都必须先进行配置。只要在 AndroidManifest.xml 中的<application.../>中添加<activity.../>子元素，即可配置 Activity。例如如下配置。

```xml
<activity
android:name=".FirstActivity"
android:label="FirstActivity"
android:exported="true"
android:launchMode="singleInstance">
</activity>
```

从上面的配置代码可以看出，配置 Activity 时通常指定如下几个属性。

（1）name：指定该 Activity 的实现类的类名。

（2）label：指定该 Activity 对应的图标。

（3）exported：指定该 Activity 是否允许被其他应用调用。如果将该属性设置为 true，那么该 Activity 可以被其他应用调用。

（4）launchMode：指定该 Activity 的加载模式，该属性支持 standard、singleTop、singleTask 和 singleInstance 这 4 种加载模式，本章后面会详细介绍这 4 种加载模式。

除此之外，配置 Activity 时通常还需要指定一个或多个<intent-filter.../>元素，该元素用于指定该 Activity 可响应的 Intent。Intent 和 intent-filter 的介绍请看第 5 章内容。

那么刚才创建了一个 Activity，为了在 AndroidManifest.xml 文件中配置、管理 Activity，可以在清单文件的<application.../>元素中添加一个<activity.../>子元素。如果有 3 个 Activity，则需要在清单文件的<application.../>元素中添加 3 个<activity.../>子元素。

```xml
<activity
android:name=".FirstActivity"
android:label="FirstActivity"
android:exported="true"
android:launchMode="singleInstance">
  <intent-filter>
    <action android:name="android.intent.action.MAIN" />
    <category android:name="android.intent.category.LAUNCHER"/>
  </intent-filter>
</activity>
```

其中，Activity 还配置了一个<intent-filter.../>元素，该元素指定 Activity 作为应用程序的入口。

此时，基本配置已经完成，那么现在就可以启动刚才创建的 Activity 了。选择对应的 Activity，然后单击绿色图标 Run app，启动模拟器，如图 2-9 和图 2-10 所示。

图 2-9　启动模拟器 1

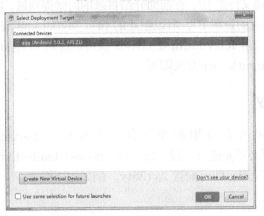

图 2-10　启动模拟器 2

2.2.4　关闭 Activity

现在已经掌握了如何手动创建一个活动，一个 Activity 已经可以正常显示，那么现在的问题是如何来关闭一个 Activity 呢？其实非常简单，只要按一下 Back 键就可以销毁当前的活动。不过如果不想通过按键的方式，而是想用程序代码来销毁一个活动，也非常简单。Activity 类提供了一个 finish() 方法，直接在活动中调用一下这个方法就可以销毁当前活动。

添加一个 Button 按键的监听事件代码，代码如下所示。

```
public class FirstActivity extends Activity {
    @Override
    protected void onCreate(Bundle savedInstanceState) {
        super.onCreate(savedInstanceState);
        setContentView(R.layout.first_layout);
        Button button = (Button) findViewById(R.id.button);
        button.setOnClickListener(new View.OnClickListener() {
            @Override
            public void onClick(View view) {
                finish();
            }
        });
    }
}
```

重新运行，当单击 Button 按键时，当前的活动就被销毁并关闭了，其效果与按 Back 键是一样的。所以，Android 为关闭 Activity 准备了以下两种方法。

（1）Finish()：结束当前 Activity。

（2）FinishActivity（int requestCode）： 结束以 startActivityForResult（Intent intent，int requestCode）方法启动的 Activity。

2.3 Activity 的生命周期

掌握活动的生命周期对任何 Android 开发人员来说都是非常重要的。只有在理解了活动的生命周期之后，才可能写出更加连贯流畅的程序，并且可以深刻理解如何管理所设计的应用的各种资源，从而在日后的应用开发中得心应手，使所做出来的应用程序有更好的用户体验。

2.3.1 返回栈管理 Activity

前面我们实现了一个 Activity 的显示，但是在实际开发和应用中，一个应用程序是会包含多个 Activity 的，那么 Activity 之间存在什么样的关系呢？我们在上一个应用中添加了两个 Activity，实现单击第一个 Activity 中的 Button 按键跳转到第二个 SecondActivity，第二个 SecondActivity 中也有一个 Button 按键，当单击 Button 时跳转到第三个 ThirdActivity 中。

此时，需要在 ActivityTest 项目中再创建两个活动 SecondActivity 和 ThirdActivity，并新建两个布局：一个是 second_layout.xml 布局文件，另一个是 third_layout.xml 布局文件。这两个布局的代码是基本相同的，只是 Button 显示的内容不同，代码如下所示。

```xml
<?xml version="1.0" encoding="utf-8"?>
<LinearLayout xmlns:android="http://schemas.android.com/apk/res/android"
    android:layout_width="match_parent"
    android:layout_height="match_parent">

    <Button
        android:text="Button2"
        android:layout_width="wrap_content"
        android:layout_height="wrap_content"
        android:id="@+id/button2"
        android:layout_weight="1" />
</LinearLayout>
```

其中，FirstActivity 定义了一个按键 Button1，SecondActivity 同样继承 Activity，ThirdActivity 同样继承 Activity，分别定义了 Button2 和 Button3 两个按键。FirstActivity 的代码如下所示。

```java
public class FirstActivity extends Activity {
    @Override
    protected void onCreate(Bundle savedInstanceState) {
        super.onCreate(savedInstanceState);
        setContentView(R.layout.first_layout);
        Button button1 = (Button) findViewById(R.id.button);
        button1.setOnClickListener(new View.OnClickListener() {
            @Override
            public void onClick(View view) {
                Intent intent = new Intent(FirstActivity.this,SecondActivity.class);
                startActivity(intent);
            }
        });
    }
}
```

上面的代码中，首先使用 setContentView 关联了 first_layout 布局，然后根据 id 找到 Button1 按键。这里有一个 Button 单击监听事件，当 Button1 按键被按下的时候，onClick() 方法被执行，使用 startActivity 来启动 SecondActivity 活动。

接下来跳转到 SecondActivity 活动，SecondActivity 中同样有一个按键 Button2，当按下 Button2 时会跳转到 ThirdActivity 中，那么 SecondActivity 的代码如下。

```java
public class SecondActivity extends Activity {
    @Override
    protected void onCreate(Bundle savedInstanceState) {
        super.onCreate(savedInstanceState);
        setContentView(R.layout.second_layout);
        Button button2 = (Button)findViewById(R.id.button2);
        button2.setOnClickListener(new View.OnClickListener() {
            @Override
            public void onClick(View view) {
                Intent intent = new Intent(SecondActivity.this,ThirdActivity.class);
                startActivity(intent);
            }
        });
    }
}
```

跳转到 ThirdActivity 活动后，ThirdActivity 只是显示了一个按键 Button3 而已。至此，类中的代码和布局中的代码也就完成了，最后在 AndroidMainfest.xml 中为 SecondActivity 和 ThirdActivity 进行注册。代码如下。

```java
public class ThirdActivity extends Activity {
    @Override
    protected void onCreate(Bundle savedInstanceState) {
        super.onCreate(savedInstanceState);
        setContentView(R.layout.tecond_layout);
    }
}
```

因为 SecondActivity 和 ThirdActivity 不是主活动，也就是说，SecondActivity 和 ThirdActivity 不是第一个显示的界面，所以不需要配置<intent-filter>标签里面的内容。现在 3 个活动已经创建完成，那么接下来就是如何去启动 SecondActivity 和 ThirdActivity 这两个活动了，那么接下来会有一个概念——Intent。

Intent 是 Android 程序中各组件之间进行交互的一种重要方式，它不仅可以指明当前组件想要执行的动作，还可以在不同组件之间传递数据。Intent 一般可被用于启动活动、启动服务及发送广播等场景，Intent 在第 5 章会进行详细说明，在这里先学会如何使用。

Intent 有多个构造函数的重载，其中一个是 Intent(Context packageContext,Class<?> cls)。这个构造函数接收两个参数，第一个参数 Context 要求提供一个启动活动的上下文，第二个参数 Class 则是指定想要启动的目标活动，通过这个构造函数就可以构建出 Intent 的"意图"。我们应该怎么使用这个 Intent 呢？Activity 类提供了一个 startActivity()方法，这个方法是专门用于启动活动的，它接收一个 Intent 参数，这里我们将构建好的 Intent 传入 startActivity()方法就可以启动目标活动了。

然后修改 FirstActivity 中按键的单击事件，代码如下。

```java
button1.setOnClickListener(new View.OnClickListener() {
    @Override
    public void onClick(View view) {
        Intent intent = new Intent(FirstActivity.this,SecondActivity.class);
        startActivity(intent);
    }
```

});
```

首先构建了一个 Intent，传入 FirstActivity.This 作为上下文，传入 SencondActivity.class 作为目标活动，那么现在的意图非常明显，就是在 FirstActivity 这个活动的基础上启动 SecondActivity 这个活动，然后通过 startActivity()方法来执行这个 Intent。

Intent 的用法大致可以分为两种，显式 Intent 和隐式 Intent，上面的内容是显式 Intent。隐式 Intent 需要修改 AndroidManifest.xml 中<activity>标签下的<intent-filter>的内容。示例代码如下：

```
<activity android:name=".SecondActivity">
    <intent-filter>
        <action android:name="activitytest.example.com.activitytest.ACTION_START"/>
        <category android:name="android.intent.category.DEFAULT"/>
    </intent-filter>
</activity>
```

在<intent-filter>中，只有当<action>和<category>中的内容同时匹配上 Intent 中指定的 action 和 category 时，这个活动才能响应该 Intent。

这时需要修改 FirstActivity 中按键的单击事件，代码如下：

```
button1.setOnClickListener(new View.OnClickListener() {
    @Override
    public void onClick(View view) {
        Intent intent = new Intent("activitytest.example.com.activitytest.ACTION_START");
        startActivity(intent);
    }
});
```

可以看到，这里直接将 action 的字符串传递了进去，表明想要启动能响应这个字符串的 action 的活动，但是细心的读者应该发现了为什么没有<category>呢？这是因为 android.intent.category.DEFAULT 是一种默认的 category，在调用 startActivity()方法的时候会自动将这个 category 添加到 Intent 中。

以上就完成了 3 个活动的单击跳转的应用，说了这么多，相信大家一定会发现这一点，Android 中的活动是可以层叠的。当每启动一个新的活动时，就会覆盖在原来的活动之上，单击 Back 键之后会销毁最上面的活动，下面的一个活动就会重新显示出来。

Android 是使用任务（Task）来管理活动的，一个任务就是一组存放在栈里的活动的集合，这个栈也被称作返回栈（Back Stack）。栈是先进后出的数据结构，在默认的情况下，每当启动一个新的活动，它就会在返回栈中入栈，并处于栈顶的位置。而每当我们按下 Back 键或调用 finish()方法去销毁一个活动时，处于栈顶的活动会出栈，这时前一个入栈的活动就会重新处于栈顶的位置，那么系统会将处于栈顶的活动呈现给用户。

图 2-11 所示为返回栈是如何管理活动入栈出栈操作的。

2.3.2 Activity 的生命状态

每一个 Activity 都有可能呈现在用户面前，那么每一个活动在其生命周期中最多可能会有 4 种状态。

1. 运行状态

当一个活动位于栈顶时，这个活动就处于运行状

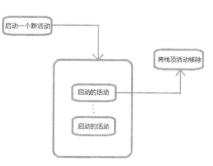

图 2-11 返回栈示意图
```

态，用户可见，可以获得焦点（可单击）。

2. 暂停状态

当一个活动不再处于栈顶的位置，但仍然可见时，这个活动就处于暂停状态，可以理解为，该 Activity 依然可见，只是不可单击的焦点。

3. 停止状态

当一个活动不再处于栈顶位置，并且完全不可见的时候，就进入了停止状态，可以理解为，该 Activity 不可见，失去焦点。

4. 销毁状态

当一个活动从返回栈中移除后就变成了销毁状态，可以理解为，该 Activity 结束或 Activity 所在的进程被结束。

2.3.3 Activity 的生命周期方法

在 Activity 类中定义了 7 个回调方法，覆盖了活动生命周期的每一个环节。下面是列出来的 7 个回调方法及各自的意义。

1. onCreate()

这个方法在之前创建第一个应用的时候已经接触过了。在每个活动中都会重写这个方法，它会在活动第一次被创建的时候调用，应该在这个方法中完成活动的初始化操作，比如关联加载布局、绑定事件等。该方法只会被调用一次。

2. onStart()

该方法启动 Activity 时被回调。

3. onResume()

这个方法在活动准备好和用户进行交互的时候调用。此时的活动一定位于返回栈的栈顶，并且处于运行状态。

4. onPause()

这个方法在系统准备去启动或者恢复另一个活动的时候调用。通常会在这个方法中将一些消耗 CPU 的资源释放掉，保存一些关键数据，但这个方法的执行速度一定要快，不然会影响到新的栈顶活动的使用。

5. onStop()

该方法是在活动完全不可见的时候调用。它和 onPause()方法的区别主要在于，如果启动的新活动是一个对话框式的活动，那么 onPause()方法会得到执行，而 onStop()方法不会执行。

6. onDestroy()

该方法在活动被销毁之前调用，之后活动的状态将变为销毁状态。

7. onRestart()

该方法在活动由停止状态变为运行状态之前调用，也就是活动被重新启动了，就调用该方法。

那么总结一下，以上 7 种方法中除了 onRestart() 方法外，其他方法都是两两对用的，从而又可以归类，将活动分为 3 种生存期。

1. 完整生存期

活动在 onCreate() 方法和 onDestroy() 方法之间所经历的，就是完整生存期。一般一个活动会在 onCreate() 方法中完成各种初始化操作，而在 onDestroy() 方法中完成释放内存的操作。

2. 可见生存期

活动在 onStart() 方法和 onStop() 方法之间所经历的，就是可见生存期。在可见生存期内，活动对于用户总是可见的，即便有可能无法和用户进行交互。可以通过这两个方法合理地管理那些用户可见的资源。比如在 onStart() 方法中对资源进行加载，而在 onStop() 方法中对资源进行释放，从而保证处于停止状态的活动不会占用过多内存。

3. 前台生存期

活动在 onResume() 方法和 onPause() 方法之间所经历的，就是前台生存期。在前台生存期内，活动总是处于运行状态，此时的活动是可以和用户进行互动的，我们平时看到和接触最多的也是这个状态下的活动。

为了更好地理解活动的生命周期，Android 官方提供了一个活动生命周期的示意图，如图 2-12 所示。

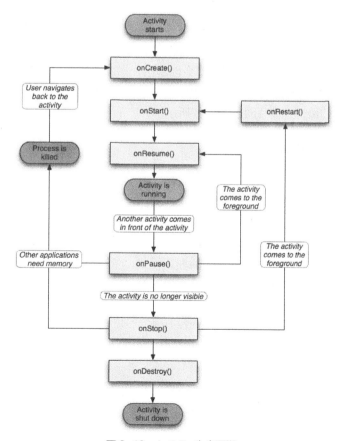

图 2-12　Activity 生命周期

2.4 Activity 的加载模式

Activity 的启动模式也可以说是加载模式，一共分 4 种，分别是 standard、singleTop、singleTask 和 singleInstance，可以在 AndroidManifest.xml 中通过给<activity>标签指定 android:launchMode 属性来选择加载模式。

2.4.1 standard 模式

standard 模式是活动默认的加载模式，在不进行显示指定的情况下，所有活动都会自动使用默认的这种加载模式。因此，到目前为止，前面所写的程序使用的都是 standard 模式。那么根据前面所学的内容，应该已经知道，Activity 是使用返回栈来管理活动的，在 standard 模式（默认模式）下，每当启动一个新的活动，它就会在返回栈中入栈，并处于栈顶的位置。对于使用 standard 模式的活动，系统不会在乎这个活动是否已经在返回栈中存在，每次启动都会创建该活动的一个新的实例。

举个例子，之前写的代码中，FirstActivity 跳转到 SecondActivity 活动的时候使用的代码如下。

```
Intent intent = new Intent(FirstActivity.this, SecondActivity.class);
startActivity(intent);
```

现在修改如下。

```
Intent intent = new Intent(FirstActivity.this, FirstActivity.class);
startActivity(intent);
```

上面代码的意义是，在 FirstActivity 活动中，当按下按键时，再次启动 FirstActivity 活动。不难想象，当每次按下按键的时候，都会创建出一个新的 FirstActivity 实例。此时返回栈中也会存在 3 个 FirstActivity 的实例，所以需要连续按 3 次 Back 键才能推出程序。

standard 模式的原理示意图如图 2-13 所示。

2.4.2 singleTop 模式

可能在实际情况当中，感觉 standard 模式不太合理，因为当前活动已经在栈顶了，为什么再次启动的时候还要创建一个新的活动实例呢？其实这只是系统默认的一种加载模式，前面说到有 4 种加载模式，那么现在来看一看 singleTop 模式。当活动的加载模式是 singleTop 的时候，再启动活动的时候就可以直接使用该活动了，而不需要再创建新的活动实例。

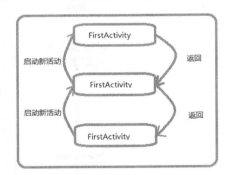

图 2-13 standard 模式

修改 AndroidManifest.xml 中 FirstActivity 的启动模式，代码如下。

```
<activity
    android:name=".FirstActivity"
    android:label="FirstActivity"
    android:exported="true"
    android:launchMode="singleTop">
    <intent-filter>
        <action android:name="android.intent.action.MAIN"/>
        <category android:name="android.intent.category.LAUNCHER"/>
```

        </intent-filter>
    </activity>

也就是说，不管单击多少次按钮都不会再创建新的 FirstActivity，因为当前的 FirstActivity 已经处于返回栈的栈顶，每当需要再启动一个 FirstActivity 的时候都会直接使用栈顶的活动，所以说 FirstActivity 只会有一个实例，那么也就是说只需要按一次 Back 键就可以退出程序。但是当 FirstActivity 不处于栈顶时，如果这个时候启动 FirstActivity，还是会创建新的实例的。

思考一下，在 singleTop 模式下，先启动一个 FirstActivity，单击一个按钮进入到 SecondActivity，然后单击 SecondActivity 中的按钮跳转到 FirstActivity，那么这个过程的示意图如图 2-14 所示。

根据示意图可以观察到，系统创建了两个不同的 FirstActivity 实例，这是因为在 SecondActivity 中再次启动 FirstActivity 时，栈顶活动已经是 SecondActivity，所以会创建一个新的 FirstActivity 实例。那么在退出的时候，先按 Back 键回到 SecondActivity，再次按 Back 键又会回到 FirstActivity，再按一次 Back 键才会真正退出程序。

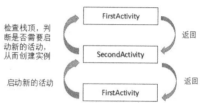

图 2-14　singleTop 模式

2.4.3　singleTask 模式

上面所说的 singleTop 模式可以很好地解决重复创建栈顶活动的问题，但是如果这个活动没有处于栈顶，那么还是需要创建活动实例的。所以这个时候就用 singleTask 模式来解决这个问题。当指定 singleTask 模式的时候，每次启动该活动时，系统首先会在返回栈中检查是否存在该活动的实例。如果有则直接使用该实例，而不需要重新创建新的实例，如果没有则需要创建一个新的活动实例。

那么如何修改代码呢？同样是在 AndroidManifest.xml 中修改，代码如下。

```
<activity
    android:name=".FirstActivity"
    android:label="FirstActivity"
    android:exported="true"
    android:launchMode="singleTask">
    <intent-filter>
        <action android:name="android.intent.action.MAIN"/>
        <category android:name="android.intent.category.LAUNCHER"/>
    </intent-filter>
</activity>
```

对于上面提出的问题，现在使用 singleTask 模式来解决。根据图 2-15 可以看出，在 SecondActivity 中启动 FirstActivity 时，会发现返回栈中已经存在一个 FirstActivity 的实例了，并且在 SecondActivity 的下面，于是 SecondActivity 会从返回栈中出栈，而 FirstActivity 重新成为栈顶的活动，现在返回栈中应该只有一个 FirstActivity 的实例，所以只需要按一下 Back 键就可以成功退出程序。

图 2-15　singleTask 模式

2.4.4　singleInstance 模式

singleInstance 模式是 4 种加载模式中最复杂的一种。指定为 singleInstance 模式的活动会启用一个新的返回栈来管理。例如，如果程序中的一个活动允许其他程序调用，也就是要实现当前程序和其他程序共享这一个活动，那么应该如何实现呢？在 singleInstance 模式下会有一个单独的返回栈来管理这个活动，不管是哪个应用程序来访问这个活动，都共用同一个返回栈，也就完美地解决了共享活动实例的这个问题。

现在举例来解释 singleInstance 模式，修改 AndroidManifest.xml 中 SecondActivity 的加载模式，代码如下。

```xml
<activity android:name=".SecondActivity"
    android:launchMode="singleInstance">
    <intent-filter>
        <action android:name="activitytest.example.com.activitytest.ACTION_START"/>
        <category android:name="android.intent.category.DEFAULT"/>
    </intent-filter>
</activity>
```

将 secondActivity 的加载模式指定为 singleInstance，然后修改 FirstActivity 中 onCreate() 方法的代码。

```java
protected void onCreate(Bundle savedInstanceState) {
    super.onCreate(savedInstanceState);
    Log.d("FirstActivity","Task id is" + getTaskId());
    setContentView(R.layout.first_layout);
    Button button1 = (Button) findViewById(R.id.button);
    button1.setOnClickListener(new View.OnClickListener() {
        @Override
        public void onClick(View view) {
            Intent intent = new Intent("activitytest.example.com.activitytest. ACTION_START");
            startActivity(intent);
        }
    });
}
```

在 onCreate() 方法中添加打印语句，打印当前返回栈的 ID，然后修改 secondActivity 中 onCreate() 方法的代码。

```java
protected void onCreate(Bundle savedInstanceState) {
    super.onCreate(savedInstanceState);
    Log.d("SecondActivity","Task id is" + getTaskId());
    setContentView(R.layout.second_layout);
    Button button2 = (Button)findViewById(R.id.button2);
    button2.setOnClickListener(new View.OnClickListener() {
        @Override
        public void onClick(View view) {
            Intent intent = new Intent(SecondActivity.this,ThirdActivity.class);
            startActivity(intent);
        }
    });
}
```

同样也在 onCreate() 方法中打印了当前返回栈的 ID，并在单击事件中添加启动 ThirdActivity，最后修改 ThirdActivity 中 onCreate() 方法的代码。

```java
protected void onCreate(Bundle savedInstanceState) {
```

```
super.onCreate(savedInstanceState);
Log.d("ThirdActivity","Task id is" + getTaskId());
setContentView(R.layout.third_layout);
}
```

依然是有一个栈 ID 的打印语句，执行顺序是，首先启动应用程序，然后单击 FirstActivity 中的按钮来启动 secondActivity，最后单击 secondActivity 中的按钮启动 ThirdActivity。

查看 Log 信息，如图 2-16 所示。

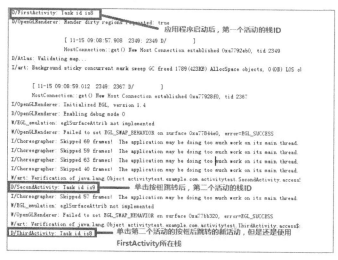

图 2-16　Log 信息

可以看到，SecondActivity 的 Task ID 不同于 FirstActivity 和 ThirdActivity，这说明 SecondActivity 确实是存放在一个单独的返回栈里的，而且这个栈中只有 SecondActivity 这一个活动。

然后我们按下 Back 键进行返回，会发现 ThirdActivity 竟然直接返回到了 FirstActivity，再按下 Back 键又会返回到 SecondActivity，再按下 Back 键才会退出程序，这是为什么呢？其实原理很简单，由于 FirstActivity 和 ThirdActivity 是存放在同一个返回栈里的，当在 ThirdActivity 的界面按下 Back 键时，ThirdActivity 会从返回栈中出栈，那么 FirstActivity 就成为栈顶活动显示在界面上，因此也就出现了从 ThirdActivity 直接返回到 FirstActivity 的情况。然后在 FirstActivity 界面再次按下 Back 键，这时当前的返回栈已经空了，于是就显示了另一个返回栈的栈顶活动，即 SecondActivity。最后按下 Back 键，这时所有返回栈都已经空了，也就自然退出了程序。

singleInstance 模式的示意图如图 2-17 所示。

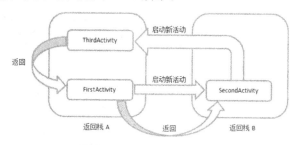

图 2-17　singleInstance 模式

2.5 Fragment 详解

2.5.1 Fragment 概述

Fragment 就是碎片的意思，是一种可以潜入在活动中的 UI 片段，它可以让程序更加合理和充分地利用大屏幕的空间，所以说它在平板上应用得非常广泛。虽然听上去碎片这个概念不是很容易理解，但实际上它和活动是非常相似的，同样都可以包含布局，都有自己的生命周期。其实可以将碎片理解为一个迷你型的活动。

那么接下来如何实现使用碎片来充分地利用平板屏幕的空间呢？比如说，现在要开发一个帖吧的应用，其中一个界面使用 ListView 展示了一组帖子，当单击一个帖子之后，就打开了对应帖子的相关详细内容。如果是在手机中设计，可以将帖子的标题列表放在一个活动中，将帖子的详细内容放在另一个活动中，如图 2-18 所示。

在手机上完成这样的应用是非常容易的，界面布局也是比较好看的，但是安卓不是只在手机上运行的，如果在平板电脑上也按照那样设计的话，那么帖子的标题列表会被拉长，从而填充满整个平板屏幕，会导致很大程度上屏幕空间的浪费，如图 2-19 所示。

图 2-18　标题与内容分离

可以看到，图 2-18 这样的设计显然是不太合理的，浪费了很多空间资源。因此需要更好的设计，这里就将帖子标题列表和帖子详细内容界面分别放在两个碎片中，然后在同一个活动中引入这两个碎片就可以了，那么就可以将屏幕空间充分地利用起来了，如图 2-20 所示。

图 2-19　平板电脑上显示

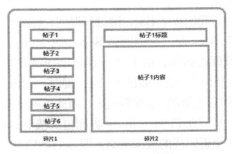

图 2-20　平板电脑上使用碎片

2.5.2 Fragment 使用

现在已经清楚 Fragment 的概念和应用场景了，那么接下来做一个实际的应用来亲身体会一下 Fragment 的用法。现在实现 Fragment 在平板电脑中的使用，那么首先就需要新建一个平板电脑的模拟器，准备工作做好之后，新建一个 FragmentTest 项目，然后开始 Fragment 的应用开发，如图 2-21 所示。

图 2-21　平板电脑显示器

首先,在一个活动中添加两个碎片,并且让这两个碎片平分活动空间。先新建一个左侧的碎片布局 left_fragment.xml,在布局中添加一个按钮,代码如下。

```xml
<?xml version="1.0" encoding="utf-8"?>
<LinearLayout xmlns:android="http://schemas.android.com/apk/res/android"
    android:layout_width="match_parent"
    android:layout_height="match_parent"
    android:orientation="vertical">

    <Button
        android:id="@+id/button"
        android:layout_width="wrap_content"
        android:layout_height="wrap_content"
        android:layout_gravity="center_horizontal"
        android:text="Button"
        />
</LinearLayout>
```

再新建一个右侧碎片布局 right_fragment.xml,该布局的背景颜色是绿色,并且添加了一个 TextView 用于显示文本信息,代码如下。

```xml
<?xml version="1.0" encoding="utf-8"?>
<LinearLayout xmlns:android="http://schemas.android.com/apk/res/android"
    android:layout_width="match_parent"
    android:layout_height="match_parent"
    android:background="#00ff00"
    android:orientation="vertical">
    <TextView
        android:layout_width="wrap_content"
        android:layout_height="wrap_content"
        android:layout_gravity="center_horizontal"
        android:textSize="20sp"
        android:text="This is right fragment!"
        />
</LinearLayout>
```

接下来创建一个 LeftFragment 类,继承 Fragment,这里建议选择 android.app.Fragment 包。LeftFragment 的代码如下。

```java
public class LeftFragment extends Fragment {
    @Nullable
    @Override
    public View onCreateView(LayoutInflater inflater, ViewGroup container, Bundle savedInstanceState) {
        View view = inflater.inflate(R.layout.left_fragment,container,false);
        return view;
    }
}
```

代码中重写了 Fragment 的 onCreateView() 方法,然后通过 LayoutInflater 的 inflate() 方法将 left_fragment 布局动态加载进来。接下来继续新建一个 RightFragment,代码如下。

```java
public class RightFragment extends Fragment {

    @Override
    public View onCreateView(LayoutInflater inflater, ViewGroup container, Bundle savedInstanceState) {
        View view = inflater.inflate(R.layout.right_fragment,container,false);
        return view;
    }
}
```

以上两段代码基本上都是相同的,那么接下来修改 activity_main.xml 中的代码,代码如下。

```xml
<?xml version="1.0" encoding="utf-8"?>
<LinearLayout xmlns:android="http://schemas.android.com/apk/res/android"
    android:layout_width="match_parent"
    android:layout_height="match_parent">

    <fragment
        android:id="@+id/left_fragment"
        android:name="fragmenttext.example.com.fragmenttext.LeftFragment"
        android:layout_width="0dp"
        android:layout_height="match_parent"
        android:layout_weight="1"/>
    <fragment
        android:id="@+id/right_fragment"
        android:name="fragmenttext.example.com.fragmenttext.RightFragment"
        android:layout_width="0dp"
        android:layout_height="match_parent"
        android:layout_weight="1"/>

</LinearLayout>
```

在以上基础上,不要忘记,还需要有一个 Activity 来承接这两个碎片,所以需要创建一个 Activity,命名为 ActivityText,并在 Androidmanifest.xml 中注册这个活动,这个过程就不再写出代码了。

下面就可以启动程序了,效果如图 2-22 所示。

2.5.3 Fragment 与 Activity 通信

现在已经知道碎片是潜入在活动中来显示的,可以说活动是一个载体,但是活动和碎片之间却没有想象的亲切。根据代码分布可以看出来,碎片和活动是各自存在于一个独立的类中的,它们之间并没有很明

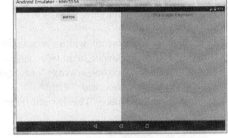

图 2-22 使用碎片的效果图

显的方式来直接进行两者间的通信。如果想在活动中调用碎片里面的方法,或者在碎片中调用活动的方法,那么应该如何来实现呢?

这里 FragmentManager 提供了一个类似于 findViewById()的方法,专门用于从布局文件中获取随便的实例,代码如下。

```
RightFragment rightFragment =
(RightFragment)getFragmentManager().findFragmentById(R.id.right_fragment);
```

那么调用 findFragmentById()方法,可以在活动中得到相应碎片的实例,之后就可以调用碎片里面的方法了。

现在知道了如何在活动中调用碎片里面的方法,可能出现的其他问题就是在碎片中如何调用活动里面的方法呢?非常简单,在每个碎片中都可以调用 getActivity()方法来得到和当前碎片相关联的活动实例,代码如下。

```
ActivityText activity = (ActivityText) getActivity();
```

当有了 ActivityText 的实例之后,在碎片中调用活动里的方法就非常简单了。另外如果碎片需要使用 Context 对象,也可以使用 getActivity()方法,因为获取到的活动本身就是一个 Context 对象了。另外这里又有一个问题,碎片和碎片之间可不可以进行通信呢?答案是可以的。首先在一个碎片中可以得到与它关联的活动,然后通过这个活动去获取另外一个碎片的实

例,这就可以实现碎片和碎片之间的通信。

2.5.4 Fragment 管理与 Fragment 事务

前面已经说明了 Activity 与 Fragment 交互相关的内容,其实 Activity 管理 Fragment 主要是依靠 FragmentManager 来进行的。FragmentManager 可以实现以下功能。

(1)使用 findFragmentById() 或 findFragmentByTag() 方法来获取指定 Fragment。
(2)调用 PopBackStack() 方法将 Fragment 从后台栈中弹出。
(3)调用 addOnBackStackChangeListener() 注册一个监听器,用于监听后台栈的变化。

如果需要添加、删除、替换 Fragment,则需要借助于 FragmentTransaction 对象,FragmentTransaction 代表 Activity 对 Fragment 执行多个改变。

FragmentTransaction 是 Fragment 事务,每个 FragmentTransaction 可以包含多个对 Fragment 的修改,比如包含调用了多个 add()、remove()、replace() 的操作,最后调用 commit() 方法。在调用 commit() 之前,也可以调用 addToBackStack() 将事务添加到 Back 栈,该栈由 Activity 负责管理,这样允许用户按下 Back 键返回到前一个 Fragment 状态,代码如下。

```
//创建一个新的Fragment并打开事务
Fragment newFragment = new ExampleFragment();
FragmentTransaction transaction = getFragmentManager().beginTransaction();
//替换该界面中fragment_container容器内的Fragment
Transaction.replace(R.id.fragment_container,newFragment);
//将事务添加到Back栈,允许用户按Back键返回到替换Fragment之前的状态
transaction.addToBackStack(null);
//提交事务
Transaction.commit();
```

2.6 Fragment 生命周期

Fragment 和活动是一样的,也有自己的生命周期,并且它和活动的生命周期非常像,那么现在来看一下 Fragment 的生命周期。

1. 运行状态

当碎片可见时,并且它所关联的活动也正处于运行状态时,这个碎片也处于运行状态。

2. 暂停状态

当一个活动进入暂停状态时,与它相关联的可见碎片就会进入到暂停状态。

3. 停止状态

当一个活动进入停止状态时,与它相关联的碎片就会进入到停止状态。或者也可以使用 FragmentTransaction 的 remov()、replace() 方法将碎片从活动中移除,在事务提交之前调用 addToBackStack() 方法,这个时候也会进入停止状态。进入停止状态的碎片是完全不可见的。

4. 销毁状态

碎片总是依附于活动而存在的,所以说,当活动被销毁时,与它关联的碎片也就进入到销毁状态。或者也可以使用 FragmentTransaction 的 remov()、replace() 方法将碎片从活动中移除,在事务提交之前调用 addToBackStack() 方法,这个时候也会进入销毁状态。

和活动对应起来看，Fragment 也是非常简单的。那么对于活动来说，Fragment 有一些附件的回调方法，回调方法如下。

1. onAttach()

当碎片和活动建立关联的时候调用。

2. onCreateView()

为碎片创建视图（加载布局）时调用。

3. onActivityCreated()

确保与碎片相关联的活动已经创建完毕的时候调用。

4. onDestroyView()

当与碎片关联的视图被移除的时候调用。

5. onDetach()

当碎片和活动解除关联的时候调用。

官方提供的碎片完整的生命周期示意图如图 2-23 所示。

Fragment 和 Activity 生命周期的对比图如图 2-24 所示。

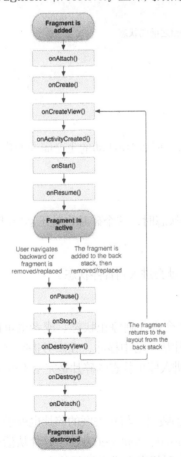

图 2-23　碎片生命周期示意图

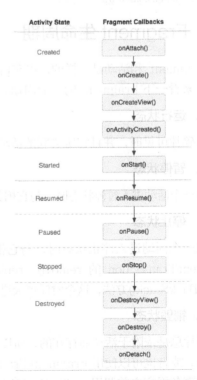

图 2-24　Fragment 和 Activity 生命周期的对比图

2.7 MVC 设计模式

MVC（Model-View-Controller）设计模式是软件工程中的一种软件架构模式，把软件系统分为 3 个基本部分：模型（Model）、视图（View）和控制器（Controller）。

MVC 设计模式的目的是实现一种动态的程序设计，使后续对程序的修改和扩展简化，并且使程序某一部分的重复利用成为可能。除此之外，此模式通过对复杂度的简化，使程序结构更加直观。软件系统通过对自身基本部分分离的同时也赋予了各个基本部分应有的功能。

控制器：负责转发请求，对请求进行处理。

视图：界面设计人员进行图形界面设计。

模型：程序员编写程序应有的功能（实现算法等），数据库人员进行数据管理和数据库设计。

功能图如图 2-25 所示。

图 2-25　功能图

在图 2-25 中，其实没有真正的处理发生。不管这些数据是联机存储还是一个雇员列表，作为视图来讲，它只是作为一种输出数据并允许用户操作的方式。

模型表示企业数据和业务规则。在 MVC 的 3 个部件中，模型拥有最多的处理任务。被模型返回的数据是中立的，就是说模型与数据格式无关，这样一个模型能为多个视图提供数据。由于应用与模型的代码只需写一次就可以被多个视图重用，所以减少了代码的重复性。

控制器接收用户的输入并调用模型和视图去完成用户的需求。它只接收请求并决定调用哪个模型去处理请求，然后确定用哪个视图来显示返回的数据。

MVC 的优点如下。

1. 低耦合性

视图层和业务层分离，这样就允许更改视图层代码，而不用重新编译模型和控制器代码。同样，一个应用的业务流程或者业务规则的改变只需要改动 MVC 的模型层即可。因为模型与控制器和视图相分离，所以很容易改变应用程序的数据层和业务规则。

2. 高重用性和可适用性

随着技术的不断进步，现在需要用越来越多的方式来访问应用程序。

3. 较低的声明周期成本

MVC 使开发和维护用户接口的技术含量降低。

4. 快速的部署

使用 MVC 模式，开发时间得到相当大的缩减，让逻辑开发的开发者和界面开发的开发者都集中做自己的事情。

5. 可维护性

分离视图层和业务逻辑层也使得应用程序更易于维护和修改。

6. 有利于软件工程化管理

由于不同的层各司其职，每一层不同的应用具有某些相同的特征，有利于通过工程化、工具化管理程序代码。

2.8 本章小结

本章主要讲述 Android 应用所离不开的 Activity（活动）。Activity 是 Android 四大组件之一，也就是用户所看到的显示界面。让读者学会如何创建一个 Activity 的类，创建、加载布局，配置、启动、关闭 Activity。同时比较重要的是理解一个 Activity 的生命周期，让读者了解一个应用程序从无到有再到无的过程。后面还讲解了 Activity 的加载模式以及和 Activity 相类似的 Fragment 的使用，使读者对后续 Android 应用开发打好基础。

关键知识点测评

1. 以下不属于 Activity 的生命周期的方法是（　　）。
   A. onInit()　　　　　　　　　B. onStart()
   C. onStop()　　　　　　　　　D. onPause()
2. 下面退出 Activity 错误的方法是（　　）。
   A. finsih()　　　　　　　　　B. 抛异常强制退出
   C. System.exit()　　　　　　 D. onStop()
3. 应用程序中的 Activity 如何在 Androidmanifest.xml 中注册？
4. 如何由一个 Activity 跳转到另外一个 Activity？
5. Android 的四大组件不包括以下（　　）。
   A. Service　　　　　　　　　 B. Content Provider
   C. Fragment　　　　　　　　 D. BroadcastReceiver

第3章
资源文件设计

■ 我们在创建一个 Android 项目时会看到项目目录里有一个 res 的文件夹，这里面放着项目的资源文件，有字符串资源文件、颜色资源文件、布局资源文件、图片资源文件、菜单资源文件、样式/主题资源文件、尺寸资源文件等。使用资源文件的优点是可以减少代码量，同时为后期的维护带来便利。

资源文件简介

资源文件是在代码中使用到的并且在编译时被打包到应用程序的附加文件。Android 支持多种不同的文件，包括 xml、png 和 jpeg 文件。而 Android 平台中会存在很多不同的资源和资源定义文件。每一种资源定义文件的语法和格式及保存的位置都取决于其依赖的对象。通常，创建资源可以通过以下 3 种文件：xml 文件（除位图和原始格式文件外）、位图文件（作为图片）和原始格式文件（所有其他的类型，比如声音文件）。

xml（eXtensible Markup Language）主要用来存储数据，使得其易于在任何应用程序中读写数据，虽然很多不同的应用软件都可以支持它的数据交换格式。事实上，在 Android 程序中有两种不同类型的 xml 文件，一种 xml 文件作为资源被编译进应用程序，另一种 xml 文件作为资源的描述，被应用程序使用。表 3-1 详细说明了这些资源文件的类型和结构。

表 3-1　资源文件的类型和结构

目录	资源类型
res/anim	xml 文件编译为帧序列动画或者自动动画对象
res/drawable	使用 Resources.getDrawable(id)可以获得资源类型。png、9.png、jpeg 文件被编译为 Drawable 资源子类型： ➢ 位图文件 ➢ 9-patchs（可变位图文件）
res/layout	资源编译为屏幕布局器
res/values	xml 文件可以被编译为多种资源 注意：不像其他 res 下的目录，这个目录可以包含多个资源描述文件。xml 文件元素类型控制着这些资源被 R 类放置在何处 可以自定义这些文件的名称。这里有一些约定俗成的文件： ➢ arrays.xml 定义数组 ➢ colors.xml 定义可绘制对象的颜色和字符串的颜色。使用 Resources.getDrawable() 和 Resources.getColor()都可以获得这些资源 ➢ dimens.xml 定义尺度。使用 Resources.getDimension()可以获得这些资源 ➢ strings.xml 定义字符串。使用 Resources.getString()或者更适合的 Resources.getText()方法获得这些资源。Resources.getText()方法将保留所有用于描述用户界面样式的描述符，保持复杂文本的原貌 ➢ styles.xml 定义样式对象
res/xml	自定义的 xml 文件。这些文件将在运行时编译进应用程序，并且可以使用 Resources.getXML()方法在运行时获取
res/raw	自定义的原始格式资源，将被直接复制给设备。这些文件将不被压缩至应用程序。使用带有 ID 参数的 Resources.getRawResource()方法可以获得这些资源，比如 R.raw.somefilename

由表 3-1 可以看出，有多种不同的 xml 文件，xml 文件描述的内容不同则决定了其不同的格式。这些文件将描述文件支持的类型、语法或格式等。下面我们将对这些资源文件的使用逐一进行讲解。

3.1 文字资源文件

Android 应用中有时会出现同一个字符串在多处出现的情况,这时我们不必在各个地方都写一遍相同的文字,只需要定义一个文字资源后在各处调用即可。使用文字资源的好处如下。

➢ 有利于复用。
➢ 方便修改。当需要修改文字时,能一改全改。

3.1.1 创建文字资源文件

Android 中的大部分资源文件是不需要我们自己创建的,在创建项目时系统会自动生成,我们只需要找到对应的资源文件,在里面添加想要的内容就可以了。那么,文件资源文件是哪个?又如何对它操作呢?Android 中的文件资源文件就是 res/values 文件夹下的 strings.xml 文件,其根结点是<resources></resources>,我们只需在<resources> </resources>结点内添加<string></string>结点,并在起始标签<string>内设置 name 属性来指定文字资源的名称即可。在起始标记<string>和结束标记</string>中间添加字符串值,代码如下。

```xml
<?xml version="1.0" encoding="utf-8"?>
<resources>
    <string name="app_name">MyTest</string>
    <string name="tv_item">我是文字资源</string>
</resources>
```

我们可以看到,创建字符串资源的<string>结点下需要配置 name 属性。name 属性的值就是引用此字符串资源时的名字,而<string></string>之间的内容就是字符串内容。定义完字符串资源,我们如何引用?它有如下两种引用方式。

➢ 在 xml 文件中引用。
➢ 在 Java 代码中动态加载。

3.1.2 在 xml 文件中引用文字资源

当在 string.xml 文件中定义好文字资源后,就可以在需要此文字的地方通过文字资源的 name 来引用。在 xml 文件中引用文字资源一般是给控件的 text 属性设置内容,具体方法是将属性值设置为"@string/tv_item",具体代码如下。

```xml
<LinearLayout xmlns:android="http://schemas.android.com/apk/res/android"
    xmlns:tools="http://schemas.android.com/tools"
    android:layout_width="match_parent"
    android:layout_height="match_parent"
    android:orientation="vertical"
    tools:context=".MainActivity" >
    <TextView
        android:id="@+id/tv"
        android:layout_width="wrap_content"
        android:layout_height="wrap_content"
        android:text="@string/tv_item" />
    <Button
        android:id="@+id/bt"
        android:layout_width="wrap_content"
        android:layout_height="wrap_content"
```

```
            android:text="@string/tv_item" />
    </LinearLayout>
```
在代码中分别给 TextView、Button 行通过 android:text="@string/tv_item"语句进行了文字资源的引用。运行效果如图 3-1 所示。

3.1.3 在 Java 代码中引用文字资源

在 string.xml 文件中定义的文字资源除了可以在 xml 文件中引用外，还可以在 Java 代码之间引用，在 Java 中动态地使用文字资源，文字资源文件创建方式是一样的。这里不再粘贴代码，

图 3-1　xml 文件引用文字资源效果图

在 Java 中引用时直接在 setText()方法中将文字资源的 ID 当作参数传进去即可。这里还用 3.1.2 小节代码所示的布局介绍，只是在 Java 代码中动态引用文字资源 tv_java_item，具体代码如下。

```java
public class MainActivity extends Activity {
    TextView tv;
    Button bt;
    @Override
    protected void onCreate(Bundle savedInstanceState) {
        super.onCreate(savedInstanceState);
        setContentView(R.layout.activity_main);
        tv = (TextView) findViewById(R.id.tv);
        bt = (Button) findViewById(R.id.bt);
        tv.setText(R.string.tv_java_item);
        bt.setText(R.string.tv_java_item);
    }
}
```

代码解释：在 Java 代码中，我们通过 setText(R.string.tv_java_item)引用了 string.xml 文件里的文字资源，运行效果如图 3-2 所示。

由上面展示的实例可以看出，当我们需要更改视图所展现的文字时，只需要更改资源文件中的字符串，那么所有引用此资源的视图都自动进行了更改。

3.2　颜色资源文件

3.2.1 创建颜色资源文件

图 3-2　Java 代码引用文字资源效果图

颜色资源文件和文字资源文件位于同一个文件 res\values 目录下。根元素是<resources> </resources>标记。在该元素中，使用<color></color>标签定义颜色资源，其中，通过为<color></color>标签设置 name 属性来指定颜色资源的名称。在起始标记<color>和结束标记</color>中间添加颜色值。具体代码如下。

```xml
<?xml version="1.0" encoding="utf-8"?>
<resources>
    <item name='tv_color'>#55ffff</item>
</resources>
```

3.2.2 颜色的表现方式

Android 中的颜色值是通过红、绿、蓝三原色以及一个透明度值来表示的。颜色值总是以#号开头，接下来就是 Alpha-Red-Green-Blue。其中 Alpha 值可以省略，如果省略了 Alpha

值，那么该颜色默认是完全不透明的。

Android 的颜色值支持如下常见的 4 种形式。

➢ #RGB：分别指定红、绿、蓝三原色的值（只支持 0~f 这 16 级颜色）来代表颜色。
➢ #ARGB：分别指定红、绿、蓝三原色的值（只支持 0~f 这 16 级颜色）及透明度（只支持 0~f 这 16 级透明度）来代表颜色。
➢ #RRGGBB：分别指定红、绿、蓝三原色的值（支持 00~ff 这 256 级颜色）来代表颜色。
➢ #AARRGGBB：分别指定红、绿、蓝三原色的值（支持 00~ff 这 256 级颜色）及透明度（支持 00~ff 这 256 级透明度）来代表颜色。

上面 4 种形式中，A、R、G、B 都代表一个十六进制的数，其中 A 代表透明度，R 代表红色数值，G 代表绿色数值，B 代表蓝色数值。

3.2.3 在 xml 文件中引用颜色资源

Android 中所有对于资源的引用都有两种方式：一种是在 xml 文件中引用颜色资源，另一种是在 Java 代码中引用颜色资源。在 xml 文件中引用颜色资源和引用文字资源非常相似，只需要在使用颜色的地方用@color/tv_color 即可。对于此颜色的使用仍通过 3.1.2 小节代码进行介绍，具体代码如下。

```xml
<LinearLayout xmlns:android="http://schemas.android.com/apk/res/android"
    xmlns:tools="http://schemas.android.com/tools"
    android:layout_width="match_parent"
    android:layout_height="match_parent"
    android:orientation="vertical"
    tools:context=".MainActivity" >
    <TextView
        android:id="@+id/tv"
        android:layout_width="wrap_content"
        android:layout_height="wrap_content"
        android:textColor="@color/tv_color"
        android:text="@string/tv_item" />
    <Button
        android:id="@+id/bt"
        android:layout_width="wrap_content"
        android:layout_height="wrap_content"
        android:textColor="@color/tv_color"
        android:text="@string/tv_item" />
</LinearLayout>
```

代码中使用 android:textColor="@color/tv_color"对文字进行了颜色资源的引用，运行效果如图 3-3 所示。

3.2.4 在 Java 代码中引用颜色资源

在 Java 代码中引用颜色资源和文字资源的方式基本相同，首先需要通过 getResources().getColor（R.color.**tv_color**）语句来得到颜色资源，然后通过相应语句给内容设置颜色，这里以 3.1.3 小节的代码为基础，给文字设置颜色，具体代码如下。

图 3-3　xml 文件中引用颜色资源

```java
public class MainActivity extends Activity {
    TextView tv;
```

```
    Button bt;
    @Override
    protected void onCreate(Bundle savedInstanceState) {
        super.onCreate(savedInstanceState);
        setContentView(R.layout.activity_main);
        tv = (TextView) findViewById(R.id.tv);
        bt = (Button) findViewById(R.id.bt);
        tv.setText(R.string.tv_java_item);
        int color = getResources().getColor(R.color.tv_color);
        tv.setTextColor(color);
        bt.setText(R.string.tv_java_item);
        bt.setTextColor(color);
    }
}
```

我们通过 getResources().getColor(R.color.tv_color)语句获取到了颜色资源，通过 setTextColor()给文字设置颜色，运行效果如图 3-4 所示。

3.3 尺寸资源文件

图 3-4　Java 中引用颜色资源

3.3.1　创建尺寸资源文件

Android 应用中除了可以创建文字资源和颜色资源外，还可以创建尺寸资源。尺寸资源存放在 res/values/dimens.xml 文件夹下，是 Android 系统已经给我们提供好的文件。对于所有的创建尺寸的资源，只需要打开本项目工程下的 dimens.xml 文件，在里面添加自己需要的尺寸即可。创建尺寸资源的代码如下。

```
<resources>
    <dimen name="activity_horizontal_margin">16dp</dimen>
    <dimen name="activity_vertical_margin">16dp</dimen>
    <dimen name="tv_size">25sp</dimen>
</resources>
```

3.3.2　尺寸单位及对比

Android 支持多种尺寸单位，比如 px、in、mm、pt 等，具体信息和含义如表 3-2 所示。

表 3-2　尺寸单位

尺寸单位表示	单位名称	单位说明
px	像素	屏幕上的真实像素表示
in	英尺	基于屏幕的物理尺寸
mm	毫米	基于屏幕的物理尺寸
pt	点	英尺的 1/72
dp	和密度无关的像素	相对屏幕物理密度的抽象单位
sp	和精度无关的像素	和 dp 类似

由表 3-2 可以看出，px、dp 和 sp 都是表示像素的单位，只是它们之间有些差别。px 表示屏幕实际的像素，例如，320*480 的屏幕在横向有 320 个像素，在纵向有 480 个像素。dp

也就是 dip。sp 和 dp 基本类似。如果设置表示长度、高度等的属性，可以使用 dp 或 sp。但如果设置字体，则需要使用 sp。dp 与密度无关，sp 除了与密度无关外，还与 scale 无关。如果屏幕密度为 160，这时 dp、sp 和 px 是一样的。1dp=1sp=1px，但如果使用 px 作为单位，如果屏幕大小不变（假设还是 3.2 英寸），则屏幕密度变成了 320。那么将原来 TextView 的宽度设置成 160px，在密度为 320 的 3.2 寸屏幕里看要比在密度为 160 的 3.2 寸屏幕上看短了一半。但如果设置成 160dp 或 160sp，系统会自动将 width 属性值设置成 320px，也就是 160 * 320/160。其中 320/160 可称为密度比例因子。也就是说，如果使用 dp 和 sp，系统会根据屏幕密度的变化自动进行转换。

in：表示英寸，是屏幕的物理尺寸。每英寸等于 2.54 cm。例如，形容手机屏幕大小，经常说的 3.2（英）寸、3.5（英）寸、4（英）寸就是指这个单位。这些尺寸是屏幕的对角线长度。如果手机的屏幕是 3.2（英）寸，表示手机的屏幕（可视区域）对角线长度是 3.2*2.54 = 8.128 cm。读者可以去量一量自己的手机屏幕，看和实际的尺寸是否一致。

mm：表示毫米，是屏幕的物理尺寸。

pt：表示一个点，是屏幕的物理尺寸。大小为 1 英寸的 1/72。

3.3.3 在 xml 文件中引用尺寸资源

创建完尺寸资源就可以在需要的地方进行引用，在 xml 文件中引用尺寸资源使用@dimen/tv_size 即可，具体代码如下。

```
<LinearLayout xmlns:android="http://schemas.android.com/apk/res/android"
    xmlns:tools="http://schemas.android.com/tools"
    android:layout_width="match_parent"
    android:layout_height="match_parent"
    android:orientation="vertical"
    tools:context=".MainActivity" >
    <TextView
        android:id="@+id/tv"
        android:layout_width="wrap_content"
        android:layout_height="wrap_content"
        android:textSize="@color/tv_size"
        android:text="@string/tv_item" />
    <Button
        android:id="@+id/bt"
        android:layout_width="wrap_content"
        android:layout_height="wrap_content"
        android:textSize="@color/tv_size"
        android:text="@string/tv_item" />
</LinearLayout>
```

代码中使用 android:textSize="@color/tv_size"对文字进行了尺寸资源的引用，运行效果如图 3-5 所示。

3.3.4 在 Java 代码中引用尺寸资源

尺寸资源和其他资源一样，既可以在 xml 中进行引用，也可以在 Java 代码中引用。在 Java 代码中引用需要先获得尺寸资源 getResources().getDimension(R.dimen.tv_size)，然后在需要的地方将资源引入即可，这

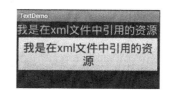

图 3-5 引用尺寸资源的效果图

里以 TextView 控件设置字体大小为例进行演示，代码如下。

```java
public class MainActivity extends Activity {
    TextView tv;
    Button bt;
    @Override
    protected void onCreate(Bundle savedInstanceState) {
        super.onCreate(savedInstanceState);
        setContentView(R.layout.activity_main);
        tv = (TextView) findViewById(R.id.tv);
        bt = (Button) findViewById(R.id.bt);
        tv.setText(R.string.tv_java_item);
        int size = getResources().getColor(R.dimen.tv_size);
        tv.setTextSize(size);
        bt.setText(R.string.tv_java_item);
        bt.setTextSize(size);
    }
}
```

效果实现如图 3-6 所示。

3.4 样式资源文件

样式是作用在控件上的，它是一个包含一个或者多个 view 控件属性的集合，例如定义属性 fontColor、fontSize、layout_width、layout_height 等，将独立的资源文件存放在 xml 文件中，并设置样式的名称。

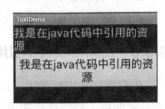

图 3-6　Java 代码中引用尺寸资源

Android Style 的设计思路类似于网页设计中的级联样式 CSS，可以让设计与内容分离，并且可以方便地继承、覆盖和重用。

下面通过一个简单的案例演示自定义样式的用法。在该案例中，我们自定义一个样式用于渲染 Button 控件的显示效果。

新创建一个 Android 工程，在工程下建立一个 Module，名字为 StyleDemo，直接使用默认布局文件和默认 Activity 类。

3.4.1 创建样式资源文件

打开工程中的 res/values/styles.xml 文件，添加样式代码如下。

```xml
<resources>
    <style name="tv_style">
        <item name="android:layout_width">wrap_content</item>
        <item name="android:layout_height">wrap_content</item>
        <item name="android:textColor">#55ffff</item>
        <item name="android:text">我是自定义样式</item>
    </style>
    <style name="tv_style_child"  parent="tv_style">
        <item name="android:textColor">#556666</item>
    </style>
</resources>
```

可以看到，上面的代码中定义了父类样式 tv_style 和子类样式 tv_style_child，细心的读者可能注意到在 tv_style_child 的<style>标签内还多加了 parent 属性，parent 的值为上面的

tv_style，那么这是什么意思呢？这是因为，样式也是可以继承的，它继承的父类就是在 parent 属性中指定的样式。子类样式会继承父类样式的所有属性，如果子类样式重写了父类样式里的条目，则覆盖父类样式中的条目。也就是说，在本例子类样式中，字体的颜色将覆盖父类样式中字体的颜色。

3.4.2 在 xml 文件中引用样式资源

我们只需在如下布局文件中给 TextView 一个 style="@style/tv_style"属性，给 Button 一个 style="@style/tv_style_child"属性，那么所有属性都会作用在该 Button 上，如果重写了父类中的属性，则会覆盖父类里的定义。样式资源在 xml 文件中引用的具体代码如下。

```xml
<LinearLayout xmlns:android="http://schemas.android.com/apk/res/android"
    xmlns:tools="http://schemas.android.com/tools"
    android:layout_width="match_parent"
    android:layout_height="match_parent"
    android:orientation="vertical"
    tools:context=".MainActivity" >
    <TextView
        android:id="@+id/tv"
        style="@style/tv_style"/>
    <Button
        android:id="@+id/bt"
        style="@style/tv_style_child" />
</LinearLayout>
```

由上述代码可以看到，我们在第 9 行引用了 tv_style 样式资源，在第 12 行引用了 tv_style_child 样式资源，在 tv_style_child 中对父类中字体的颜色进行了覆盖，运行效果如图 3-7 所示。

3.4.3 在 Java 代码中引用样式资源

开发中，通常 style 样式直接在 xml 布局文件中直接调用，而在 Java 代码中则无法直接加载 style 样式，只能把 style 中的信息逐条加载来设置相应控件。进行动态设置的代码如下。

图 3-7 引用样式资源效果图

```java
public class MainActivity extends Activity {
    TextView tv;
    Button bt;
    @Override
    protected void onCreate(Bundle savedInstanceState) {
        super.onCreate(savedInstanceState);
        setContentView(R.layout.activity_main);
        tv = (TextView) findViewById(R.id.tv);
        bt = (Button) findViewById(R.id.bt);
        LayoutParams tv_param = (LayoutParams) tv.getLayoutParams();
        tv_param.width = LayoutParams.WRAP_CONTENT;
        tv_param.height = LayoutParams.WRAP_CONTENT;
        tv.setText("我是动态设置的样式");
        tv.setTextColor(Color.parseColor("#55ffff"));
        tv.setLayoutParams(tv_param);

        LayoutParams bt_param = (LayoutParams) bt.getLayoutParams();
        bt_param.width = LayoutParams.WRAP_CONTENT;
```

```
            bt_param.height = LayoutParams.WRAP_CONTENT;
            bt.setText("我是动态设置的样式");
            bt.setTextColor(Color.parseColor("#ff55ff"));
            bt.setLayoutParams(bt_param);
        }
    }
```

由以上代码可见，我们在代码中对 TextView 和 Button 进行了样式设置，通过 tv.getLayoutParams()和 bt.getLayoutParams()获取 TextView 和 Button 控件的参数，并指定宽高给 TextView 和 Button 控件，并通过 setXXX 设置了字体颜色、字体大小和文字等。

3.5 主题资源文件

主题的定义与样式的定义相同，都是定义在 styles.xml 文件下，且均可以通过设置 parent 属性来继承一个父样式。不同之处在于主题是作用在 Activity 上的。

主题通过定义 AndroidManifest.xml 文件中的<application>和<activity>结点下的"android:theme"属性作用在整个应用或者某个 Activity 上，主题对整个应用或某个 Activity 进行全局性影响。如果一个应用使用了主题，同时应用下的 view 也使用了样式，那么当主题和样式属性发生冲突时，样式的优先级高于主题。

Android 系统也定义了一些主题，如<activity android:theme= "@android:style/Theme.Dialog">，该主题可以让 Activity 看起来像一个对话框。另外，还有透明主题@android:style/Theme.Translucent。如果需要查阅这些主题，可以在文档的 reference/android/R.style 中进行。

3.5.1 创建主题资源文件

在 res/values/styles.xml 文件中添加主题定义的代码如下。

```
<style name="theme_noTitle" parent="AppTheme">
    <item name="android:windowNoTitle">true</item>
    <item name="android:windowFullscreen">true</item>
    <item name="android:windowContentOverlay">@null</item>
</style>
```

由以上代码可见，代码中定义了 theme_noTitle 主题，并通过 parent 属性指定它的父类为 AppTheme，这样 theme_noTitle 主题就拥有了父类所有的特性，并且还有自己特有的特性。

➢ <item name="android:windowNoTitle">true</item>：没有标题。

➢ <item name="android:windowFullscreen">true</item>：全屏。

➢ <item name="android:windowContentOverlay">@null</item>：没有覆盖物。

3.5.2 调用系统默认主题文件

当我们新创建一个工程时，系统会在 styles.xml 中创建一个名字为 AppTheme 的默认主题文件，并且会自动调用默认的主题文件，不需要我们手动调用。在项目创建时系统会自动在<application>结点下的属性里调用系统默认的主题文件 android:theme="@style/AppTheme"，我们只需将此句中调用的系统主题 AppTheme 改为自定义主题即可，即 android:theme="@style/theme_noTitle"。运行效果如图 3-8 所示。

3.5.3 在 Java 代码中调用自定义主题资源文件

图 3-8 自定义主题

设置主题可以在 xml 文件中进行，也可以在 Java 代码中进行。在 Java 代码中设置主题的方法是 setTheme()；用 Java 代码设置的主题会覆盖 AndroidManifest.xml 文件中指定的主题。需要注意的是，此方法必须在给 Activity 设置布局的 setContentView()语句之前调用，代码如下。

样式资源和主题资源的使用

```java
public class MainActivity extends Activity {
    TextView tv;
    Button bt;
    @Override
    protected void onCreate(Bundle savedInstanceState) {
        super.onCreate(savedInstanceState);
        setTheme(R.style.theme.noTitle);
        setContentView(R.layout.activity_main);
    }
}
```

以上代码中，通过 setTheme(R.style.theme.noTitle)设置了主题并且在 setContentView()语句之前，这样 Java 代码设置的主题才能生效。

3.6 布局资源文件

布局决定了 Activity 所展示的样子，它决定了布局的结构，控制着展示给用户的所有元素，可以通过两种方式来声明布局。

➢ 在 xml 文件中定义布局：Android 提供了与 View 类及其子类相关的简单易懂的标签。
➢ 在运行时期定义布局，即采用代码的方式完成布局。可以在程序中创建 View 和 ViewGroup 对象，并且可以操作它们。

Android 的框架可以让用户灵活地使用一种或者两种方式来控制布局。例如，可以在布局文件中应用默认的布局，包括屏幕中会出现的元素以及这些元素的属性，用户可以在程序运行的时候修改这些元素的属性。采用 xml 文件布局的好处就是用户可以将需要显示的元素从控制层的代码中分离出来，描述 UI 的部分和应用的代码是分离的，这让用户修改这些布局文件时不需要修改应用的代码并且重新进行编译。这里我们主要介绍布局资源文件的创建和调用。

3.6.1 创建布局资源文件

布局资源文件是 Android 项目中比较重要的一种资源，它在 Java 代码中进行调用，决定了展示出来的样式。创建布局文件的步骤如下。

（1）右击工程中的 res/layout 文件夹。
（2）在弹出的菜单里选择 "new" 命令。
（3）在弹出的级联菜单里选择 "Android XML file" 命令。
（4）进行完上面 3 步的选择后会弹出对话框，如图 3-9 所示。

图 3-9 创建布局资源文件对话框

（5）输入创建的文件名字和根结点，单击 OK 按钮就完成了资源文件的创建。

如图 3-9 所示，我们可以在弹出对话框的 File 一栏里填写布局文件的名字，如 mylayout（做到见名知意），在 Root Element 一栏里选择想要的布局，可以是 LinearLayout、RelativeLayout、FrameLayout、TableLayout 等，最后单击 OK 按钮，就生成了一个根结点为输入名称的布局的 xml 布局文件。生成布局文件后就可以在布局里编写自己想要的布局了。

3.6.2 布局资源文件的调用

完成了布局文件的声明之后，每一个 xml 布局文件都会被编译到一个 View 对象里面，用户应该在代码的 onCreate() 方法中加载以得到这个 View 对象。做法是通过调用 setContentView() 方法将 R.layout.mylayout 作为一个 int 类型的参数传递进去。例如，xml 文件名是 mylayout.xml，则需要用 setContentView(R.layout.mylayout) 语句来加载布局资源文件。

3.7 图片资源文件

Android 项目，下资源文件放到 res 文件夹下面。资源文件会有多套，针对不同的屏幕分辨率，多套分辨率的资源文件在 Eclipse 中分别放在 drawable-hdpi、drawable-ldpi、drawable-mdpi、drawable-xhdpi、drawable-xxhdpi 里，在 Android Studio 中分别放在 mipmap-hdpi、mipmap-mdpi、mipmap-xhdpi、mipmap-xxhdpi 里。

3.7.1 创建图片资源文件

创建图片资源，首先我们把需要的图片复制到项目 mipmap-hdpi（一般放在 hdpi 分辨率的文件夹下，这里以 Eclipse 为例），如图 3-10 所示。

图 3-10 创建图片资源

将需要的图片放到工程的文件夹后，就可以对图片资源进行引用了，把它显示在 View 上。引用图片资源可以有以下两种方式。

- 通过 xml 给控件设置图片资源，比如，ImageView 的 src 属性或 background 属性，其他控件的 background 属性。
- 通过 Java 动态获取图片资源。

图片资源文件简介

3.7.2 在 xml 文件中引用图片资源

在 xml 文件中引用图片，一般是在使用 ImageView 控件时引用，当然其他控件的背景也可以是一个图片。这里以 ImageView 为例，我们可以通过它的 src 属性来引用图片资源，也可以通过 background 属性来引用图片资源，具体代码如下。

```
<LinearLayout xmlns:android="http://schemas.android.com/apk/res/android"
    xmlns:tools="http://schemas.android.com/tools"
    android:layout_width="match_parent"
    android:layout_height="match_parent"
    android:orientation="vertical"
    tools:context=".MainActivity" >
```

```
            <ImageView
                android:id="@+id/iv1"
                android:layout_width="match_parent"
                android:layout_height="100dp"
                android:src="@drawable/picture"/>
            <ImageView
                android:id="@+id/iv2"
                android:layout_width="match_parent"
                android:layout_height="100dp"
                android:background="@drawable/picture"/>
</LinearLayout>
```

由上述代码可以看到，在 xml 文件的两个 ImageView 控件中分别通过 ImageView 的 src 属性和 background 属性对图片资源进行了引用。src 属性引用图片资源时，展示出来的图片的宽高比和真实图片的宽高比是一样的，也就是说图片不会有拉伸变形，而 background 属性引用图片资源时，图片以背景的形式存在，这样就很有可能导致图片的拉伸变形，运行效果如图 3-11 所示。

图 3-11　xml 文件中引用图片资源

3.7.3　在 Java 代码中引用图片

除了可以在 xml 中引用图片资源外，还可以在 Java 中动态引用图片资源。以下以 3.7.2 小节代码的布局为基础，进行动态的引入图片资源，具体代码如下。

```java
public class MainActivity extends Activity {
    ImageView iv1,iv2;
    @Override
    protected void onCreate(Bundle savedInstanceState) {
        super.onCreate(savedInstanceState);
        setContentView(R.layout.activity_main);
        iv1 = (ImageView) findViewById(R.id.iv1);
        iv2 = (ImageView) findViewById(R.id.iv2);
        iv1.setImageResource(R.drawable.picture);
        iv2.setBackgroundResource(R.drawable.picture);
    }
}
```

在 Java 代码中，通过 setImageResource(R.drawable.picture)语句给第一个 ImageView 控件引用了图片资源，它对应于 xml 布局中的 src 属性；通过 setBackgroundResource（R.drawable.picture）语句给第二个 ImageView 控件引用了图片资源，它对应于 xml 布局中的 background 属性。

3.8　菜单资源文件

菜单是应用程序中非常重要的组成部分，能够在不占用界面空间的前提下为应用程序提供统一的功能和设置界面，并为程序开发人员提供易于使用的编程接口。Android 系统支持 3 种菜单：选项菜单（Option Menu）、子菜单（Submenu）和快捷菜单（Context Menu）。这 3 种菜单创建的流程相同，这里只以 Option Menu 的创建为例，讲解菜单资源的创建和引用。

3.8.1 创建菜单资源文件

(1) 在 res 文件夹下添加 menu 文件夹。

(2) 在此文件夹下添加一个 main.xml 文件，根结点为<menu>，如图 3-12 所示。

图 3-12 创建 main.xml 文件

(3) 在 main.xml 文件中添加<item>条目，设置菜单的条目代码如下。

```xml
<menu xmlns:android="http://schemas.android.com/apk/res/android" >
    <item android:title="新建" android:id="@+id/item1"/>
    <item android:title="添加" android:id="@+id/item2"/>
    <item android:title="删除" android:id="@+id/item3"/>
</menu>
```

3.8.2 菜单资源的调用

菜单的资源文件创建完成之后，要在 Java 代码中引用才会真正地展示出菜单。在 Java 代码中，我们需要重写 onCreateOptionsMenu(Menu menu)方法，对菜单里的条目设置点击事件，需要重写 onMenuItemSelected(int id, MenuItem item)方法。对于菜单资源的调用，我们只能通过 Java 代码来进行，无法在 xml 文件中调用菜单资源。具体代码如下。

```java
public class MainActivity extends Activity {

    @Override
    protected void onCreate(Bundle savedInstanceState) {
        super.onCreate(savedInstanceState);
        setContentView(R.layout.activity_main);
    }

    @Override
    public boolean onCreateOptionsMenu(Menu menu) {
        getMenuInflater().inflate(R.menu.main, menu);
        return true;
    }
    @Override
    public boolean onOptionsItemSelected(MenuItem item) {
     switch (item.getItemId()) {
        case R.id.item1:
            Toast.makeText(this,item.getTitle()+"被单击了！",0).show();
            break;
        case R.id.item2:
            Toast.makeText(this,item.getTitle()+"被单击了！",0).show();
            break;
        case R.id.item3:
            Toast.makeText(this,item.getTitle()+"被单击了！",0).show();
            break;
        }
        return super.onOptionsItemSelected(item);
    }
}
```

代码中，使用 getMenuInflater().inflate(R.menu.main, menu)语句首先得到菜单填充器，然后调用菜单资源，效果如图 3-13 和图 3-14 所示。

图3-13 菜单资源的调用效果

图3-14 单击菜单条目后的效果

3.9 本章小结

本章主要讲了 Android 项目中资源的引用，包括文字资源文件，颜色资源文件，尺寸资源文件，样式、主题资源文件，图片资源文件的引用。整体来说并没有太大的难度，但却是非常重要的内容，是 Android 项目开发中必不可少的，所以还需要读者多多练习。

关键知识点测评

1. 以下有关 Android 资源文件的叙述，正确的一个是（　　）。
   A. 当我们需要使用文字资源时，需要我们自己创建一个 string 文件夹
   B. 所有的文件资源都统一放在了 values 文件夹下
   C. 菜单文件的根结点是<menu></menu>
   D. 菜单资源只有 optionsMenu 这一种菜单

2. 以下有关 Android 中颜色资源的描述，不正确的是（　　）。
   A. 颜色资源的根结点是<color>
   B. xml 对颜色资源的调用为@color/color_name
   C. Java 文件中对颜色资源的调用为 getResources().getColor (R.color.color_name)
   D. 颜色值支持常见的 4 种形式：#RGB、#RRGGBB、#ARGB 和#AARRGGBB

3. 以下有关 Android 中尺寸资源的描述，不正确的一个是（　　）。
   A. 尺寸资源放在 res/values 目录下的 dimens 文件夹中
   B. 尺寸资源的根结点是<resources></resources>
   C. 尺寸资源既可以在 xml 文件中调用，也可以在 Java 代码中动态调用
   D. 尺寸资源中尺寸的单位只能是 dp

第4章

图形界面编程

■ 软件图形界面是 20 世纪最重要的创造发明之一,它为数字化普及革命带来的巨大贡献是软件领域中的其他任何发明都不能媲美的。图形界面的出现直接带来了人们生活方式的变革。

在计算机出现半个世纪的时间里,图形界面经过不断完善,逐步成熟,逐渐从命令语言界面转变成现代软件界面的主导形式。图形用户界面是人类历史上最伟大的发明创造之一,它对计算机的普及与进一步发展具有深远的意义。施乐、苹果、微软等公司在这个过程中发挥了重要作用。

4.1 图形界面设计概述

界面的分类有很多种方式,为了直观地认识和分析界面,可将设计界面按照界面属性分为如下 3 类。

> 功能性设计界面:这类界面的主要沟通对象是物,也就是与系统产生交互的人造物,主要反映设计与物的关系。
> 情感性设计界面:这类界面的主要沟通对象是人,设计者需要通过界面传递感受给人,引发与人的情感上的共鸣,反映了设计与人的关系。
> 环境性设计界面:这类界面主要沟通外部环境因素和人之间的信息传递。任何一件有交互性的产品都不能脱离环境而独立存在。

在 Android 系统中,Android 自带了许多功能,预示着其用户界面的复杂性。它是支持多个并发应用程序的多处理系统,接收多种形式的输入,有着高的交互性,必须具有足够的灵活性,以支持现在和未来的设备。令人印象深刻的是丰富的用户界面及其易用性,实现了所有给定的功能。但为了使应用程序在不同的设备上正常地显示和运行,避免对系统性能造成过大的负担,应该明白其工作原理。

Android 使用 xml 文件描述用户界面;资源文件独立保存在资源文件夹中;对用户界面描述非常灵活,允许不明确定义界面元素的位置和尺寸,仅声明界面元素的相对位置和粗略尺寸。下面就来介绍 Android 的用户界面框架。

Android 在 Java 环境中增加了一个图形用户界面(GUI)工具包,联合了 AWT、Swing、SWT 和 J2ME(撇开 Web UI 的工具包)。Android 框架和它们一样,是单线程的,事件驱动的,并建立了一个嵌套的组件库。

Android 用户界面框架(Android UI Framework)像其他的 UI 框架一样,采用了 MVC(Model-View-Controller)模型,提供了处理用户输入的控制器(Controller),显示用户界面和图像的视图(View),以及保存数据和代码的模型(Model),如图 4-1 所示。

其中,Model 是应用程序的核心。虽然特定应用程序的视图(View)和控制器(Controller)必然反映它们操纵的 Model,但一个 Model 可能是由几个不同的应用使用的。想想看,例如一个 MP3 播放器的应用程序以及一个将 MP3 文件转换成 WAV MP3 文件的程序,对于这两个应用程序,Model 包括它的 MP3 文件格式和编解码器。然而,MP3 播放器的应用程序有基本的停止、启动和暂停控制等操作。将 MP3 文件转换成 WAV MP3 文件的程序可能不会产生任何声音;但是,将 MP3 文件转换成 WAV MP3 文件的程序会设置比特率的控制等。此时,它们的 Model 都是针对所有的文件数据。

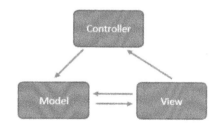

图 4-1 Android 用户界面框架的 MVC 模型

其中的控制器(Controller)能够接收并响应程序的外部动作,如按键动作或触摸屏动作等。控制器使用队列处理外部动作,每个外部动作作为一个对应的事件被加入队列中,然后 Android 用户界面框架按照"先进先出"的规则从队列中获取事件,并将这个事件分配给所对应的事件处理方法。例如,当用户按下他的手机上的键,Android 系统生成 KeyEvent,并将其添加到事件队列中。最后,在之前已排队的事件被处理后,KeyEvent 从队列中被删除,并作为当前选择 View 的 dispatchKeyEvent 方法的调用参数传递。一旦事件被分派到焦点组件，该组件可能会采取适当的行动来改变程序的内部状态。例如，在 MP3 播放器应用程序中，当用户单击屏幕上的播放/暂停按钮时，触发该按钮的事件，处理方法可能更新 Model，恢复播放一些先前所选乐曲。

视图（View）是应用程序给用户的反馈。它负责应用程序的部分渲染显示，发送音频扬声器，产生触觉反馈等。视图部分应用视图树（View Tree）模型。视图树是由 Android 用户界面框架中的界面元素以一种树形结构组织在一起的，Android 系统会依据视图树的结构从上至下绘制每一个界面元素。每个元素负责对自身的绘制，如果元素包含子元素，则该元素会通知其下所有子元素进行绘制。

下面就来详细介绍视图树。Android 中的可视化界面单元可分为"容器"与"非容器"两类。容器类继承 ViewGroup，非容器类则从 View 衍生出来，如图 4-2 所示。

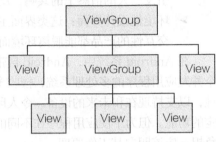

视图树由 View 和 ViewGroup 构成。其中，View 是界面的最基本的可视单元，存储了屏幕上特定矩形区域内所显示内容的数据结构，并能够实现所占据区

图 4-2 Android 视图树（View Tree）

域的界面绘制、焦点变化、用户输入和界面事件处理等功能。同时 View 也是一个重要的基类，所有界面上的可见元素都是 View 的子类。ViewGroup 是一种能够承载含多个 View 的显示单元，它承载了界面布局，同时还承载了具有原子特性的重构模块。

如图 4-3 所示，这些 Layout 可以套叠式地组成一棵视图树。其中，父结点的 Layout 与子结点的 LayoutParams 之间有控制关系，例如，若父结点是 RelativeLayout，则子结点的单元中可以指定 RelativeLayout.LayoutParams 中的属性，以控制子结点在父结点中的排列状况。

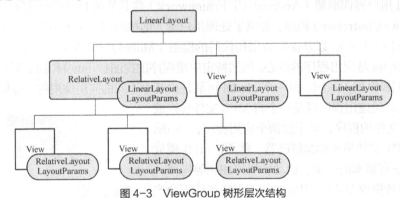

图 4-3 ViewGroup 树形层次结构

在单线程用户界面中，控制器从队列中获取事件和视图，在屏幕上绘制用户界面，使用的都是同一个线程。这样的单线程用户界面使得处理方法具有顺序性，能够降低应用程序的复杂程度，同时也能降低开发的难度。

常见布局简介

4.2 常见布局

界面布局（Layout）是用户界面结构的描述，定义了界面中所有的元素、结构和相互关系。

界面布局是为了适应多种 Android 设备上的屏幕而设计的解决方案：它们可以有不同的像素密度、尺寸和不同的纵横比。典型的 Android 设备，如 HTC G1 手机，甚至允许应用程序运行时改变屏幕的方向（纵向或横向），因此布局的基础设施需要能够应对这种情况。布局可为开发人员提供一种方式来表示 View 之间的物理关系，因为它们在屏幕上绘制。作为 Android 的界面布局，它使用开发需求来满足与开发要求最接近的屏幕布局。

Android 开发者使用的术语"布局"，指的是两种含义中的一种。布局的两种定义如下。

> 一种资源，它定义了在屏幕上画什么。布局资源存储在应用程序的/res/layout 资源目录下的 xml 文件中。布局资源简单地说就是一个用于用户界面的屏幕，或屏幕的一部分，以及内容的模板。

> 一种视图类，它主要组织其他控件。这些视图类（LinearLayout、RelativeLayout 和 TableLayout 等）用于在屏幕上显示子控件，如文本控件、按钮或图片。

Eclipse 的 Android 开发插件包含了一个很方便地用于设计和预览布局资源的布局资源设计器。这个工具包括两个标签视图：布局视图允许用户预览不同的屏幕下及每一个方向下控件会如何展现；xml 视图告诉用户资源的 xml 定义。这里有一些在 Eclipse 中使用布局资源编辑器的技巧。

> 使用概要（Outline）窗格在布局资源中添加和删除控件。
> 选择特定的控件（在预览或概要窗口），并使用属性窗格来调整特定控件的属性。
> 使用 xml 标签来直接编辑 xml 定义。

很重要的是要记住一点，Eclipse 布局资源编辑器不能完全精确地模拟出布局在最终用户设备上的呈现形式。对此，必须在适当配置的模拟器中测试，更重要的是在目标设备上测试。而且一些"复杂"控件，包括标签或视频查看器，也不能在 Eclipse 中预览。声明 Android 程序的界面布局有以下两种方法。

> 使用 xml 文件描述界面布局。
> 在程序运行时动态添加或修改界面布局。

用户既可以独立使用任何一种声明界面布局的方式，也可以同时使用两种方式。

使用 xml 文件声明界面布局有以下 3 个特点：一是将程序的表现层和控制层分离；二是在后期修改用户界面时，无须更改程序的源代码；三是用户还能够通过可视化工具直接看到所设计的用户界面，有利于加快界面设计的过程，并且为界面设计与开发带来极大的便利性。

设计程序用户界面最方便且可维护的方式是创建 xml 布局资源。这个方法极大地简化了 UI 设计过程，将许多用户界面控件的布局及控件属性定义移到 xml 中，代替了写代码。它适应了 UI 设计师（更关心布局）和开发者（了解 Java 和实现应用程序功能）潜在的区别。开发者依然可以在必要时动态地改变屏幕内容。复杂控件，像 ListView 或 GridView，通常用程序动态地处理数据。

xml 布局资源必须存放在项目目录的/res/layout 下。对每一屏（与某个活动紧密关联）都创建一个 xml 布局资源是一个通用的做法，但这并不是必需的。理论上来说，可以创建一个 xml 布局资源并在不同的活动中使用它，为屏幕提供不同的数据。如果需要的话，也可以分散布局资源并用另外一个文件包含它们。

现在把注意力转向对组织其他控件很有用的布局控件上。Android 中的 Layout 分类表如

表 4-1 所示。

表 4-1　Layout 分类表

Layout 类别	说　　明
线性布局 LinearLayout	线性（水平或垂直）排版的容器
框架布局 FrameLayout	单一界面的容器
表格布局 TableLayout	以表格方式排版的容器
相对布局 RelativeLayout	以相对坐标排版的容器
绝对布局 AbsoluteLayout	以绝对坐标排版的容器，不推荐使用
网格布局 GridLayout	以网格方式排版的容器

4.2.1　线性布局

线性布局是最简单的布局之一，它提供了控件水平或者垂直排列的模型。如图 4-4 所示，线性布局中，所有的子元素如果垂直排列，则每行仅包含一个界面元素；如果水平排列，则每列仅包含一个界面元素。而布局和布局是可以嵌套的。

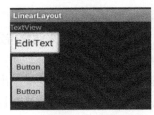 

图 4-4　线性布局（LinearLayout）效果图

同时，使用此布局时可以通过设置控件的 Weight 参数控制各个控件在容器中的相对大小。线性布局的属性既可以在布局文件（xml）中设置，也可以通过成员方法进行设置。表 4-2 给出了 LinearLayout 常用的属性及对应设置方法。

表 4-2　LinearLayout 常用属性及对应设置方法

属性名称	对应方法	描　　述
android:orientation	setOrientation(int)	设置线性布局的朝向，可取 horizontal
android:gravity	setGravity(int)	设置线性布局的内部元素的布局方式

在线性布局中可使用 gravity 属性来设置控件的对齐方式，gravity 可取的属性及说明如表 4-3 所示。

提示：当需要为 gravity 设置多个值时，用"|"分隔即可。

表 4-3　gravity 可取的属性及说明

属　　性	说　　明
top	不改变控件大小，对齐到容器顶部
bottom	不改变控件大小，对齐到容器底部
left	不改变控件大小，对齐到容器左侧

续表

属　性	说　明
right	不改变控件大小，对齐到容器右侧
center_vertical	不改变控件大小，对齐到容器纵向中央位置
center-horizontal	不改变控件大小，对齐到容器横向中央位置
center	不改变控件大小，对齐到容器中央位置
fill_vertical	若有可能，纵向拉伸以填满容器
fill_horizontal	若有可能，横向拉伸以填满容器
fill	若有可能，纵向及横向同时拉伸以填满容器

以下用一个例子来加深对线性布局的理解。

1. 创建一个名为 LinearLayout 的 Android 工程

这里的包名称是 com.farsight.linearlayout.demo，Activity 名称为 LinearLayout。为了能够完整体验创建线性布局的过程，我们需要删除 AndroidStudio 自动建立的/res/layout/main.xml 文件，之后我们将手动创建一个 xml 布局文件。

2. 建立 xml 线性布局文件

首先，删除 AndroidStudio 自动建立的/res/layout/main.xml 文件；其次，建立用于显示垂直排列线性布局的 xml 文件：右击/res/layout 文件夹，选择 "New"→"File" 命令打开新文件建立向导，参数设置如图 4-5 所示。

3. 编辑 xml 线性布局文件

打开 xml 文件编辑器，对 main_vertical.xml 文件的代码编辑如下。

图 4-5　新建线性布局 xml 文件

```xml
<?xml version="1.0" encoding="utf-8"?>
<LinearLayout
  xmlns:android="http://schemas.android.com/apk/res/android"
  android:layout_width="match_parent"
  android:layout_height="wrap_content"
  android:orientation="vertical">
</LinearLayout>
```

第 2 行代码声明了 xml 文件的根元素为线性布局；第 4~6 行代码是在属性编辑器中修改过的宽度、高度和排列方式的属性。同样，用户可以在可视化编辑器和属性编辑器中对页面布局进行修改，这些修改会同步地反映在 xml 文件中。

4. 添加控件

将 4 个界面控件 TextView、EditText、Button、Button 先后拖动到可视化编辑器中，所有控件都自动获取控件名称，并把该名称显示在控件上，如 TextView、EditText、Button 和 Button，如图 4-6 所示。

修改界面控件的属性如表 4-4 所示。

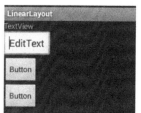

图 4-6　线性布局添加控件

表 4-4 线性布局控件属性

编号	类型	属性	值
1	TextView	id	@+id/label
		text	用户名：
2	EditText	id	@+id/entry
		Layout_width	match_parent
3	Button	text	确认
		id	@+id/ok
4	Button	text	取消
		id	@+id/cancel

打开 xml 文件编辑器查看 main_vertical.xml 文件代码，发现在属性编辑器内输入的文字已经正常写入 xml 文件中，代码如第 10、18、22 行所示。

```xml
<LinearLayout xmlns:android="http://schemas.android.com/apk/res/android"
    xmlns:tools="http://schemas.android.com/tools"
    android:layout_width="match_parent"
    android:layout_height="match_parent"
    android:orientation="vertical"
    tools:context=".MainActivity" >
    <TextView android:id="@+id/label"
        android:layout_width="wrap_content"
        android:layout_height="wrap_content"
        android:text="用户名: " />
    <EditText android:id="@+id/entry"
        android:layout_height="wrap_content"
        android:layout_width="match_parent"
        android:hint="请输入用户名"/>
    <Button android:id="@+id/ok"
        android:layout_width="wrap_content"
        android:layout_height="wrap_content"
        android:text="确认"/>
    <Button android:id="@+id/cancel"
        android:layout_width="wrap_content"
        android:layout_height="wrap_content"
        android:text="取消" />
</LinearLayout>
```

5. 修改 LinearLayout.java 文件

将 LinearLayout.java 文件中的 setContentView(R.layout.main)更改为 setContentView(R.layout.main_vertical)。

同理，按照以上步骤，可以得到横向线性布局。

（1）建立 main_horizontal.xml 文件。

（2）将线性布局的 Orientation 属性的值设置为 horizontal。

（3）将 EditText 的 Layout width 属性的值设置为 wrap_content。

（4）将 LinearLayout.java 文件中的 setContentView(R.layout.main_vertical)修改为 setContentView(R.layout.main_horizontal)。

4.2.2 相对布局

相对布局（RelativeLayout）是一种非常灵活的布局方式，能够通过指定界面元素与其他元素的相对位置关系，确定界面中所有元素的布局位置，能够最大限度地保证在各种屏幕类型的手机上正确显示界面布局。

在相对布局中，子控件的位置是相对兄弟控件或父容器而决定的。出于性能考虑，在设计相对布局时要按照控件之间的依赖关系排列，如 View A 的位置相对于 View B 来决定，则需要保证在布局文件中 View B 在 View A 的前面。

在进行相对布局时用到的属性很多，首先来看属性值只为 true 或 false 的属性，如表 4-5 所示。

表 4-5 相对布局中只取 true 或 false 的属性及说明

属性名称	属性说明
android:layout_centerHorizontal	当前控件位于父控件的横向中间位置
android:layout_centerVertical	当前控件位于父控件的纵向中间位置
android:layout_centerInParent	当前控件位于父控件的中央位置
android:layout_alignParentBotton	当前控件底端与父控件底端对齐

接下来看属性值为其他控件 ID 的属性，如表 4-6 所示。

表 4-6 相对布局中取值为其他控件 ID 的属性及说明

属性名称	属性说明
android:layout_toRightOf	在某元素的右侧
android:layout_toLeftOf	在某元素的左侧
android:layout_above	在某元素的上方
android:layout_below	在某元素的下方
android:layout_alignTop	本元素的上边缘和某元素的上边缘对齐
android:layout_alignBottom	本元素的下边缘和某元素的下边缘对齐
android:layout_alignLeft	本元素的左边缘和某元素的左边缘对齐
android:layout_alignRight	本元素的右边缘和某元素的右边缘对齐

最后要介绍的是属性值以像素为单位的属性及说明，如表 4-7 所示。

表 4-7 相对布局中取值为像素的属性及说明

属性名称	属性说明
android:layout_marginLeft	当前控件左侧的留白
android:layout_marginRight	当前控件右侧的留白
android:layout_marginTop	当前控件上方的留白
android:layout_marginBotton	当前控件下方的留白

需要注意的是，在进行相对布局时要避免出现循环依赖，例如，设置相对布局在父容器中

的排列方式为 WRAP_CONTENT，就不能再将相对布局的子控件设置为 ALIGN_PARENT_BOTTOM，因为这样会造成子控件和父控件相互依赖和参照的错误。

以下用一个相对布局的例子来加深对线性布局的理解。首先来看一下相对布局的效果图，如图 4-7 所示。

图 4-7　相对布局效果图

为达到以上效果，按以下步骤进行操作。

（1）添加 TextView 控件（用户名），相对布局会将 TextView 控件放置在屏幕的最上方。

（2）添加 EditText 控件（输入框），并声明该控件的位置在 TextView 控件的下方，相对布局会根据 TextView 的位置确定 EditText 控件的位置。

（3）添加第一个 Button 控件（"取消"按钮），声明在 EditText 控件的下方，且在父控件的最右边。

（4）添加第二个 Button 控件（"确认"按钮），声明该控件在第一个 Button 控件的左方，且与第一个 Button 控件处于相同的水平位置。

相对布局在 main.xml 文件的完整代码如下。

```xml
<RelativeLayout xmlns:android="http://schemas.android.com/apk/res/android"
    xmlns:tools="http://schemas.android.com/tools"
    android:layout_width="match_parent"
    android:layout_height="match_parent"
    tools:context=".MainActivity" >
    <TextView
        android:id="@+id/label"
        android:layout_width="match_parent"
        android:layout_height="wrap_content"
        android:text="用户名：" />
    <EditText
        android:id="@+id/entry"
        android:layout_width="match_parent"
        android:layout_height="wrap_content"
        android:layout_below="@id/label"
        android:text="请输入用户名" />
    <Button
        android:id="@+id/cancel"
        android:layout_width="wrap_content"
        android:layout_height="wrap_content"
        android:layout_alignParentRight="true"
        android:layout_below="@id/entry"
        android:layout_marginLeft="10dip"
        android:text="取消" />
    <Button
        android:id="@+id/ok"
        android:layout_width="wrap_content"
        android:layout_height="wrap_content"
        android:layout_alignTop="@id/cancel"
        android:layout_toLeftOf="@id/cancel"
        android:text="确认" />
</RelativeLayout>
```

在代码中，第 1 行使用了<RelativeLayout>标签声明一个相对布局；第 15 行使用位置属性 android:layout_below 确定 EditText 控件在 ID 为 label 的元素下方；第 21 行使用属性 android:layout_alignParentRight 声明该元素在其父元素的右边边界对齐；第 22 行声明该元素在 ID 为 entry 的元素下方；第 23 行设定属性 android:layout_marginLeft 左移 10dip；第 29 行使用属性 android:layout_alignTop 声明该元素与 ID 为 cancel 的元素在相同的水平位置；第 30 行使用属性 android:layout_toLeftOf 声明该元素在 ID 为 cancel 的元素左边。

4.2.3 框架布局

框架布局是将控件组织在 Android 程序的用户界面中最简单的布局类型之一。框架布局在 xml 文件中使用<FrameLayout>来定义。框架布局中的子视图总是被绘制到相对于屏幕的左上角，所有添加到这个布局中的视图都是以层叠的方式显示的，第一个添加到框架布局中的视图显示在最底层，最后一个被放在最顶层，上一层的视图会覆盖下一层的视图，类似于 HTML 中的 div。

FrameLayout 继承自 ViewGroup，除了继承自父类的属性和方法，FrameLayout 类中包含了自己特有的属性和方法，如表 4-8 所示。

表 4-8　FrameLayout 常用属性及对应方法

属性名称	对应方法	描述
android:foreground	setForeground(Drawable)	设置绘制在所有子控件之上的内容
android:foregroundGravity	setForegroundGravity(int)	设置绘制在所有子控件之上内容的 gravity

以下用一个例子来加深对 FrameLayout 的理解。

（1）在 Eclipse 中新建一个项目 FrameLayout。打开其 res/values 目录下的 strings.xml 文件，在其中输入如下代码。在该段代码中声明了应用程序总会用到的字符串资源。

```
<?xml version="1.0" encoding="utf-8"?>
<resources>
<string name="app_name">FrameExample</string>
<string name="big">大的</string>
<string name="middle">中的</string>
<string name="small">小的</string>
</resources>
```

（2）在项目 res/values 目录下新建一个 colors.xml，在其中输入如下代码。该段代码声明了应用程序中将会用到的颜色资源。将所有颜色资源统一管理有助于提高程序的可读性及可维护性。

```
<?xml version="1.0" encoding="utf-8"?>
<resources>
<color name="red">#FF0000</color>
<color name="green">#00FF00</color>
<color name="blue">#0000FF</color>
<color name="white">#FFFFFF</color>
</resources>
```

（3）打开项目 res/layout 目录下的 main.xml 文件，将其中已有的代码替换为如下代码。

```
<FrameLayout xmlns:android="http://schemas.android.com/apk/res/android"
    xmlns:tools="http://schemas.android.com/tools"
```

```xml
        android:layout_width="match_parent"
        android:layout_height="match_parent"
        tools:context=".MainActivity" >
    <TextView
        android:id="@+id/TextView01"
        android:layout_width="wrap_content"
        android:layout_height="wrap_content"
        android:text="@string/big"
        android:textColor="@color/green"
        android:textSize="60px" />
    <!-- 声明一个TextView 控件 -->
    <TextView
        android:id="@+id/TextView02"
        android:layout_width="wrap_content"
        android:layout_height="wrap_content"
        android:text="@string/middle"
        android:textColor="@color/red"
        android:textSize="40px" />
    <!-- 声明一个TextView 控件 -->
    <TextView
        android:id="@+id/TextView03"
        android:layout_width="wrap_content"
        android:layout_height="wrap_content"
        android:text="@string/small"
        android:textColor="@color/blue"
        android:textSize="20px" />
    <!-- 声明一个TextView 控件 -->
</FrameLayout>
```

代码第 1~5 行声明了一个框架布局，并设置其在父控件中的显示方式及自身的背景颜色；代码第 6~12 行声明了一个 TextView 控件，该控件 ID 为 TextView01，第 11 行定义了所显示内容的字体颜色为绿色，第 12 行定义了其显示内容的字号为 60px；代码第 14~21 行声明了一个 TextView 控件，该控件 ID 为 TextView02，第 19 行定义了所显示内容的字体颜色为红色，第 20 行定义了其显示内容的字号为 40px；代码第 22~29 行声明了一个 TextView 控件，该控件 ID 为 TextView03，第 27 行定义了所显示内容的字体颜色为蓝色，第 28 行定义了其显示内容的字号为 20px。

运行程序，在图 4-8 所示的运行效果图中可以看到，程序运行时所有的子控件都自动地对齐到容器的左上角，由于子控件的 TextView 是按照字号从大到小排列的，所以字号小的在最上层。

4.2.4 表格布局

表格布局（TableLayout）以行和列的形式管理控件，每行为一个 TableRow 对象，也可以为一个 View 对象。当为 View 对象时，该 View 对象将跨越该行的所有列。在 TableRow 中可以添加子控件，每添加一个子控件为一列。

表格布局中并不会为每一行、每一列或每个单元格都绘制边框，每一行可以有 0 或多个单

图 4-8 框架布局运行效果图

元格，每个单元格为一个 View 对象。TableLayout 中可以有空的单元格，单元格也可以像 HTML 中那样跨越多个列。

图 4-9 所示是表格布局的示意图。

在表格布局中，一个列的宽度由该列中最宽的那个单元格指定，而表格的宽度是由父容器指定的。在 TableLayout 中，可以为列设置 3 种属性。

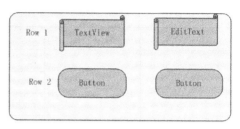

图 4-9 表格布局示意图

- Shrinkable，如果一个列被标识为 shrinkable，则该列的宽度可以进行收缩，以使表格能够适应其父容器的大小。
- Stretchable，如果一个列被标识为 stretchable，则该列的宽度可以进行拉伸，以填满表格中空闲的空间。
- Collapsed，如果一个列被标识为 collapsed，则该列将会被隐藏。

TableLayout 继承自 LinearLayout 类，除了继承来自父类的属性和方法，TableLayout 类还包含表格布局所特有的属性和方法。这些属性和方法说明如表 4-9 所示。

表 4-9 TableLayout 类特有的属性及对应方法说明

属性名称	对应方法	描　　述
android:collapseColumns	setColumnCollapsed(int,boolean)	设置指定列号的列为 Collapsed，列号从 0 开始
android:shrinkColumns	setShrinkAllColumns(boolean)	设置指定列号的列为 Shrinkable，列号从 0 开始
android:stretchColumns	setStretchAllColumns(boolean)	设置指定列号的列为 Stretchable，列号从 0 开始

下面用一个例子来加深对表格布局的理解。

首先，建立表格布局要注意以下几点。

（1）向界面中添加一个表格布局，无须修改布局的属性值。其中，ID 属性为 TableLayout01，Layout width 和 Layout height 属性都为 wrap_content。

（2）向 TableLayout01 中添加两个 TableRow。TableRow 代表一个单独的行，每行被划分为几个小的单元，单元中可以添加一个界面控件。其中，ID 属性分别为 TableRow01 和 TableRow02，Layout width 和 Layout height 属性都为 wrap_content。

（3）向 TableRow01 中添加 TextView 和 EditText；向 TableRow02 中添加两个 Button。

表 4-10 所示为设置的 TableRow 中 4 个界面控件的属性值。

表 4-10 表格布局控件属性

编　号	类　　型	属　　性	值
1	TextView	id	@+id/label
		text	用户名：
		gravity	right
		padding	3dip
		Layout_width	160dip

续表

编号	类型	属性	值
2	EditText	id	@+id/entry
		text	[null]
		padding	3dip
		Layout_width	160dip
3	Button	id	@+id/ok
		text	确认
		padding	3dip
4	Button	id	@+id/cancel
		text	取消

（4）main.xml 的完整代码如下。

```xml
<TableLayout xmlns:android="http://schemas.android.com/apk/res/android"
    xmlns:tools="http://schemas.android.com/tools"
    android:layout_width="match_parent"
    android:layout_height="match_parent"
    tools:context=".MainActivity" >
    <TableRow
        android:id="@+id/TableRow01"
        android:layout_width="wrap_content">
        <TextView
            android:id="@+id/label"
            android:layout_width="160dip"
            android:layout_height="wrap_content"
            android:gravity="right"
            android:padding="3dip"
            android:text="用户名： " />
        <EditText
            android:id="@+id/entry"
            android:layout_width="160dip"
            android:layout_height="wrap_content"
            android:padding="3dip"
            android:hint="请输入用户名"/>
    </TableRow>
    <TableRow
        android:id="@+id/TableRow02"
        android:layout_width="wrap_content"
        android:layout_height="wrap_content" >
        <Button
            android:id="@+id/ok"
            android:layout_height="wrap_content"
            android:padding="3dip"
            android:text="确认" />
        <Button
            android:id="@+id/Button02"
            android:layout_width="wrap_content"
            android:layout_height="wrap_content"
            android:padding="3dip"
            android:text="取消"/>
```

```
    </TableRow>
</TableLayout>
```

代码中，第 1 行代码使用了<TableLayout>标签声明表格布局；第 6 行和第 23 行代码声明了两个 TableRow 元素；第 11 行设定宽度属性 android:layout_width:160dip；第 13 行设定属性 android:gravity，指定文字为右对齐；第 14 行使用属性 android:padding，声明 TextView 元素与其他元素的间隔距离为 3dip。

（5）表格布局运行效果如图 4-10 所示。

4.2.5 绝对布局

绝对布局（AbsoluteLayout）能通过指定界面元素的坐标位置来确定用户界面的整体布局。所谓绝对布局，是指屏幕中所有控件的摆放由开发人员通过设置控件的坐标来指定，控件容器不再负责管理其子控件的位置。由于子控件的位置和布局都通过坐标来指定，因此 AbsoluteLayout 类中并没有开发特有的属性和方法。

图 4-10　表格布局运行效果

绝对布局是一种不推荐使用的界面布局，因为通过 x 轴和 y 轴确定界面元素位置后，Android 系统不能根据不同屏幕对界面元素的位置进行调整，降低了界面布局对不同类型和尺寸屏幕的适应能力。每一个界面控件都必须指定坐标(x,y)，例如图 4-11 中，"确认"按钮的坐标是$(40,120)$，"取消"按钮的坐标是$(120,120)$。坐标原点$(0,0)$在屏幕的左上角。

绝对布局示例的 main.xml 文件的完整代码如下。

图 4-11　绝对布局效果图

```xml
<AbsoluteLayout xmlns:android="http://schemas.android.com/apk/res/android"
    xmlns:tools="http://schemas.android.com/tools"
    android:layout_width="match_parent"
    android:layout_height="match_parent"
    tools:context=".MainActivity" >
    <TextView android:id="@+id/label"
        android:layout_x="40dip"
        android:layout_y="40dip"
        android:layout_height="wrap_content"
        android:layout_width="wrap_content"
        android:text="用户名："/>
    <EditText android:id="@+id/entry"
        android:layout_x="40dip"
        android:layout_y="60dip"
        android:layout_height="wrap_content"
        android:layout_width="150dip"
        android:hint="请输入用户名"/>
    <Button android:id="@+id/ok"
        android:layout_width="70dip"
        android:layout_height="wrap_content"
        android:layout_x="40dip"
        android:layout_y="120dip"
        android:text="确认"/>
    <Button android:id="@+id/cancel"
        android:layout_width="70dip"
        android:layout_height="wrap_content"
        android:layout_x="120dip"
        android:layout_y="120dip"
```

```
            android:text="取消"/>
</AbsoluteLayout>
```

上述涉及的界面布局（LinearLayout、TableLayout 和 RelativeLayout 等）像其他控件一样也是一个控件。这意味着布局控件可以被嵌套。比如，为了组织屏幕上的控件，可以在一个 LinearLayout 中使用一个 RelativeLayout，反过来也行。但是需注意，在界面设计过程中，应尽量保证屏幕相对简单。复杂布局加载很慢，并且可能引起性能问题。

同时，在设计程序布局资源时需要考虑设备的差异性。通常情况下是可能设计出在各种不同设备上看着都不错的灵活布局的，不管是竖屏模式还是横屏模式，必要时可以引入可选布局资源来处理特殊情况。例如，可以根据设备的方向或设备是不是有超大屏幕（如网络平板）来提供不同的布局供加载。

Android SDK 提供了几个可以帮助我们设计、调试和优化布局资源的工具。除了 Eclipse 的 Android 插件中内置的布局资源设计器外，还可以使用 Android SDK 提供的 Hierarchy Viewer（层次结构查看器）和 layoutopt（布局优化）。这些工具在 Android SDK 的 tools 目录下可以找到。可以使用 Hierarchy Viewer 来查看布局运行时的详细情况；可以使用 layoutopt 命令行工具来优化布局文件。优化布局非常重要，因为复杂的布局文件加载很慢。layoutopt 工具简单地扫描 xml 布局文件并找出不必要的控件。在 Android 开发者网站的 layoutopt 部分可查看更多信息。

4.2.6　网格布局

网格布局可以用来做一个像 TableLayout 这样的布局样式，但其性能及功能比 TableLayout 要好，比如网格布局中的单元格可以跨越多行，而 TableLayout 则不行。GridLayout 样式和 LinearLayout 样式一样，可以有水平和垂直两个方向的布局方式。即如果设置为垂直方向布局，则下一个单元格将会在下一行的同一位置或靠右一点的位置出现，而水平方向的布局，则意味着下一个单元格将会在当前单元格的右边出现，也有可能会跨越下一行。我们现在用网格布局来绘制一个 6 行 4 列的数字键盘。界面运行效果如图 4-12 所示。

在 GridLayout 中，定义每个子控件跟以前使用布局中定义的方法有点不同，默认的是对所有的子控件使用 wrap_content 方式，而不是显式声明宽度和高度并使用 wrap_conent 和 match_parent，这里只需要在 GridLayout 本身的属性中定义 android:layout_width 为 wrap_conent 即可。在设置"="按钮时，android:layout_columnSpan="3"表示此按钮占 3 个网格列的位置。而在设置"+"按钮时，android:layout_rowSpan="3"表示此按钮占 3 个网格行的位置。

图 4-12　界面运行效果图

4.3　常见控件

Android 界面的人机交互主要是由各种控件来完成的，用户通过操作控件来使用 Android 应用程序。Android 系统为我们提供了丰富的控件，它们大多数都在 android.widget 包中。Android 程序都会涉及控件技术，Android 控件是一种用于人机交互的元件，Android 为此提供了各种各样的输入控件，例如按钮（Button）、文本域（TextFields）、拖动条（SeekBars）、复选框（CheckBos）、缩放按钮（ZoomButtons）、开关按钮（ToggleButtons）等。

4.3.1 TextView 文本显示

文本框就是一个用来显示纯文本的标签控件。例如前面章节的页面截图中，页面顶部的页名就是通过 TextView 来显示的。可以为 TextView 显示的文字设置大小、字体、颜色和背景颜色等，如图 4-13 所示。

图 4-13　TextView 示例

界面代码：在 mail.xml 文件中添加一个 TextView。

```
<TextView
    android:id="@+id/textview"
    android:layout_width="fill_parent"
    android:layout_height="wrap_content"
    android:text="@string/hello"
    />
```

在 mail.xml 文件中定义了一个 ID 为 textview 的文本框。在上一章中我们说过，要设置一个界面元素的属性，可以在 xml 文件中直接设置，也可以在 Java 文件中用代码编写实现。下面的 ActivityTextView.java 文件中设置了文本框的大小、背景和文字。

```
public class ActivityTextView extends Activity
{
    /* 声明TextView对象 */
    private TextView textview;

    @Override
    public void onCreate(Bundle savedInstanceState)
    {
        super.onCreate(savedInstanceState);
        setContentView(R.layout.main);
        /* 通过findById获得TextView对象 */
        textview = (TextView)this.findViewById(R.id.textview);

        String string = "TextView示例，欢迎使用！";
        /* 设置字体大小 */
        textview.setTextSize(20);
        /* 设置文字背景 */
        textview.setBackgroundColor(Color.BLUE);
        /* 设置TextView显示的文字 */
        textview.setText(string);
    }
}
```

代码解释：首先声明一个 TextView 对象，通过 findViewById() 方法找到 main.xml 文件中定义好的控件，然后通过 TextView 对象的方法对此控件属性进行设置。TextView 对象的方法和对应 xml 属性如表 4-11 所示。

表 4-11　TextView 对象的方法和对应 xml 属性

TextView 对象的方法	xml 属性	作用
setTextColor	android:textColor	设置文字的颜色
setTextSize	android:textSize	设置文字的大小

续表

TextView 对象的方法	xml 属性	作用
SetText	android:text	设置文本
setBackgroundResource	android:background	设置控件背景
setHeight/setWidth	android:height/width	设置控件的高/宽

4.3.2 Button 单击触发

按钮（Button）在所有控件中都比较特别，经常扮演触发者和终结者的角色。比如用户单击注册按钮，会显示注册页面，用户执行填写信息的动作，这扮演了触发者角色；当用户填写完毕，单击"确认"按钮，完成注册动作，这时扮演了终结者的角色。我们简单放置一个按钮，看看它是如何完成这些工作的。主界面代码如下。

```xml
<?xml version="1.0" encoding="utf-8"?>
<LinearLayout xmlns:android="http://schemas.android.com/apk/res/android"
    android:layout_width="fill_parent"
    android:layout_height="fill_parent"
    android:orientation="vertical" >

    <Button
        android:id="@+id/button"
        android:layout_width="wrap_content"
        android:layout_height="wrap_content"
        android:text="I am a button" />
</LinearLayout>
```

代码解释：在这段代码中，在主界面放置了一个 ID 为 button 的按钮，按钮上显示"I am a button"，并设置了按钮宽度和高度都是 wrap_content，表示其自动随按钮上的内容进行调整。此时界面效果如图 4-14 所示。

下面我们添加一个监听器，监听按钮的单击事件代码如下。

```java
Button button = (Button)findViewById(R.id.button);
button.setOnClickListener(button_listener);

private Button.OnClickListener button_listener = new Button.OnClickListener(){
    public void onClick(View v){
        setTitle("按钮被单击啦");
    }
};
```

代码解释：通过 Button 对象的 findViewById()方法找到 ID 为 button 的按钮，然后给这个按钮添加了一个监听器。这个监听器的动作是，当按钮被单击时，执行 setTitle("按钮被单击啦")，即修改了当前页面的标题，如图 4-15 所示。

4.3.3 EditText 文本框输入

编辑框和文本框类似，都是放置文字的容器。不同之处在于，文本框只用来显示文字，编辑框可以由用户输入文字，对于这一点相信读者都很熟悉了。让我们直接来看它的用法。首先在 editview.xml 页面添加一个 EditText 控件，代码如下。

图 4-14　按钮单击前　　　　　　　图 4-15　按钮响应单击事件后

```xml
<?xml version="1.0" encoding="utf-8"?>
<LinearLayout xmlns:android="http://schemas.android.com/apk/res/android"
    android:orientation="vertical"
    android:layout_width="fill_parent"
    android:layout_height="fill_parent"
    >
<EditText android:id="@+id/edit_text"
android:layout_width="fill_parent"
android:layout_height="wrap_content"
android:text="请输入文字" />
 <Button android:id="@+id/get_edit_view_button"
     android:layout_width="wrap_content"
      android:layout_height="wrap_content"
      android:text="获取EditView值" />
</LinearLayout>
```

代码解释：在此页面中，除了一个编辑框外，还添加了一个按钮，单击此按钮，获得用户在编辑框中输入的文字。下面我们来给这个按钮添加监听事件，代码如下。

```java
private void find_and_modify_text_view() {
        Button get_edit_view_button = (Button) findViewById(R.id.get_edit_view_ button);
        get_edit_view_button.setOnClickListener(get_edit_view_button_listener);
}

    private Button.OnClickListener get_edit_view_button_listener = new Button. OnClickListener() {
        public void onClick(View v) {
            EditText edit_text = (EditText) findViewById(R.id.edit_text);
            CharSequence edit_text_value = edit_text.getText();
            setTitle("您输入的是:"+edit_text_value);
        }
    };
```

代码解释：这段代码给按钮添加了一个监听事件，当单击按钮时，通过 edit_text.getText() 获得编辑框中的值，并显示在当前页面的 Title 上。这与上一节的按钮的例子类似，不同之处在于，这个值是可以随用户输入的不同而改变的。运行效果如图 4-16 和图 4-17 所示。

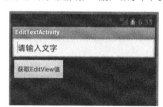   

图 4-16　编辑框　　　　　　　　图 4-17　获取编辑框输入的值

4.3.4 单选按钮 RadioButton

单项选择相信大家都很熟悉了，在移动设备交互界面进行选择操作一般都是使用 RadioGroup 单项选择或者 CheckBox 多项选择来实现的。当手机界面不方便用户直接输入选项时，选择控件可以帮助用户实现。

RadioButton 控件使用讲解

Android 界面组件提供了一个名为 RadioGroup 的单选组，可以看成是一个单选按钮的容器，而单选按钮则是 RadioButton。在一个 RadioGroup 里面可以定义一至多个 RadioButton，每个 RadioButton 代表一个选择项。我们来看一个界面示例，如图 4-18 所示。

其中，RadioGroup 部分的界面代码如下。

图 4-18 RadioGroup

```
<RadioGroup
    android:layout_width="fill_parent"
    android:layout_height="wrap_content"
    android:orientation="vertical"
    android:checkedButton="@+id/Android"
    android:id="@+id/os">
    <RadioButton
        android:text="塞班"
        android:id="@+id/saiban"
        />
    <RadioButton
        android:text="Android"
        android:id="@+id/android" />
    <RadioButton
        android:text="IOS"
        android:id="@+id/ios" />
</RadioGroup>
```

代码解释：在 RadioGroup 里面定义了 3 个单选按钮，每个单选按钮根据 ID 标识自己代表的内容。在界面中我们还添加了一个清除按钮，用于清除已选项。选择了一个选项后，如果正确，在页面标题显示"回答正确！"，回答错误则显示"回答错误"。

```
protected void onCreate(Bundle savedInstanceState) {
    super.onCreate(savedInstanceState);
    setContentView(R.layout.radio_group);
    setTitle("RadioGroupActivity");
    mRadioGroup = (RadioGroup) findViewById(R.id.os);
    mRadio1 =(RadioButton)findViewById(R.id.saiban);
    mRadio2 =(RadioButton)findViewById(R.id.android);
    mRadio3 =(RadioButton)findViewById(R.id.ios);

    Button clearButton = (Button) findViewById(R.id.clear);

    clearButton.setOnClickListener(this);
    mRadioGroup.setOnCheckedChangeListener(new RadioGroup.OnChecked- ChangeListener() {

        public void onCheckedChanged(RadioGroup group, int checkedId) {
            if(checkedId == mRadio2.getId())
                setTitle("回答正确！ ");
```

```
            else
                setTitle("回答错误");
        }
    });
}
public void onClick(View v) {
    mRadioGroup.clearCheck();
}
```

代码解释：分别根据 RadioGroup 和 RadioButton 的 ID 找到页面上相应的控件，给 RadioGroup 添加事件监听，用于判断选择是否正确。界面运行效果图如图 4-19 和图 4-20 所示。

图 4-19　选择"Android"正确

图 4-20　选择错误

4.3.5　多选按钮 CheckBox

多项选择和单项选择很相似，都是用于选择操作，只不过多选一般用于多答案的选择。多项选择使用的界面控件是 CheckBox，也是在 xml 文件中定义的。我们来看一个多项选择的实例，如图 4-21 所示。

图 4-21　多项选择界面

这个界面中定义了 4 个 CheckBox，代表 4 家移动设备厂商，并定义了一个按钮用于获得用户选择的结果，界面代码如下。

```xml
<CheckBox android:id="@+id/sansung"
    android:text="Samsung"
    android:layout_width="wrap_content"
    android:layout_height="wrap_content"
/>

<CheckBox android:id="@+id/htc"
    android:text="HTC"
    android:layout_width="wrap_content"
```

```
        android:layout_height="wrap_content"
    />
<CheckBox android:id="@+id/moto"
        android:text="Motorola"
        android:layout_width="wrap_content"
        android:layout_height="wrap_content"
    />
<CheckBox android:id ="@+id/nokia"
        android:text="Nokia"
        android:layout_width="wrap_content"
        android:layout_height="wrap_content"
    />
<Button android:id="@+id/get_view_button"
        android:layout_width="wrap_content"
        android:layout_height="wrap_content"
        android:text="获取CheckBox的值" />
```

然后编写按钮的单击响应方法，代码如下。

```
…
private void find_and_modify_text_view() {
    san_cb = (CheckBox) findViewById(R.id.sansung);
    htc_cb = (CheckBox) findViewById(R.id.htc);
    moto_cb = (CheckBox) findViewById(R.id.moto);
    nokia_cb = (CheckBox) findViewById(R.id.nokia);
    Button get_view_button = (Button) findViewById(R.id.get_view_button);
    get_view_button.setOnClickListener(get_view_button_listener);
}

Private Button.OnClickListener get_view_button_listener = new Button.OnClick- Listener() {
    public void onClick(View v) {
        String r = "";
        if (san_cb.isChecked()) {
            r = r + "," + san_cb.getText();
        }
        if (htc_cb.isChecked()) {
            r = r + "," + htc_cb.getText();
        }
        if (moto_cb.isChecked()) {
            r = r + "," + moto_cb.getText();
        }
        if (nokia_cb.isChecked()) {
            r = r + "," + nokia_cb.getText();
        }
        setTitle("Checked: " + r);
    }
};
…
```

代码实现的功能是在界面中选择了 1～4 个选项后，单击"获取 CheckBox 的值"按钮，用户所选的选项内容会显示在标题栏中，程序执行效果如图 4-22 所示。

4.3.6　进度条 ProgressBar

进度条是在应用程序运行时很常见的界面组件。进度条可以

图 4-22　多项选择执行效果

提示用户等待，也可以方便用户查看程序运行到什么程度了。最常见的进度条有两种，分别是圆形进度条和横向水平进度条，如图 4-23 所示。

Android 中的这两种进度条都可通过界面控件 ProgressBar 实现。图 4-23 界面对应的代码如下。

图 4-23　进度条

```
<TextView
        android:layout_width="wrap_content"
        android:layout_height="wrap_content"
        android:text="圆形进度条" />
<ProgressBar
    android:id="@+id/progress_bar1"
    android:layout_width="wrap_content"
    android:layout_height="wrap_content"/>

<TextView
        android:layout_width="wrap_content"
        android:layout_height="wrap_content"
        android:text="横向水平进度条" />

<ProgressBar android:id="@+id/progress_bar2"
        style="?android:attr/progressBarStyleHorizontal"
        android:layout_width="200dip"
        android:layout_height="wrap_content"
        android:max="100"
        android:progress="40"
        android:secondaryProgress="80" />
```

代码解释：上述代码中的两个 Progress 组件通过 Style 属性来区别。水平进度条可以设置一到多个进度，这里设置了两个进度：一个进度到 40，另一个进度到 80。进度条是非常友好的界面控件，用户在下载资源、安装应用时使用起来非常方便。

4.3.7　Toast 通知

Toast 是 Android 提供的"快显讯息"类，它的用途很多，使用起来非常简单。

Toast 参数讲解

1. 创建通知

- Toast.makeText(Context context、CharSequence text、int duration)
- Toast.makeText(Context context、int resId、int duration)

2. 发送通知

- show()

参数解释如下。
- context：上下文。
- text：在弹出的吐司中显示的文字。
- resId：字符串资源 ID。
- duration：文字显示的时长，它有以下两个常量。
  - LENGTH_LONG：显示视图或文本提示时间较长。

- LENGTH_SHORT：显示视图或文本提示时间较短。

4.3.8 ImageView 显示图片

ImageView 是用来显示图片的控件，可以通过 src 属性来设置图片，也可以通过 background 属性来设置图片，这两种方式设置图片显示效果有轻微的差别，background 作为背景全部填充到控件上，有可能会引起图片拉伸变形。ImageView 效果图如图 4-24 所示。

图 4-24　ImageView 效果图

Android 中，这两种图片效果的显示都是通过 ImageView 实现的。图 4-24 界面对应的代码如下。

```
<LinearLayout xmlns:android="http://schemas.android.com/apk/res/android"
    xmlns:tools="http://schemas.android.com/tools"
    android:layout_width="match_parent"
    android:layout_height="match_parent"
    android:orientation="vertical"
    tools:context=".MainActivity" >
    <ImageView
        android:layout_width="match_parent"
        android:layout_height="wrap_content"
        android:src="@drawable/ic_launcher"/>
    <ImageView
        android:layout_width="match_parent"
        android:layout_height="wrap_content"
        android:background="@drawable/ic_launcher"/>
</LinearLayout>
```

代码解释：在第 10 行通过 src 给 ImageView 控件设置了图片资源，在第 14 行通过 background 属性设置了图片资源。src 图片资源以原样等比例展示出来，而 background 属性设置的图片则作为控件的背景展示出来，有可能会引起图片变形。

4.3.9 ListView 显示列表

ListView 是一种用于垂直显示的列表控件，如果显示内容过多，则会出现垂直滚动条。

ListView 能够通过适配器将数据和自身绑定，在有限的屏幕上提供大量内容供用户选择，所以是经常使用的用户界面控件。同时，ListView 支持单击事件处理，用户可以用少量的代码实现复杂的选择功能。例如，调用 setAdapter() 提供的数据和 View 子项，并通过 setOnItemSelectedListener() 方法监听 ListView 上的子项选择事件。

若 Activity 由一个单一的列表控制，则 Activity 需继承 ListActivity 类，而不是之前介绍的常规的 Activity 类。如果主视图仅仅是列表，甚至不需要建立 layout，ListActivity 会为用户构建一个全屏幕的列表。如果想自定义布局，则需要确定 ListView 的 ID 为@android:id/list，以便 ListActivity 知道其 Activity 的主要清单。

下面就通过一个例子来加深对 ListView 的理解，如图 4-25 所示。

1. 建立一个 ListViewDemo 程序

xml 文件中的代码如下所示。

```xml
<?xml version="1.0" encoding="utf-8"?>
<LinearLayout
xmlns:android="http://schemas.android.com/apk/res/android"
android:orientation="vertical"
android:layout_width="match_parent"
android:layout_height="match_parent" >
<TextView
android:id="@+id/selection"
android:layout_width="match_parent"
android:layout_height="wrap_content"/>
<ListView
android:id="@android:id/list"
android:layout_width="match_parent"
android:layout_height="match_parent"
android:drawSelectorOnTop="false"
/>
</LinearLayout>
```

图 4-25　ListView 效果图

2. 修改 ListViewDemo.java 文件

在 ListViewDemo.java 文件中，首先需要为 ListView 创建适配器，配置和连接列表，添加 ListView 中所显示的内容，代码如下。

```java
public class ListViewDemo extends ListActivity {
  TextView selection;
  String[] items={"lorem", "ipsum", "dolor", "sit", "amet",
                  "consectetuer", "adipiscing", "elit", "morbi", "vel",
                  "ligula", "vitae", "arcu", "aliquet", "mollis",
                  "etiam", "vel", "erat", "placerat", "ante",
                  "porttitor", "sodales", "pellentesque", "augue", "purus"};
@Override
public void onCreate(Bundle icicle) {
  super.onCreate(icicle);
  setContentView(R.layout.main);
  setListAdapter(new ArrayAdapter<String>(this,
                    android.R.layout.simple_list_item_1,items));
  selection=(TextView)findViewById(R.id.selection);
}
public void onListItemClick(ListView parent, View v, int position,long id) {
  selection.setText(items[position]);
}
}
```

继承 ListActivity 后，可以通过 setListAdapter() 方法设置列表。这种情况下，提供了一个 ArrayAdapter 包装的字符串数组。其中 ArrayAdapter 的第二个参数 android.R.layout.simple_list_item_1 控制了 ListView 中行的显示。上例中，android.R.layout.simple_list_item_1 提供了标准的 Android 清单行：大字体、很多的填充、文本和白色。重写 onListItemClick() 方法以在列表上子项的选择发生变化时及时更新其文本。

在默认情况下，ListView 只对列表子项的单击事件进行监听。但 ListView 也跟踪用户的选择或多个可能的选择列表，但它需要一些变化。

- 在 Java 代码中调用 ListView 的 setChoiceMode()方法来设置选择模式，可供选择的模式有 CHOICE_MODE_SINGLE 和 CHOICE_MODE_ MULTIPLE 两种。可以通过 getListView()方法在 ListActivity 中获取 ListView。
- 在构造 ArrayAdapter 时，第二个参数使用以下两种参数可以对列表中的子项进行单选或复选：android.R.layout.simple_list_item_single_choice 和 android.R.layout.simple_list_item_multiple_choice，如图 4-26 所示。

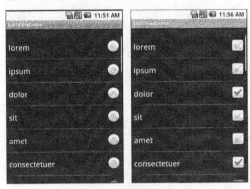

图 4-26　单选、复选模式

- 通过调用 getCheckedItemPositions()方法来判断用户选择的子项。

4.3.10　AlertDialog 对话框

Android 中常用的对话框有通知对话框、列表对话框、单选对话框、多选对话框及进度对话框。其中，通知对话框、列表对话框、单选以及多选对话框由 AlertDialog.Builder 创建，进度对话框由 ProgressDialog 创建。

常用方法如下。
- setIcon：设置对话框标题栏左侧的那个图标。
- setTitle：设置对话框标题栏的提示信息。
- setMessage：设置对话框主体部分的提示信息。
- setPositiveButton：设置确定按钮。
- setNegativeButton：设置取消按钮。
- setCancelable：设置在单击返回按钮时对话框是否会关闭。
- show：显示对话框。

为了对比方便，下面将通过一个案例分别演示这 5 种对话框的用法。

创建一个新工程，工程名为 AlertDialog。该工程的主界面有 5 个按钮，这 5 个按钮绑定了分别调用其对应对话框的函数，单击不同的按钮，在其对应的函数里展示不同的对话框。因此，下面的操作默认都是在该工程中实现的。该工程的布局文件代码如下。

```
<LinearLayout xmlns:android="http://schemas.android.com/apk/res/android"
    xmlns:tools="http://schemas.android.com/tools"
    android:layout_width="match_parent"
    android:layout_height="match_parent"
    android:orientation="vertical"
    tools:context=".MainActivity" >
    <TextView
```

```xml
            android:layout_width="wrap_content"
            android:layout_height="wrap_content"
            android:layout_gravity="center_horizontal"
            android:text="演示五种常见对话框" />
        <Button
            android:layout_width="wrap_content"
            android:layout_height="wrap_content"
            android:text="通知对话框"
            android:onClick="notifyDialog"/>
        <Button
            android:layout_width="wrap_content"
            android:layout_height="wrap_content"
            android:text="列表对话框"
            android:onClick="listDialog"/>
        <Button
            android:layout_width="wrap_content"
            android:layout_height="wrap_content"
            android:text="单选对话框"
            android:onClick="singleDialog"/>
        <Button
            android:layout_width="wrap_content"
            android:layout_height="wrap_content"
            android:text="多选对话框"
            android:onClick="multiDialog"/>
        <Button
            android:layout_width="wrap_content"
            android:layout_height="wrap_content"
            android:text="进度对话框"
            android:onClick="progressDialog"/>
    </LinearLayout>
```

此案例主界面如图 4-27 所示。

下面我们将为这 5 个按钮分别设置单击事件，演示各种对话框的使用方式。

1．通知对话框

通知对话框是弹出的小型提示信息界面，一般会有一条提示信息和两个按钮，即"确定""取消"按钮，样式如图 4-28 所示。使用 Builder 创建一个对话框，调用里面的方法可以设置对话框的图标、标题、提示信息等。

图 4-28 所示对话框的实现代码如下。

```java
//通知对话框
    public void notifyDialog(View view){
        Builder builder = new Builder(this);
        builder.setIcon(R.drawable.ic_launcher);
        builder.setTitle("通知对话框");
        builder.setMessage("您看到的是通知对话框");
        //设置"确定"按钮的单击事件
        builder.setPositiveButton("确定",new OnClickListener() {
                    @Override
                    public void onClick(DialogInterface dialog, int which) {
                        Toast.makeText(MainActivity.this,"  "确定"按钮被单击了！",0).show();
                    }
                });
        //设置"取消"按钮的单击事件
        builder.setNegativeButton("取消",new OnClickListener() {
```

```
            @Override
            public void onClick(DialogInterface dialog, int which) {
                Toast.makeText(MainActivity.this,"“取消”按钮被单击了!",0).show();
            }
        });
        //将对话框显示出来
        builder.show();
    }
```

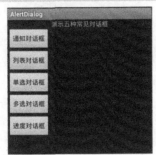

图 4-27 AlertDialog 案例主界面

图 4-28 通知对话框

代码解释: 我们让通知对话框按钮响应了单击事件, setMessage()方法给对话框设置了信息; setPositiveButton()方法给对话框设置了"确定"按钮并在监听方法里响应对话框中"确定"按钮的单击事件; setNegativeButton()方法给对话框设置了"取消"按钮并在监听方法里响应对话框中"取消"按钮的单击事件; 最后调用 show()方法将对话框展示出来。

注: 当通知对话框提示的信息是要求用户必须观看且必须做出确定或者取消选择的时候, 需要设置 setCancelable 属性为 false(默认为 true), 以防止用户直接使用返回按钮关闭对话框。

2. 列表对话框

列表对话框的基本样式和通知对话框的一样, 只是通知对话框只展示单一信息, 而列表对话框则是展示列表信息, 也就是说, 列表对话框中可以展示多条信息。类似于 ListView, 列表对话框如图 4-29 所示。它也是用 Builder 来创建的, 调用 Builder 对象的 setItems()方法来设置要展示的列表项。

图 4-29 列表对话框

图 4-9 所示对话框的实现代码如下。

```
// 列表对话框
    public void listDialog(View view) {
        Builder builder = new Builder(this);
        builder.setIcon(R.drawable.ic_launcher);
        builder.setTitle("请选择要去的城市:");
        final String[] cities = new String[] { "北京", "上海", "广州", "深圳" };
        builder.setItems(cities, new OnClickListener() {

            @Override
            public void onClick(DialogInterface dialog, int which) {
                String city = cities[which];
                Toast.makeText(MainActivity.this,"您选择的城市是" + city, 0).show();
            }
        });
        builder.show();
    }
```

在代码中，用 setItems()方法设置列表对话框的显示数据和单击事件。

3. 单选对话框

单选对话框的样式和 RadioGroup/RadioButton 的样式类似，只是单选对话框是以对话框的形式展现出来的，单选对话框样式如图 4-30 所示，使用 Builder 来创建，调用 Builder 对象的 setSingleChoiceItems()方法给条目设置单击事件。

图 4-30 所示效果的代码如下。

图 4-30 单选对话框样式

```java
//单选对话框
public void singleDialog(View   view){
    Builder builder = new Builder(this);
    builder.setIcon(R.drawable.ic_launcher);
    builder.setTitle("请选择您要学习的 编程语言： ");
    final String[] languages = new String[]{"Java","C/C++","iOS",".Net"};
    builder.setSingleChoiceItems(languages, 0, new OnClickListener() {

        @Override
        public void onClick(DialogInterface dialog, int which) {
            String language = languages[which];
            Toast.makeText(MainActivity.this, "您选择的课程是" + language, 0). show();
        }
    });
    // 设置"确定"按钮的单击事件
    builder.setPositiveButton("确定", new OnClickListener() {

        @Override
        public void onClick(DialogInterface dialog, int which) {
            Toast.makeText(MainActivity.this, " "确定"按钮被单击了! ", 0).show();
        }
    });
    // 设置"取消"按钮的单击事件
    builder.setNegativeButton("取消", new OnClickListener() {
        @Override
        public void onClick(DialogInterface dialog, int which) {
            Toast.makeText(MainActivity.this, " "取消"按钮被单击了! ", 0).show();
        }
    });
    builder.show();
}
```

代码中，Builder 对象调用 setSingleChoiceItems()方法对界面进行填充数据，并给条目设置单击事件。此方法中的第一个参数是要展示的单选列表项，第二个参数是对应的选中条目的下标索引，第三个参数是单击事件。

4. 多选对话框

多选对话框能将多列选择的条目以对话框的形式展示出来，其展示效果如图 4-31 所示。多选对话框也是使用 Builder 创建的，调用 Builder 对象的 setMultiChoiceItems()方法来设置要展示的列表项。

图 4-31 多选对话框

图 4-31 所示效果图的实现代码如下。

```java
//多选对话框
public void multiDialog(View view){
    Builder builder = new Builder(this);
    builder.setIcon(R.drawable.ic_launcher);
    builder.setTitle("请选择您的兴趣爱好：");
    final String[] hobbies = new String[]{"逛淘宝","看杂志","健身","旅游"};
    builder.setMultiChoiceItems(hobbies, null , new OnMultiChoiceClickListener() {

        @Override
        public void onClick(DialogInterface dialog, int which, boolean isChecked) {
            String hobby = hobbies[which];
            //判断是否选择了某一项
            if (isChecked) {
                Toast.makeText(MainActivity.this, "您选择了" + hobby, 0).show();
            }else {
                Toast.makeText(MainActivity.this, "您取消了" + hobby, 0).show();
            }
        }
    });
    builder.setPositiveButton("确定",null);
    builder.setNegativeButton("取消", null);
    builder.show();
}
```

代码解释：此代码中用 Builder 对象的 setMultiChoiceItems()方法给对话框设置数据，并给对话框里的条目设置监听事件。此方法中的第一个参数是要展示的多选列表项；第二个参数是对应每个列表项的选中状态，null 表示默认状态都不选中；第三个参数是单击事件。

5. 进度对话框

进度对话框是用来显示进度的对话框，它不同于之前几种对话框，它是由 ProgressDialog 对象来创建的，而且进度对话框内部使用了消息机制 Handler 来进行处理，所以它可以直接在子线程中进行修改，无须再单独设置 Handler 来修改 UI。进度对话框样式如图 4-32 所示。

图 4-32　进度对话框样式

图 4-32 所示效果图的实现代码如下。

```java
//进度对话框
public void progressDialog(View view){
    final ProgressDialog dialog = new ProgressDialog(this);
    dialog.setIcon(R.drawable.ic_launcher);
    dialog.setTitle("进度对话框");
    dialog.setMessage("玩命加载中...");
    //设置对话框的样式为水平
    dialog.setProgressStyle(ProgressDialog.STYLE_HORIZONTAL);
    //给进度条设置最大值
    dialog.setMax(100);
    //显示对话框
    dialog.show();
    new Thread(new Runnable() {
        @Override
        public void run() {
            while (true) {
                SystemClock.sleep(100);
```

```
                    dialog.incrementProgressBy(1);
                    if (dialog.getMax() == dialog.getProgress()) {
                        //将对话框设置为不可见
                        dialog.dismiss();
                        Toast.makeText(MainActivity.this, "下载完成！", 0).show();
                    }
                }
            }
        }).start();
    }
```

代码解释：此代码中创建了一个 ProgressDialog 对象，用 setProgressStyle()方法来设置对话框的样式；用 setMax()设置进度对话框进度的最大值；dismiss()方法的作用是取消对话框的显示；代码中开启了一个子线程模拟进度的变化。

4.3.11 菜单组件

菜单是应用程序中非常重要的组成部分，能够在不占用界面空间的前提下为应用程序提供统一的功能和设置界面，并为程序开发人员提供易于使用的编程接口。Android 系统支持 3 种菜单：选项菜单（Option Menu）、子菜单（Submenu）和快捷菜单（Context Menu）。

1. 选项菜单

选项菜单是一种经常使用的 Android 系统菜单，可以分为图标菜单（Icon Menu）和扩展菜单（Expanded Menu）两类，可通过"菜单键"（MENU Key）打开。

图标菜单是能够同时显示文字和图标的菜单，最多支持 6 个子项，但图标菜单不支持单选按钮和复选框，如图 4-33 所示。

扩展菜单在图标菜单子项多于 6 个时出现，通过单击图标菜单最后的子项"More"才能打开。扩展菜单是垂直的列表型菜单，不能够显示图标，但支持单选按钮和复选框，如图 4-34 所示。

图 4-33　图标菜单　　　　　　　　图 4-34　扩展菜单

（1）重写 onCreateOptionMenu()方法

在 Android 应用程序中使用选项菜单，需重载 Activity 的 onCreateOptionMenu()方法。初次使用选项菜单时，会调用 onCreateOptionMenu()方法来初始化菜单子项的相关内容，因此这里需要设置菜单子项自身的子项 ID 和组 ID、菜单子项显示的文字和图片等，代码如下。

```
final static int MENU_DOWNLOAD = Menu.FIRST;
final static int MENU_UPLOAD = Menu.FIRST+1;
    @Override
    public boolean onCreateOptionsMenu(Menu menu){
        menu.add(0,MENU_DOWNLOAD,0,"下载设置");
```

```
            menu.add(0,MENU_UPLOAD,1,"上传设置");
            return true;
     }
```

  第 1 行和第 2 行代码将菜单子项 ID 定义成静态常量，并使用静态常量 Menu.FIRST（整数类型，值为 1）定义第一个菜单子项，以后的菜单子项仅需对 Menu.FIRST 增加相应的数值即可。

  第 4 行代码将 Menu 对象作为一个参数被传递到方法内部，因此在 onCreateOptionsMenu() 方法中，用户可以使用 Menu 对象的 add() 方法添加菜单子项。其中，add() 方法的语法如下。

  MenuItem android.view.Menu.add(int groupId, int itemId, int order, CharSequence title)

  第 1 个参数 groupId 是组 ID，用于批量对菜单子项进行处理和排序；第 2 个参数 itemId 是子项 ID，是每一个菜单子项的唯一标志，通过子项 ID 使应用程序能够定位到用户所选择的菜单子项；第 3 个参数 order 可定义菜单子项在选项菜单中的排列顺序；第 4 个参数 title 是菜单子项所显示的标题。

  第 7 行代码是 onCreateOptionsMenu() 方法的返回值，方法的返回值类型为布尔型：返回 true 时可显示在方法中设置的菜单，否则不能够显示菜单。

  做完以上步骤后，使用 setIcon() 方法和 setShortcut() 方法添加菜单子项的图标和快捷键。

```
menu.add(0,MENU_DOWNLOAD,0,"下载设置")
    .setIcon(R.drawable.download);
    .setShortcut(,'d');
```

  代码中，利用 MENU_DOWNLOAD 菜单设置图标和快捷键的代码；第 2 行代码中使用了新的图像资源，用户将需要使用的图像文件复制到 /res/drawable 目录下；setShortcut() 方法的第 1 个参数是为数字键盘设定的快捷键，第 2 个参数是为全键盘设定的快捷键，且不区分字母的大小写。

  （2）重写 onPrepareOptionsMenu() 方法

  重写 onPrepareOptionsMenu() 方法，能够动态地添加、删除菜单子项，或修改菜单的标题、图标和可见性等内容。onPrepareOptionsMenu() 方法返回值的含义与 onCreateOptionsMenu() 方法相同：返回 true 则显示菜单，返回 false 则不显示菜单。

  下面的代码是在用户每次打开选项菜单时，在菜单子项中显示用户打开该子项的次数。

```
static int MenuUploadCounter = 0;
@Override
public boolean onPrepareOptionsMenu(Menu menu){
    MenuItem uploadItem = menu.findItem(MENU_UPLOAD);
    uploadItem.setTitle("上传设置:" +String.valueOf(MenuUploadCounter));
    return true;
}
```

  第 1 行代码设置一个菜单子项的计数器，用来统计用户打开"上传设置"子项的次数；第 4 行代码是通过将菜单子项的 ID 传递给 menu.findItem() 方法，获取到菜单子项的对象；第 5 行代码是通过 MenuItem 的 setTitle() 方法修改菜单标题。

  （3）onOptionsItemSelected () 方法

  onOptionsItemSelected () 方法能够处理菜单选择事件，且该方法在每次单击菜单子项时都会被调用。

  下面的代码说明了如何通过菜单子项的子项 ID 执行不同的操作。

```
@Override
public boolean onOptionsItemSelected(MenuItem item){
```

```
switch(item.getItemId()){
    case MENU_DOWNLOAD:
        MenuDownlaodCounter++;
        return true;
    case MENU_UPLOAD:
        MenuUploadCounter++;
        return true;
}
return false;
}
```

onOptionsItemSelected ()的返回值表示是否对菜单的选择事件进行处理,如果已经处理过则返回 true,否则返回 false;第 3 行的 Item.getItemId()方法可以获取到被选择菜单子项的 ID。

程序运行后,通过单击"菜单键"可以调出程序设计的两个菜单子项,如图 4-35 所示。

2. 子菜单

子菜单是能够显示更加详细信息的菜单子项。其中,菜单子项使用了浮动窗体的显示形式,能够更好地适应小屏幕的显示方式,如图 4-36 所示。

图 4-35　运行效果图

图 4-36　菜单子项

Android 系统的子菜单使用非常灵活,可以在选项菜单或快捷菜单中使用子菜单,这样有利于将相同或相似的菜单子项组织在一起,便于显示和分类。但是,子菜单不支持嵌套。

子菜单的添加是使用 addSubMenu()方法实现的,代码如下。

```
SubMenu uploadMenu = (SubMenu) menu.addSubMenu
        (0,MENU_UPLOAD,1,"上传设置").setIcon(R.drawable.upload);
uploadMenu.setHeaderIcon(R.drawable.upload);
uploadMenu.setHeaderTitle("上传参数设置");
uploadMenu.add(0,SUB_MENU_UPLOAD_A,0,"上传参数A");
uploadMenu.add(0,SUB_MENU_UPLOAD_B,0,"上传参数B");
```

第 1、2 行代码在 onCreateOptionsMenu()方法传递的 menu 对象上调用 addSubMenu()方法,在选项菜单中添加一个菜单子项,用户单击后可以打开子菜单;addSubMenu()方法与选项菜单中使用过的 add()方法支持相同的参数,同样可以指定菜单子项的 ID、组 ID 和标题等参数,并且能够通过 setIcon()方法设置菜单所显示的图标。

第 3 行代码使用 setHeaderIcon()方法定义子菜单的图标。

第 4 行代码定义子菜单的标题。若不规定子菜单的标题,子菜单将显示父菜单子项标题,即第 2 行代码中的"上传设置"。

第 5 行和第 6 行代码在子菜单中添加了两个菜单子项。菜单子项的更新方法和选择事件处理方法仍然使用 onPrepareOptionsMenu()方法及 onOptionsItemSelected ()方法。

以 4.3.11 小节的代码为基础，将"上传设置"改为子菜单，并在子菜单中添加"上传参数 A"和"上传参数 B"两个菜单子项，运行效果如图 4-37 所示。

3. 快捷菜单

快捷菜单同样采用了浮动窗体的显示方式，与子菜单的实现方式相同，但两种菜单的启动方式却截然不同。

- 启动方式：快捷菜单类似于普通桌面程序中的"右键菜单"，当用户右击界面元素超过 2 s 后，将启动注册到该界面元素的快捷菜单。
- 使用方法：与使用选项菜单的方法非常相似，需要重载 onCreateContextMenu()方法和 onContextItemSelected()方法。

图 4-37 子菜单的运行效果

（1）onCreateContextMenu()方法

onCreateContextMenu()方法主要用来添加快捷菜单所显示的标题、图标和菜单子项等内容。选项菜单中的 onCreateOptionsMenu()方法仅在选项菜单第一次启动时被调用一次，而快捷菜单中的 onCreateContextMenu()方法每次启动时都会被调用一次。

```
final static int CONTEXT_MENU_1 = Menu.FIRST;
final static int CONTEXT_MENU_2 = Menu.FIRST+1;
final static int CONTEXT_MENU_3 = Menu.FIRST+2;
@Override
public void onCreateContextMenu(ContextMenu menu, View v,
            ContextMenuInfo menuInfo){
    menu.setHeaderTitle("快捷菜单标题");
    menu.add(0, CONTEXT_MENU_1, 0,"菜单子项1");
    menu.add(0, CONTEXT_MENU_2, 1,"菜单子项2");
    menu.add(0, CONTEXT_MENU_3, 2,"菜单子项3");
}
```

ContextMenu 类支持 add()方法和 addSubMenu()方法，可以在快捷菜单中添加菜单子项和子菜单。

第 5、6 行代码的 onCreateContextMenu()方法中的参数：第 1 个参数 menu 是需要显示的快捷菜单；第 2 个参数 v 是用户选择的界面元素；第 3 个参数 menuInfo 是所选择界面元素的额外信息。

（2）onContextItemSelected()方法

菜单选择事件的处理需要重载 onContextItemSelected()方法。该方法在用户选择快捷菜单中的菜单子项后被调用，与 onOptionsItemSelected()方法的使用方法基本相同。

```
@Override
public boolean onContextItemSelected(MenuItem item){
    switch(item.getItemId()){
        case CONTEXT_MENU_1:
            LabelView.setText("菜单子项1");
            return true;
        case CONTEXT_MENU_2:
            LabelView.setText("菜单子项2");
            return true;
```

```
            case CONTEXT_MENU_3:
                LabelView.setText("菜单子项3");
        return true;
        }
        return false;
    }
}
```

（3）registerForContextMenu()方法

使用registerForContextMenu()方法将快捷菜单注册到界面控件上（下方代码中第7行）。这样，用户在长时间单击该界面控件时，便会启动快捷菜单。

为了能够在界面上直接显示用户所选择快捷菜单的菜单子项，在代码中引用了界面元素TextView。通过更改TextView的显示内容，显示用户所选择的菜单子项。

```
TextView LabelView = null;
@Override
public void onCreate(Bundle savedInstanceState) {
    super.onCreate(savedInstanceState);
    setContentView(R.layout.main);
    LabelView = (TextView)findViewById(R.id.label);
    registerForContextMenu(LabelView);
}
```

在上方代码的第6行中，通过R.id.label将ID传递给findViewById()方法，这样用户便能够引用该界面元素，并能够修改该界面元素的显示内容。

（4）main.xml

```
<TextView   android:id="@+id/label"
    android:layout_width="match_parent"
    android:layout_height="match_parent"
    android:text="@string/hello"
/>
```

上述代码为/src/layout/main.xml文件的部分内容,第1行声明了TextView的ID为label。

需要注意的是，上方代码的第2行，将android:layout_width设置为"match_parent"，这样TextView将充满父结点的所有剩余屏幕空间，用户单击屏幕TextView下方的任何位置都可以启动快捷菜单。如果将android:layout_width设置为wrap_content，则用户必须准确单击TextView才能启动快捷菜单。

图4-38 快捷菜单的运行效果图

图4-38所示为快捷菜单的运行效果图。

下面将快捷菜单的示例程序MyContextMen改用xml实现，新程序的工程名称为MyXLMContoxtMenu。

首先需要创建保存菜单内容的xml文件：在/src目录下建立子目录menu，并在menu下建立context_menu.xml文件，代码如下。

```
<menu xmlns:android="http://schemas.android.com/apk/res/android">
    <item android:id="@+id/contextMenu1"
        android:title="菜单子项1"/>
    <item android:id="@+id/contextMenu2"
        android:title="菜单子项2"/>
    <item android:id="@+id/contextMenu3"
        android:title="菜单子项3"/>
</menu>
```

在描述菜单的 xml 文件中，必须以<menu>标签（代码第 1 行）作为根结点。<item>标签（代码第 2 行）用来描述菜单中的子项，<item>标签可以通过嵌套实现子菜单的功能。

xml 菜单的显示结果如图 4-39 所示。

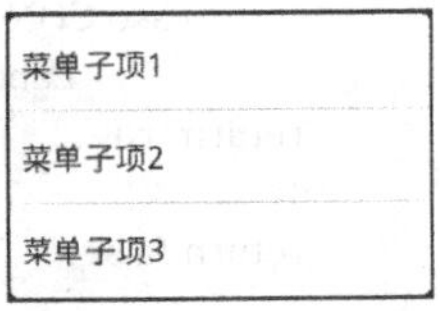

在 xml 文件中定义菜单后，在 onCreateContextMenu()方法中调用 inflater.inflate()方法，将 xml 资源文件传递给菜单对象，代码如下。

图 4-39 xml 菜单的显示结果

```
@Override
public void onCreateContextMenu(ContextMenu menu,
        View v, ContextMenuInfo menuInfo){
    MenuInflater inflater = getMenuInflater();
    inflater.inflate(R.menu.context_menu, menu);
}
```

第 4 行代码中的 getMenuInflater()为当前的 Activity 返回 MenuInflater；第 5 行代码将 xml 资源文件 R.menu.context_menu 传递给 menu 这个快捷菜单对象。

4.3.12 Action Bar

Action Bar 是 Android 3.0 及更高版本中出现的一个重要的导航部件。它的主要作用是规范了导航设计，为应用程序的标题栏提供了丰富的功能。一些新的 Android 设备，抛弃了传统的导航功能，使用软按键取代了"主屏""菜单""后退"和"搜索"的物理按钮。Android 设备屏幕较大，既可以方便操作，也使得界面元素显得充实，允许用户更快地遍历屏幕和应用程序的功能。

在一个应用程序中，单击选项菜单，会出现一个活动菜单，有几个菜单选项，现在应用程序可以利用 Action Bar 来取代活动菜单了。Action Bar 在应用程序标题栏中显示那些先前在选项菜单中的活动，这样就允许用户快速地遍历应用程序的功能，避免了功能的隐藏，减少了单击数，提高了用户体验，如图 4-40 所示。

Action Bar 除了替代选项菜单外还有许多功能，主要如下。

> 显示选项菜单中的菜单项到活动栏。
> 提供标签导航，可以在多个 fragment 间切换。
> 提供下拉导航的功能。
> 提供可交互的活动视图代替选项条目。
> 使用程序的图标作为活动项，代表返回主屏或向上的导航操作。

图 4-40 Twitter 界面上的 Action Bar

了解了 Action Bar 的基本功能，我们来具体学习一下 Action Bar 的使用方法。首先一起来看下 Action Bar 代替传统 Title 的效果。图 4-41 所示是一个平板应用的标题栏。

图 4-41 平板应用的标题栏

添加 Action Bar 的相关步骤和代码如下。

首先，新建 menu/menu_bar.xml。这里注意对于想添加到活动栏的每个活动项，必须先在选项菜单中添加一个菜单项，并设置该菜单项作为活动项。

xml 代码如下。

```xml
<?xml version="1.0" encoding="utf-8"?>
<menu xmlns:android="http://schemas.android.com/apk/res/android">
    <item
        android:id="@+id/menu_add"
        android:icon="@android:drawable/ic_menu_add"
        android:title="新增"
        android:showAsAction="ifRoom|withText"
        />
    <item
        android:id="@+id/menu_save"
        android:icon="@android:drawable/ic_menu_save"
        android:title="保存"
        android:showAsAction="ifRoom|withText"
        />

    <item
        android:id="@+id/menu_search"
        android:icon="@android:drawable/ic_menu_search"
        android:title="Search"
        android:showAsAction="ifRoom|withText"
        android:actionViewClass="android.widget.SearchView"
        />
    <!--
      android:actionLayout="@layout/searchview"
      -->
</menu>
```

代码解释：注意上面的 android:actionViewClass 和 android:actionLayout 属性，actionLayout 指定一个 Layout XML 布局文件，actionViewClass 指定一个类。这里使用了系统自带的 android.widget.SearchView 控件，在代码中的使用如下。

```java
public boolean onCreateOptionMenu(Menu menu){

    getMenuInflate().inflate(R.menu.menu_bar,menu);
    SearchView searchView = (SearchView)menu.findItem(R.id.menu_search). getActionView();
    SearchView.setOnClickListener(new OnClickListener(){

        @Override
        public void OnClick(View v)
        Toast.makeText(Honeycomb.this,"Honeycomb", ToastLENGTH_SHORT).show();
    });
    return super.onCreateOptionMenu(menu);
}
public boolean onOptionItemSelected(MenuItem item){
    switch(item.getItemId){
    case android.R.id.home;
    //当左上角标题栏图标被单击时
    Toast.makeText(this, "home", Toast.LENGTH_SHORT).show();
    break;
    case R.id.menu_add;
    Toast.makeText(this,"menu_add", Toast.LENGTH_SHORT).show();
```

```
        break;
    case R.id.menu_save;
        Toast.makeText(this,"menu_save",Toast.LENGTH_SHORT).show();
        break;
    case R.id.menu_search;
        //不会有反应
        Toast.makeText(this,"menu_add",Toast.LENGTH_SHORT).show();
        break;
    }

    return super.onOptionsItemSelected(item);
}
```

在 Android 3.0 以上的平台上,应用程序可以利用 Action Bar 的全部功能。一般情况下,我们习惯将选项菜单放在 Action Bar 的右上角,这样用户使用起来很方便。这一行为可以通过设置属性 android:showAsAction 来完成。这个属性可接收的值和含义如表 4-12 所示。

表 4-12 Action Bar 的相关属性

属 性 值	属性含义
always	这个值会使菜单项一直显示在 Action Bar 上
ifRoom	如果有足够的空间,这个值会使菜单项显示在 Action Bar 上
never	这个值使菜单项永远都不出现在 Action Bar 上
withText	这个值使菜单项和它的图标、菜单文本一起显示

修改选项菜单资源文件来查看这个属性的不同使用效果。首先,观察发现,Action Bar 中显示了每个菜单项的图标和它们的名称,换句话说就是,每个菜单项目有以下属性。

android:showAsAction=ifRoom|withText

另一个合理的设置是显示 Action Bar 上的每个菜单项,只有空间,但没有杂乱的文字,换句话说就是,每个菜单项有以下属性。

android:showAsAction=ifRoom

图 4-42 所示为这个变化在典型蜂巢设备(Google 给 Android 3.0 起名为 Honeycomb,在这里我们译为蜂巢)上的效果。

注意:如果我们不想让 Vacuum 菜单项显示在 Action Bar 上,其属性值就应该是 android:showAsAction=never。这样在 Action Bar 上将只会显示两个菜单项:Sweep 和 Scrub。在右上角,用户会再次看到溢出菜单,单击它就会看到被设为"never"的菜单项,如 Vacuum,以及其他不适合放在 Action Bar 上的菜单项,如图 4-43 所示。

图 4-42 空间足够大时,在 Action Bar 上显示菜单项,包括文本

图 4-43 在 Action Bar 上显示部分菜单项,其他菜单项永远不显示(显示在溢出菜单中)

相关代码如下。

<xml version=1.0 encoding=?>

```xml
<menu xmlns:android=http://schemas.android.com/apk/res/android>
  <item
    android:id="@+id/sweep"
    android:icon="@drawable/ic_menu_sweep"
    android:title="@string/sweep"
    android:onClick="onOptionSweep" />
  <item
    android:id="@+id/scrub"
    android:icon="@drawable/ic_menu_scrub"
    android:title="@string/scrub"
    android:onClick="onOptionScrub"/>
  <item
    android:id="@+id/vacuum"
    android:icon="@drawable/ic_menu_vac"
    android:title="@string/vacuum"
    android:onClick="onOptionVacuum"/>
</menu>
```

Action Bar 的另一个功能是用户可以单击左上角的应用程序图标,虽然默认情况下单击行为没有任何反应,但如果增加一个自定义"主屏幕"功能,或关联到用户的启动屏幕,那样操作起来更有趣。比如更新 ScrubActivity 类中的默认 Action Bar,以便单击应用程序图标时用户可以返回到主 Activity(同时清空 Activity stack)。其实实现起来也很简单,只需要为 ScrubActivity 类实现 onOptionsItemSelected() 方法,并处理特定的菜单项标识符 android.R.id.home 即可,代码如下。

```java
@Override
public boolean onOptionsItemSelected(MenuItem item)
    switch (item.getItemId())
        case android.R.id.home:
            Intent intent = new Intent(this, ActOnThisActivity.class);
            intent.addFlags(Intent.FLAG_ACTIVITY_CLEAR_TOP);
            startActivity(intent);
            return true;
        default:
            return super.onOptionsItemSelected(item);
```

用户也可以在应用程序图标的左边显示一个箭头,在 Activity 的 onCreate()方法中联合使用 setDisplayHomeAsUpEnabled()方法可以返回到指定的屏幕,代码如下。

```java
ActionBar bar = getActionBar();
bar.setDisplayHomeAsUpEnabled(true);
```

这里在 Sweep 屏幕上启用了这个功能,在 Action Bar 上增加了一个箭头小图标,效果如图 4-44 所示。

图 4-44 带有可单击的主屏幕按钮和一个返回箭头的 Action Bar

当将应用程序目标设置为 API 11 或更高时，所有屏幕默认都将拥有 Action Bar，如果不想用这个新部件，有以下方法可以移除它。

通过编程手段直接在 Activity 类中关闭它，例如，可以用下面两行代码关闭 Vacuum 屏幕上的 Action Bar，只需要将这两行代码添加到 Activity 类的 onCreate() 方法中即可。

```
ActionBar bar = getActionBar();
bar.hide();
```

这两行代码将移除屏幕顶部的整个 Action Bar，应用程序名称也不会显示。同时，也可以隐藏 Action Bar，在布局文件中创建一个特殊的自定义主题即可。如果应用程序已经使用了选项菜单，当把目标设为蜂巢设备时，可以利用 Action Bar 的所有功能，就像向菜单布局文件增加一些新属性一样简单。每个屏幕的 Action Bar 都是可定制的，开发人员可以控制显示哪个项目，以及如何显示。当想留下更多的屏幕显示游戏画面等内容时，甚至可以移除整个 Action Bar。

4.4 selector 的使用

selector 的中文意思是选择器，在 Android 中常常用作组件的背景，这样做的好处是省去了用代码实现组件在不同状态下的不同背景颜色或图片的变换。selector 的使用要用到 selector 标签。selector 标签中的 item 项可以对应控件的某个状态，如表 4-13 所示。

表 4-13 selector 标签属性值

属 性 值	按钮状态
android:state_selected="true"	选中
android:state_focused="true"	获得焦点
android:state_pressed="true"	单击
android:state_enabled="true"	不响应事件

（1）在 drawable 中创建新的 xml 文件——mybutton.xml 文件。

```
<selector xmlns:android="http://schemas.android.com/apk/res/android">
<item android:state_window_focused="false" android:drawable="@color/transparent" />
<item android:state_focused="true" android:state_enabled="false"          android: state_pressed="true" android:drawable="@drawable/selector_background_disabled" />
<item android:state_focused="true" android:state_enabled="false"           android:drawable="@drawable/lselector_background_disabled" />
<item android:state_focused="true" android:state_pressed="true"           android:drawable="@drawable/selector_background_transition" />
<item android:state_focused="false" android:state_pressed="true"           android:drawable="@drawable/selector_background_transition" />
<item android:state_focused="true"          android:drawable="@drawable/selector_ background_focus" />
</selector>
```

（2）在构造的 Layout 中引用这个 mybutton.xml。

```
<ImageButton android:id="@+id/ImageButton01"
 android:layout_width="wrap_content"
  android:layout_height="wrap_content"
 android:background="@drawable/mybutton">
 </ImageButton>
```

Button 自定义背景效果就这样被加上了。

总结：selector 是一种很好的方式，实现 View 状态变化后的背景与颜色变化，可以省去很多逻辑代码，掌握之后既可以省去很多 Java 代码，还能写一些漂亮的 UI。

Selector 的使用

4.5　9Patch 图片

9Patch 是一个对 png 图片进行处理的工具，能够为我们生成一个 "*.9.png" 图片；所谓 "*.9.png"，就是 Android 里所支持的一种特殊的图片格式，用它可以实现部分拉伸；这种图片是经过 "9Patch" 进行特殊处理过的，如果不处理，直接用 png 图片就会有失真和拉伸不正常的现象出现。对于 9Patch 图片，我们可以通过 SDK 里的工具进行制作。

（1）在本机上找到 Android SDK 包的安装路径，进入 tools 文件夹，双击打开 draw9patch.bat 文件，如图 4-45 所示。

（2）双击打开编辑界面，draw9patch 编辑界面如图 4-46 所示，就可以导入想要编辑的图片了。

在 draw9patch 编辑器中，我们可以对导入的 png 图片进行如下操作来达到我们想要的目标。

- Zoom：缩放左边编辑区域的大小。
- Patch scale：缩放右边预览区域的大小。
- Show lock：当鼠标指针在图片区域的时候，显示不可编辑区域。
- Show patches：在编辑区域显示图片拉伸的区域。
- Show content：在预览区域显示图片的内容区域。
- Show bad patches：在拉伸区域周围显示可能会对拉伸后的图片产生变形的区域；根据图片的颜色值来区分是否为 bad patch。

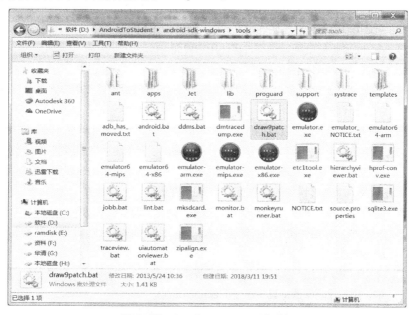

图 4-45　draw9patch.bat 所在路径

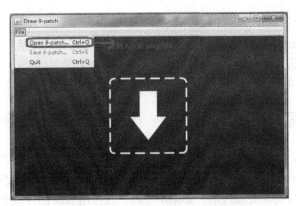

图 4-46　draw9patch 编辑界面

4.6　本章小结

本章围绕 Android 界面布局展开介绍。首先介绍了 Android 布局的公共属性，分别介绍了框架布局、线性布局、表格布局、绝对布局、相对布局、网格布局的概念和使用方法。对于布局间的组合使用也给出了一些样例，接着进一步介绍了 Android 界面常用控件的概念和使用方法，包括文本框、按钮、选项菜单、子菜单和快捷菜单的使用方法，以及 selector 和 9Patch 图片的制作。通过本章的学习，读者对 Android 的用户界面布局和控件已经基本了解清楚，可以自己设计开发美观友好的应用程序界面了。

关键知识点测评

1. 以下有关 Android 用户界面的说法，不正确的一个是（　　）。
   A. Android 用户界面框架按照"先进后出"的规则从队列中获取事件
   B. Android 系统的资源文件独立保存在资源文件夹中
   C. Android 系统允许不明确定义界面元素的位置和尺寸
   D. Android 系统使用 xml 文件描述用户界面
2. 以下有关 Android 组件的叙述，正确的一个是（　　）。
   A. 在程序运行时动态添加或修改界面布局，可使得在后期修改用户界面时无须更改程序的源代码
   B. 绝对布局能够最大程度地保证在各种屏幕类型的手机上正确显示界面布局
   C. 框架布局中，如果有多个子元素，后放置的子元素将遮挡先放置的子元素
   D. 在程序运行时动态添加或修改界面布局，可以使得程序的表现层和控制层分离
3. 以下有关 Android 系统控件的描述，不正确的是（　　）。
   A. 使用 ListView 时，如果显示内容过多，则会出现垂直滚动条
   B. ImageView 控件使用 src 属性引入图片和使用 background 属性引入图片的效果是一样的
   C. RadioGroup 是 RadioButton 的承载体，程序运行时不可见，在每个 RadioGroup 中，用户仅能够选择其中一个 RadioButton
   D. 使用 Tab 标签页只能将不同分页的界面布局保存在不同的 xml 文件中

第5章

Intent与intent-filter详解

■ Android 中有四大组件，这些组件中有 3 个组件与 Intent 相关，可见 Intent 在 Android 中的地位高度。Intent 是信息的载体，使用它可以请求组件做相应的操作，但是相对于这个功能，Intent 本身的结构更值得去研究。

5.1 Intent 简介

Intent 是一个动作的完整描述，包含了动作的产生组件、接收组件和传递的数据信息。Android 则根据 Intent 的描述，在不同组件间传递消息，负责找到对应的组件，将 Intent 传递给调用的组件。组件接收到传递的消息，执行相关动作，完成组件的调用。

Intent 不仅可用于应用程序之间的交互，也可用于应用程序内部的 Activity/Service 之间的交互。Intent 为 Activity、Service 和 Broadcast-Receiver 等组件提供交互能力，还可以启动 Activity 和 Service，在 Android 系统上发布广播消息。这里的广播消息是指可以接收到的特定数据或消息，也可以是手机的信号变化或电池的电量过低等信息。

因此，Intent 在这里起着一个媒体中介的作用，专门提供组件互相调用的相关信息，实现调用者与被调用者之间的解耦。在 SDK 中给出了 Intent 作用的表现形式。

- 通过 Context.startActivity()或 Activity.startActivityForResult()启动一个 Activity。
- 通过 Context.startService()启动一个服务，或者通过 Context.bind-Service()和后台服务交互。
- 通过广播方法（比如 Context.sendBroadcast()、Context.send-OrderedBroadcast()、Context.sendStickyBroadcast()）发给 Broadcast Receivers。

一般情况下，Intent 对某操作的抽象描述包含下面几个部分。

- 对执行动作的描述：操作（Action）。
- 对这次动作相关联的数据进行描述：数据（Data）。

Intent 简介

- 对数据类型的描述：数据类型（Type）。
- 对执行动作的附加信息进行描述：类别（Category）。
- 对其他一切附加信息的描述：附件信息（Extras）。
- 对目标组件的描述：目标组件（Component）。

Intent 可以启动一个 Activity，也可以启动一个 Service，还可以发起一个广播 Broadcasts。

5.2 Intent 属性与 intent-filter 配置

5.2.1 Component 属性

ComponentName（组件），指定 Intent 的目标组件的类名称。ComponentName 包含两个 String 成员，分别代表组件的全称类名和包名，包名必须和 AndroidManifest.xml 文件标记中的对应信息一致。ComponentName 通过 setComponent()、setClass()或 setClassName()设置，通过 getComponent()读取。

通常，Android 会根据 Intent 中包含的其他属性的信息（如 Action、Data/Type、Category）进行查找，最终找到一个与之匹配的目标组件。但是，如果 ComponentName 这个属性有指定，将直接使用指定的组件，而不再执行上述查找过程。指定了这个属性以后，Intent 的其他所有属性都是可选的。

对于 Intent，组件名并不是必需的。如果一个 Intent 对象添加了组件名，则称该 Intent 为"显式 Intent"，这样的 Intent 在传递时会直接根据组件名去寻找目标组件。如果没有添加组件名,则称为"隐式 Intent",Android 会根据 Intent 中的其他信息来确定响应该 Intent 的组件。ComponentName 构造方法如表 5-1 所示。

表 5-1 ComponentName 构造方法

构造方法	作用
ComponentName(String pkg, String cls)	创建 pkg 所在包下的 cls 类所对应的组件
ComponentName(Context pkg, String cls)	创建 pkg 所在包下的 cls 类所对应的组件
ComponentName(Context pkg, Class<?> cls)	创建 pkg 所在包下的 cls 类所对应的组件

下列代码是使用 ComponentName 属性来开启 NextActivity 页面。

```
Intent intent = new Intent();
ComponentName cName = new ComponentName(MainActivity.this, NextActivity.class);
intent.setComponent(cName);
startActivity(intent);
```

5.2.2 Action、Category 属性与 intent-filter 配置

1. Intent 的 Action 属性

Action 是要执行的动作,也可以是在广播 Intent 中已发生且正被报告的动作。Action 部分是一个字符串对象。它描述了 Intent 会触发的动作。Android 系统中已经预定义了一些 Action 常量,可以参看 SDK 帮助文档。表 5-2 给出了一些标准的 Action 常量。

案例讲解

表 5-2 SDK 中定义的标准 Action 常量

常量	目标组件	描述
ACTION_CALL	activity	初始化一个电话呼叫
ACTION_EDIT	activity	显示可供用户编辑的数据
ACTION_MAIN	activity	将该 Activity 作为 task 的第一个 Activity,没有数据输入,也没有数据返回
ACTION_SYNC	activity	使服务器上的数据与移动设备上的数据同步
ACTION_BATTERY_LOW	broadcast receiver	提示电池电量低
ACTION_HEADSET_PLUG	broadcast receiver	提示耳机塞入或拔出
ACTION_SCREEN_ON	broadcast receiver	屏幕已点亮
ACTION_TIMEZONE_CHANGED	broadcast receiver	时区设置改变

除表 5-2 介绍的 Action 常量外,开发者也可以定义自己的 Action 描述。一般来讲,定义自己的 Action 字符串应该以应用程序的包名为前缀(防止重复定义)。由于 Action 部分很大程度上决定了一个 Intent 的内容,特别是数据(Data)和附加(Extras)字段,就像一个方法名决定了参数和返回值一样。正是这个原因,应该尽可能明确指定的动作,并紧密关联到其他 Intent 字段。即应该定义组件能够处理的 Intent 对象的整个协议,而不仅仅是单独地定义一个动作。一个 Intent 对象的动作通过 setAction() 方法设置,通过 getAction() 方法读取。

2. Intent 的 Category 属性

Intent 中的 Category 属性是一个执行动作 Action 的附加信息，用来指定 Intent 过滤器的服务方式，每个 Intent 过滤器可以定义多个<category>标签。程序开发人员可使用自定义的类别，或使用 Android 系统提供的类别。比如，CATEGORY_HOME 表示放回到 Home 界面，ALTERNATIVE_CATEGORY 表示当前的 Intent 是一系列的可选动作中的一个。其中，Android 系统提供的类别如表 5-3 所示。

表 5-3　Android 系统提供的类别

常　　量	描　　述
CATEGORY_BROWSABLE	目标 Activity 可通过浏览器安全启动以显示一个链接相关的数据，如图片或邮件信息
CATEGORY_GADGET	Activity 可被嵌入另外一个拥有 gadget 的 Activity 中
CATEGORY_HOME	Activity 显示主页，即设备打开时用户看到的第一个界面或是用户按 Home 键时的界面
CATEGORY_LAUNCHER	Activity 是一个 task 的初始 Activity，是程序启动的高优先级 Activity
CATEGORY_PREFERENCE	目标 Activity 为 preference panel

通过 addCategory() 方法添加一个种类到 Intent 对象中；通过 removeCategory() 方法删除一个之前添加的种类；通过 getCategories() 方法获取 Intent 对象中的所有种类。

3. intent-filter

Intent 过滤器是一种根据 Intent 中的动作（Action）、类别（Categorie）和数据（Data）等内容，对适合接收该 Intent 的组件进行匹配和筛选的机制。它可以匹配数据类型、路径和协议，还可以用来确定多个匹配项顺序的优先级（Priority）。

应用程序的 Activity 组件、Service 组件和 BroadcastReceiver 都可以注册 Intent 过滤器，这些组件在特定的数据格式上就可以产生相应的动作。

（1）注册 Intent 过滤器

注册 Intent 过滤器的方法如下所述。

在 AndroidManifest.xml 文件的各个组件的结点下定义<intent-filter>结点，然后在<intent-filter>结点中声明该组件所支持的动作、执行的环境和数据格式等信息。

<intent-filter>结点支持<action>标签、<category>标签和<data>标签，其中，<action>代表 Intent 所要完成的一个抽象"动作"，而<category>则用于为 Action 增加额外的附加类别信息；<data>标签定义 Intent 过滤器的"数据"。

<intent-filter>结点支持的标签和属性如表 5-4 所示。

表 5-4　<intent-filter>结点支持的标签和属性

标　　签	属　　性	说　　明
<action>	Android:name	指定组件所能响应的动作，用字符串表示，通常使用 Java 类名和包的完全限定名构成
<category>	Android:category	指定以何种方式去服务 Intent 请求的动作

续表

标签	属性	说明
<data>	Android:host	指定一个有效的主机名
	Android:mimetype	指定组件能处理的数据类型
	Android:path	有效的 URI 路径名
	Android:port	主机的有效端口号
	Android:scheme	所需要的特定的协议

<category>标签用来指定 Intent 过滤器的服务方式。每个 Intent 过滤器可以定义多个<category>标签，程序开发人员可使用自定义的类别，或使用 Android 系统提供的类别。其中，Android 系统提供的类别如表 5-5 所示。

表 5-5 Android 系统提供的类别

值	说明
ALTERNATIVE	Intent 数据默认动作的一个可替换的执行方法
SELECTED_ALTERNATIVE	和 ALTERNATIVE 类似，但替换的执行方法不是指定的，而是被解析出来的
BROWSABLE	声明 Activity 可以由浏览器启动
DEFAULT	为 Intent 过滤器中定义的数据提供默认动作
HOME	设备启动后显示的第一个 Activity
LAUNCHER	在应用程序启动时首先被显示

AndroidManifest.xml 文件中的每个组件的<intent-filter>都被解析成一个 Intent 过滤器对象。当应用程序安装到 Android 系统时，所有的组件和 Intent 过滤器都会注册到 Android 系统中。这样，Android 系统便知道了如何将任意一个 Intent 请求通过 Intent 过滤器映射到相应的组件上。

（2）Intent 解析

Intent 到 Intent 过滤器的映射过程称为"Intent 解析"。Intent 解析能够在所有组件中找到一个可与请求的 Intent 达成最佳匹配的 Intent 过滤器。

Intent 解析的匹配规则。

① Android 系统把所有应用程序包中的 Intent 过滤器集合在一起，形成一个完整的 Intent 过滤器列表。

② 在 Intent 与 Intent 过滤器进行匹配时，Android 系统会将列表中所有 Intent 过滤器的"动作"和"类别"与 Intent 进行匹配，任何不匹配的 Intent 过滤器都将被过滤掉。没有指定"动作"的 Intent 过滤器可以匹配任何的 Intent，但没有指定"类别"的 Intent 过滤器只能匹配没有"类别"的 Intent。

③ 把 Intent 数据 URI 的每个子部与 Intent 过滤器的<data>标签中的属性进行匹配，如果<data>标签指定了协议、主机名、路径名或 MIME 类型，那么这些属性都要与 Intent 的 URI 数据部分进行匹配，任何不匹配的 Intent 过滤器均被过滤掉。

④ 如果 Intent 过滤器的匹配结果多于一个，则可以根据在<intent-filter>标签中定义的优

先级标签来对 Intent 过滤器进行排序，优先级最高的 Intent 过滤器将被选择。

5.2.3 指定 Action、Category 调用系统 Activity

在 5.2.2 小节中已经对 Action、Category 做了详细的介绍，这里将通过案例来进一步学习。此案例通过指定 Action、Category 从当前界面跳到 Home 页面，效果如图 5-1 所示。

图 5-1　跳到 Home 界面

实现图 5-1 所示效果的代码如下。

main.xml 的代码如下。

```xml
<LinearLayout xmlns:android="http://schemas.android.com/apk/res/android"
    xmlns:tools="http://schemas.android.com/tools"
    android:layout_width="match_parent"
    android:layout_height="match_parent"
    android:orientation="vertical"
    tools:context=".MainActivity" >
    <TextView
        android:layout_width="match_parent"
        android:layout_height="wrap_content"
        android:text="测试Intent Category" />
    <Button
        android:id="@+id/bt_goto"
        android:layout_width="wrap_content"
        android:layout_height="wrap_content"
        android:text="跳转到Home界面"/>
</LinearLayout>
```

MainActivity.java 的代码如下。

```java
public class MainActivity extends Activity {
    public Button btn;
    @Override
    protected void onCreate(Bundle savedInstanceState) {
        super.onCreate(savedInstanceState);
        setContentView(R.layout.activity_main);
        btn = (Button) findViewById(R.id.bt_goto);
        btn.setOnClickListener(new OnClickListener() {

            @Override
            public void onClick(View v) {
                Intent intent = new Intent();
                intent.setAction(Intent.ACTION_MAIN);//添加Action属性
```

```
                    intent.addCategory(Intent.CATEGORY_HOME);//添加Category属性
                    startActivity(intent);//启动Activity
                }
            });
        }
    }
```

5.2.4 Data、Type 属性与 intent-filter 配置

1. Intent 的 Data 属性

Data，即执行动作要操作的数据。

Data 描述了 Intent 的动作所能操作数据的 MIME 类型和 URL，不同的 Action 用不同的操作数据。例如，如果 Activity 字段是 ACTION_EDIT，Data 字段将显示包含用于编辑的文档的 URI；如果 Activity 是 ACTION_CALL，Data 字段是一个 tel://URI 和将拨打的号码；如果 Activity 是 ACTION_VIEW，Data 字段是一个 http://URI，接收活动将被调用，去下载和显示 URI 指向的数据。在许多情况下，数据类型能够从 URI 中推测出来，特别是 content://URIs，它表示位于设备上的数据被内容提供者（Content Provider）控制。类型也能够显示设置，setData()方法指定数据的 URI，setType()指定 MIME 类型，setDataAndType()指定数据的 URI 和 MIME 类型。通过 getData()读取 URI，通过 getType()读取类型。

匹配一个 Intent 到一个能够处理 Data 的组件，知道 Data 的类型（它的 MIME 类型）和它的 URI 很重要。例如，一个组件能够显示图像数据，就不应该被调用去播放音频文件。

下面将通过案例来进一步学习 Intent 的 Data 属性的具体应用和 intent-filter 的配置，实例通过 Data 指定百度地址来访问百度浏览器，具体效果如图 5-2 所示。

图 5-2　跳转到百度网页

实现如上效果的代码如下。

```
<LinearLayout xmlns:android="http://schemas.android.com/apk/res/android"
    xmlns:tools="http://schemas.android.com/tools"
    android:layout_width="match_parent"
    android:layout_height="match_parent"
    android:orientation="vertical"
    tools:context=".MainActivity" >
    <TextView
        android:layout_width="match_parent"
        android:layout_height="wrap_content"
        android:text="测试Intent Data属性" />
    <Button
        android:id="@+id/bt_goto"
        android:layout_width="wrap_content"
        android:layout_height="wrap_content"
```

```
            android:text="访问百度网页"/>
</LinearLayout>
```

在 Java 代码中的实现代码如下。

```
public class MainActivity extends Activity {
    public Button btn;
    @Override
    protected void onCreate(Bundle savedInstanceState) {
        super.onCreate(savedInstanceState);
        setContentView(R.layout.activity_main);
        btn = (Button) findViewById(R.id.bt_goto);
        btn.setOnClickListener(new OnClickListener() {
            @Override
            public void onClick(View v) {
                Intent intent = new Intent();
                intent.setAction(Intent.ACTION_VIEW);//添加Action属性
                intent.setData(Uri.parse("http://www.baidu.com"));//设置Data属性
                startActivity(intent);//启动Activity
            }
        });
    }
}
```

Type 属性讲解

2. Intent 的 Type 属性

数据类型（Type）显式指定 Intent 的数据类型（MIME）。一般，Intent 的数据类型能够根据数据本身进行判定，通过设置这个属性，可以强制采用显式指定的类型，而不再进行推导。对于 Type 的设置，我们还是通过一个案例来进行演示。案例效果如图 5-3 所示。

图 5-3　Type 测试

图 5-3 所示效果的实现代码如下。

```
<LinearLayout xmlns:android="http://schemas.android.com/apk/res/android"
    xmlns:tools="http://schemas.android.com/tools"
    android:layout_width="match_parent"
    android:layout_height="match_parent"
    android:orientation="vertical"
    tools:context=".MainActivity" >
    <TextView
        android:layout_width="match_parent"
        android:layout_height="wrap_content"
        android:text="测试Intent Type属性" />
    <Button
        android:id="@+id/bt_goto"
        android:layout_width="wrap_content"
        android:layout_height="wrap_content"
        android:text="测试Type属性"/>
</LinearLayout>
```

实现图 5-3 所示效果的 Java 代码如下。

```java
public class MainActivity extends Activity {
    public Button btn;
    @Override
    protected void onCreate(Bundle savedInstanceState) {
        super.onCreate(savedInstanceState);
        setContentView(R.layout.activity_main);
        btn = (Button) findViewById(R.id.bt_goto);
        btn.setOnClickListener(new OnClickListener() {
            @Override
            public void onClick(View v) {
                Intent intent = new Intent();
                intent.setAction(Intent.ACTION_GET_CONTENT);
                //添加Action属性
                //设置Type属性,主要是获取通讯录的内容
                intent.setType("vnd.android.cursor.item/phone");
                startActivity(intent);//启动Activity
            }
        });
    }
}
```

5.2.5 Extra 属性

Extras（附加信息）是一组键值对，包含了需要传递给目标组件的信息和一些附加信息。就像动作关联的特定种类的数据 URIs 一样，也关联到某些特定的附加信息。例如，ACTION_TIMEZONE_CHANGE Intent 有一个"time-zone"的附加信息，标识新的时区。ACTION_HEADSET_PLUG 有一个"state"附加信息，标识头部现在是否塞满或未塞满；有一个"name"附加信息，标识头部的类型。如果自定义了一个 SHOW_COLOR 动作，颜色值将可以设置在附加的键值对中。例如，如果要执行"发送电子邮件"这个动作，可以将电子邮件的标题、正文等保存在 Extras 里，传给电子邮件发送组件。

Intent 有一系列 putXXX() 方法用于插入各种附加数据，有一系列 getXXX() 方法可以取出一系列数据。

使用 Extras 可以为组件提供扩展信息，内置的 Extra 常量如表 5-6 所示。

表 5-6 Android 系统内置的 Extra 常量

常量	作用
EXTRA_BCC	存放邮件密送人地址的字符串数组
EXTRA_CC	存放邮件抄送人地址的字符串数组
EXTRA_EMAIL	存放邮件地址的字符串数组
EXTRA_SUBJECT	存放邮件主题字符串
EXTRA_TEXT	存放邮件内容
EXTRA_KEY_EVENT	以 KeyEvent 对象方式存放触发 Intent 的按键
EXTRA_PHONE_NUMBER	存放调用 Action_Call 时的电话

5.2.6 Flag 属性

Intent 的 Flag 属性用于为该 Intent 添加一些额外的控制旗标。Intent 可调用 addFlag()方法来为 Intent 添加控制旗标。Intent 常用 Flag 旗标如表 5-7 所示。

表 5-7　Intent 常用 Flag 旗标

常　　量	作　　用
FLAG_ACTIVITY_BROUGHT_TO_FRONT	通过该 Flag 启动的 Activity 已经存在，下次再次启动时，只是将该 Activity 带到前台
FLAG_ACTIVITY_CLEAR_TOP	通过该 Flag 启动的 Activity 将会把要启动的 Activity 之上的 Activity 全部弹出 Activity 栈
FLAG_ACTIVITY_NEW_TASK	通过该 Flag 启动 Activity 时会新建一个 Activity 栈来存放新开启的 Activity
FLAG_ACTIVITY_NO_ANIMATION	该游标会控制启动 Activity 时不使用过渡动画
FLAG_ACTIVITY_NO_HISTORY	该游标会控制启动的 Activity 不会保留在 Activity 栈中
FLAG_ACTIVITY_SINGLE_TOP	该游标相当于加载模式中的 singleTop 模式

5.3　本章小结

本章主要介绍了 Android 系统中 Intent 的功能和用法。当 Android 应用需要启动某个组件时，总需要借助 Intent 来实现。学习本章需要重点掌握 Intent 的 Component、Action、Category、Data、Type 各属性的功能和用法。

关键知识点测评

1. 以下有关 Intent 的说法，不正确的一个是（　　）。
   A. Intent 不可以用于应用程序之间的交互
   B. Intent 可以通过 Context.startActivity()启动一个 Activity
   C. Intent 可以启动 Activity 和 Service，在 Android 系统上发布广播消息
   D. Intent 描述了动作的产生组件、接收组件和传递的数据信息
2. 以下有关 Intent 的叙述，正确的一个是（　　）。
   A. Intent 显式启动时，构造函数的第 2 个参数是应用程序上下文
   B. 隐式启动 Activity 时，匹配的 Activity 不可以是第三方应用程序提供的
   C. Android 系统可以在 Intent 中指明启动的 Activity 所在的类，也可以根据 Intent 的动作和数据来决定启动哪一个 Activity
   D. 只有 Activity 组件可以注册 Intent 过滤器

第6章
服务详解

■ 本章介绍 Android 中另一个比较重要的组件 Service，主要介绍 Service 的使用及其对应的生命周期方法。

6.1 Service 简介

Service 是 Android 四大组件之一,与 Activity 类似,都是可执行程序。Service 与 Activity 的主要区别:Service 是运行在后台的程序,没有用户界面,即无法直接与用户交互。

Service 启动之后,也有自己的生命周期,对应的生命周期方法只能由系统调用。

6.2 Service 的使用

Service 开发步骤与 Activity 类似,首先创建一个 Service 的子类,然后在 AndroidManifest.xml 文件中配置该 Service。同时可以配置 intent-filter 来指定该 Service 可以由哪些 Intent 启动。

创建 Service

6.2.1 创建 Service

在创建 Service 之前,先来介绍 Service 的一系列生命周期方法。

IBinder onBind(Intent intent):该方法是 Service 中唯一的抽象方法,所以必须实现该方法。应用程序通过该方法与 Service 绑定并实现通信。

void onCreate():在 Service 第一次创建时回调该方法。

void onStartCommand(Intent intent,int flag,int startId):每次客户端调用 startService(Intent) 方法启动服务时都会回调该方法。

onUnbind(Intent intent):当客户端与 Service 断开连接时回调该方法。

void onDestroy():Service 被销毁时回调该方法。

下面创建一个 Service 的子类,并重写 Service 的 onCreate()、onStartCommand()、onDestroy()、onBind()方法,代码如下。

```java
public class MyService extends Service {
    //Service中唯一的抽象方法,必须实现
    @Override
    public IBinder onBind(Intent intent) {
        return null;
    }
    //Service被创建时回调该方法
    @Override
    public void onCreate() {
        super.onCreate();
        Log.d("MyService", "onCreate");
    }
    //Service被启动时回调该方法
    @Override
    public int onStartCommand(Intent intent, int flags, int startId) {
        Log.d("MyService", " onStartCommand ");
        return super.onStartCommand(intent, flags, startId);
    }
    //Service被销毁时回调该方法
    @Override
    public void onDestroy() {
        super.onDestroy();
        Log.d("MyService", " onDestroy ");
```

        }
}

上面的 Service 中，我们只在重写方法中打印了对应的方法名，如果希望 Service 做些事情，那么处理事情的逻辑就可以添加到相应的生命周期方法中了。一般情况下，如果希望服务一旦启动立刻执行某个动作，就可以将逻辑放到 onStartCommand()方法中。当服务销毁时，应该在 onDestroy()方法中回收不再使用的资源。

6.2.2　配置 Service

与 Activity 类似，每个服务都应该在 AndroidManifest.xml 文件中注册才会生效。配置 Service 使用<service>标签，在<service>中可以为 Service 配置<intent-filter>子标签，用来指定该 Service 可以由哪些 Intent 启动。代码范例如下。

```xml
<service
        android:name="com.example.servicedemo.MyService">
        <intent-filter>
                <action android:name="firstservice"/>
                <category android:name="android.intent.category.DEFAULT"/>
        </intent-filter>
</service>
```

6.2.3　Service 的启动与关闭

启动和关闭 Service 都需要借助 Intent 来完成，下面我们在 Activity 中通过两个按钮来启动和停止服务。示例代码如下。

Service 的启动与关闭

```java
public class MainActivity extends Activity {
        Button    start,stop;
        Intent intent;
        @Override
        protected void onCreate(Bundle savedInstanceState) {
                super.onCreate(savedInstanceState);
                setContentView(R.layout.activity_main);
                //初始化控件
                start=(Button) findViewById(R.id.start);
                stop=(Button) findViewById(R.id.stop);
                //对启动Service的Intent进行实例化
                intent=new Intent(MainActivity.this,MyService.class);
                start.setOnClickListener(new   OnClickListener() {
                        @Override
                        public void onClick(View v) {
                                //启动服务
                                startService(intent);
                        }
                });
                stop.setOnClickListener(new OnClickListener() {
                        @Override
                        public void onClick(View v) {
                                //停止服务
                                stopService(intent);
                        }
                });
        }
}
```

可以发现，其实启动和停止服务非常简单，只需要调用 Context 中定义的 startService(Intent)和 stopService(Intent)方法就可以了，所以在 Activity 中可以直接调用这两个方法。

运行该程序，下面是多次单击启动按钮，最后单击停止按钮后 logcat 版面的打印情况。

```
12-01 02:08:30.021: D/MyService(3138): onCreate
12-01 02:08:30.021: D/MyService(3138): onStartCommand
12-01 02:08:41.212: D/MyService(3138): onStartCommand
12-01 02:08:42.013: D/MyService(3138): onStartCommand
12-01 02:08:42.597: D/MyService(3138): onStartCommand
12-01 02:08:44.221: D/MyService(3138): onDestroy
```

通过打印可以发现，第一次单击启动按钮，服务先后调用了 onCreate()方法和 onStartCommand()方法。多次单击启动按钮的时候，只是多次打印了 onStartCommand()方法，说明已经启动的 Service 重复启动时会多次调用 onStartCommand()方法，而不再调用 onCreate()方法。

后台运行的 Service 在 Activity 销毁之后，仍然会在后台运行。可以通过单击停止按钮，即调用 Context 的 stopService()方法来停止服务，此时服务会在回调 onDestroy()方法后销毁自身。如果服务想自己停下来，可以在服务中调用 stopSelf()方法。

6.2.4　Service 与进程的关系

Service 不会专门启动一个单独的进程，而是与它所在的应用位于同一进程中。

拥有 Service 的进程具有较高的优先级，如果该进程被意外终止掉了，那么在接下来的某一段时间内，该进程还是会自动重新启动的。

6.2.5　Service 与 Activity 的绑定

Service 与 Activity 的绑定

当通过 startService()和 stopService()启动、关闭 Service 时，启动后的 Service 与客户端之间基本上不存在太多的关联，Service 具体运行什么样的逻辑，客户端无法控制。

如果客户端需要与 Service 之间进行方法调用和数据交换，则应该使用 bindService()和 unbindService()方法绑定、解绑 Service。这种方式能够让服务与活动的关系更紧密，可以说是"共存亡"的关系。

绑定服务的方式比之前的启动服务要复杂些，bindService()方法的完整的格式为 bindService(Intent service,ServiceConnection conn,int flag)，3 个参数的解释如下。

service：通过 Intent 指定哪个 Service 被启动。

conn：这个参数监听客户端与 Service 之间的连接情况。当连接成功时，回调该参数的 onServiceConnected(ComponentName name,IBinder service)方法。这个方法中有一个 IBinder 对象，该对象就能实现客户端与绑定 Service 之间的通信。当 Service 与客户端发生异常终止并断开时，回调该参数的 onServiceDisconnected(ComponentName name)方法。

flag：在绑定 Service 时，指定是否自动创建，一般指定为 BIND_AUTO_CREATE，即自动创建。

在创建 Service 类的时候，有一个抽象方法——IBinder onBind(Intent intent)。通常我们在 onBind()方法中返回一个继承自 Binder(IBinder 的实现类)的对象。在绑定 Service 的时候，

onBind()方法中返回的 IBinder 对象会传递到 ServiceConnection 对象的 onServiceConnected (Component-Name name,IBinder service)方法的 service 参数，之后客户端与 Service 就可以进行通信了。

Service 的实现代码如下。

```java
public class MyService extends Service{
    //Service中线程运行的状态信息
    int count;
    //声明自定义的Binder对象
    MyBinder binder;
    //用来停止线程的标志位
    boolean flag;
    //绑定服务时，Service的生命周期方法
    @Override
    public IBinder onBind(Intent intent) {
        //在客户端连接服务时，把Binder对象返回
        return binder;
    }
    //继承Binder类，间接实现IBinder接口
    class MyBinder extends Binder{
        //返回线程运行的状态信息
        public int getCount(){
            return count;
        }
    }
    //服务创建时，Service的生命周期方法
    @Override
    public void onCreate() {
        // TODO Auto-generated method stub
        super.onCreate();
        binder=new MyBinder();
        //在服务中创建计数线程
        new Thread(new Runnable() {
            @Override
            public void run() {
                while (!flag) {
                    try {
                        Thread.sleep(1000);
                    } catch (InterruptedException e) {
                        e.printStackTrace();
                    }
                    count++;
                }
            }
        }).start();
    }
    //解除绑定时，Service的生命周期方法
    @Override
    public boolean onUnbind(Intent intent) {
        return super.onUnbind(intent);
    }
    //服务销毁时，Service的生命周期方法
    @Override
    public void onDestroy() {
        super.onDestroy();
```

```
            //停止线程
            flag=true;
        }
}
```

在上面的代码中实现了 onBind()方法,并返回了 IBinder 对象,该对象将会被传递给客户端 Activity。下面我们看 Activity 的代码。

```
public class MainActivity extends Activity {
    Button bind,com,unbind;
    MyConn myConn;
    Intent service;
    //保存服务的状态
    int count;
    //保存服务中返回的IBinder对象
    MyService.MyBinder binder;
    @Override
    protected void onCreate(Bundle savedInstanceState) {
        super.onCreate(savedInstanceState);
        setContentView(R.layout.main);
        //初始化界面中的3个按钮,分别为绑定服务、获取服务状态、解除绑定
        bind=(Button) findViewById(R.id.bind);
        com=(Button) findViewById(R.id.com);
        unbind=(Button) findViewById(R.id.unbind);
        //创建指向MyService的Intent对象
        service=new Intent(MainActivity.this,MyService.class);
        //创建ServiceConnection对象
        myConn=new MyConn();
        //绑定服务
        bind.setOnClickListener(new OnClickListener() {
            @Override
            public void onClick(View v) {
                bindService(service, myConn, BIND_AUTO_CREATE);
            }
        });
        //通过IBinder对象获取服务的状态
        com.setOnClickListener(new OnClickListener() {
            @Override
            public void onClick(View v) {
                count=binder.getCount();
                Log.d("Service", count+"");
            }
        });
        //断开服务
        unbind.setOnClickListener(new OnClickListener() {
            @Override
            public void onClick(View v) {
                unbindService(myConn);
            }
        });
    }
    //创建ServiceConnection的实现类,并实现其中的两个方法
    class MyConn implements ServiceConnection{
        //绑定服务时回调方法,并接收Service返回的IBinder对象
        @Override
        public void onServiceConnected(ComponentName name, IBinder service) {
```

```
                            binder=(MyService.MyBinder) service;
                    }
                    //服务异常断开时的回调方法
                    @Override
                    public void onServiceDisconnected(ComponentName name) {
                    }
            }
    }
```

在 Activity 绑定服务的时候，通过 ServiceConnection 对象中的回调方法来接收 Service 返回的 IBinder 对象。

6.2.6　Service 与 Activity 的通信

在上面的程序中成功获取到了 Service 与 Activity 之间通信的 IBinder 对象，通过 IBinder 对象，就可以获取 Service 的 count 状态信息了。实际上，完全可以通过 IBinder 对象操作 Service 中更多的数据。

对于 Service 的 onBind() 方法返回的 IBinder 对象，可以把它当作 Service 的代理对象，Service 允许客户端通过该对象访问 Service 内部的数据，这样就实现了 Service 与 Activity 之间的通信。

6.3　Service 的生命周期

通过前面的学习，大家应该已经大致明白 Service 的生命周期了，两种启动方式下的生命周期略有差异，图 6-1 所示为官方提供的 Service 对应的两种生命周期。

Service 的生命周期

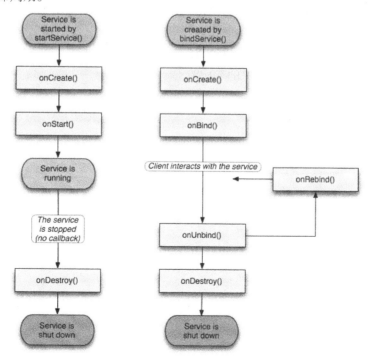

图 6-1　Service 对应的两种生命周期

在项目中的任何位置调用 Context 的 startService()方法,服务会先后调用 onCreate()方法和 onStartCommand()方法,之后会一直保持运行状态。多次调用 startService()方法,Service 会重复调用 onStartCommand()方法,直到 stopService()或 stopSelf()被调用,服务停止。

另外,还可以调用 Context 的 bindService()方法来绑定一个服务,这时服务会先后调用 onCreate()和 onBind()方法,之后客户端获取 onBind()方法返回的 IBinder 实例,客户端就可以与服务进行通信了。只要没有断开连接,服务就会一直保持运行状态,直到客户端调用 unbindService()方法,与 Service 解除绑定,之后服务销毁。

当我们既通过 startService 的方式启动了一个服务,又通过 bindService 的方式启动了该服务,这种情况下 Service 该如何销毁呢?Android 中是这样规定的,一个服务只要被启动或者被绑定,就会一直处于运行状态,直到两种条件同时满足时,也就是同时调用 stopService() 和 unbindService()方法,Service 才会被销毁。

6.4 本章小结

本章学习了与服务相关的重要知识,包括服务的基本用法和服务的生命周期。对于两种启动服务的方式,大家要熟练掌握。

关键知识点测评

1. 下列不属于 Service 生命周期的方法是(　　)。
   A. onCreate()　　　B. onDestroy()　　　C. onStop()　　　D. onStart()
2. Android 关于 Service 生命周期的 onCreate()和 onStart()说法正确的是(　　)。
   A. 如果 Service 已经启动,将先后调用 onCreate()和 onStart()方法
   B. 当第一次启动的时候先后调用 onCreate()和 onStart()方法
   C. 当第一次启动的时候只会调用 onCreate()方法
   D. 如果 Service 已经启动,只会执行 onStart()方法,不再执行 onCreate()方法
3. 简述 Service 两种启动方式的不同点。

第7章

广播机制详解

■ 本章介绍 Android 四大组件之一的广播接收器（Broadcast Receiver），了解 Broadcast Receiver 是什么，如何自定义广播，学习接收系统广播等知识点。

7.1 Broadcast Receiver 简介

在 Android 应用中，Broadcast Receiver 也是非常重要的，直译是"广播接收者"，所以它的作用是用来接收发送过来的广播的。

在 Android 系统中，广播的作用体现在方方面面。比如，当开机完成后，系统会产生一条广播，接收到这条广播后就能实现开机启动服务的功能；当网络状态改变时会产生一条广播，接收到这个广播之后就可以及时做出提示和保存数据等；当手机或平板电池电量发生改变时，系统就会产生一条广播，接收到这条广播就能在电量低时告知用户、提醒用户等。那么就有必要知道什么是广播。其实可以理解为是系统中消息的一种类型。就是当一个事件发生时，比如，系统突然断网，系统就发送一个广播消息给所有的接收者，所有的接收者在得到这个消息之后，就可以知道没有网络了。

Android 中的广播主要可以分为两种类型：标准广播和有序广播。

标准广播（Normal Broadcasts）是一种完全异步执行的广播。在广播发出去之后，所有的广播接收器几乎会在同一时刻接收到这条广播消息，所以说在它们之间是没有顺序可言的。这个广播的效率是比较高的，但与此同时也意味着它是无法被截断的。

有序广播（Ordered Broadcasts）则是一种同步执行的广播。在广播发出去之后，同一时刻只会有一个广播接收器能够收到这条广播消息。当这个广播接收器中的逻辑执行完毕后，广播才会继续传递，所以此时的广播接收器是有先后顺序的，优先级高的广播接收器就可以先收到广播消息。并且前面的广播接收器还可以截断正在传递的广播，这样后面的广播接收器就无法收到广播消息了。

另外还需要强调一点，广播之间信息的传递是通过 Intent 对象来进行的，这里选择使用隐式 Intent。

7.2 自定义广播

静态注册

7.2.1 静态注册

首先，创建一个 MyBroadcast，并让这个 Broadcast Receiver 能够根据需要来运行。创建自己的 MyBroadcast 对象，继承 Broadcast Receiver，然后实现 onReceive 方法。

```
public class MyReceiver extends BroadcastReceiver {

    @Override
    public void onReceive(Context context, Intent intent) {
        Log.v("TAG", intent.getStringExtra("cast"));
    }
}
```

在 onReceive()方法内，可以获得随着广播而来的 Intent 中的数据，这非常重要，里面包含了很多重要的信息。第二个参数就是广播传过来的 Intent，因为后面的程序在发送广播的时候，将会利用 PutStringExtra 放进去一个标识为 msg 的字符串，所以这里可以利用 getStringExtra()把字符串取出来，然后使用 Log.v 将获取到的字符串内容显示到 logcat 视窗下，方便跟踪调试。

在创建完 MyBroadcast 之后，还不能使它进入工作状态，需要为它注册一个指定的广播地址。没有注册广播地址的 Broadcast Receiver 就不能接收到广播。

静态注册是在 Androidmanifest.xml 文件中配置的，那么接下来就为创建的 MyBroadcastReceiver 注册一个广播地址。

```xml
<receiver android:name="cn.com.farsight.mybroadcast.MyReceiver" >
    <intent-filter >
        <action android:name="99.7Hz"/>
        <category android:name="android.intent.category.DEFAULT"/>        </intent-filter>
</receiver>
```

这里自定义了 Action 的名字，等隐式发送通知时，就是利用匹配 Action 来接收通知的。这里自定义了一个"99.7Hz"。Androidmanifest.xml 的全部代码如下。

```xml
<?xml version="1.0" encoding="utf-8"?>
<manifest xmlns:android="http://schemas.android.com/apk/res/android"
    package="cn.com.farsight.mybroadcast"
    android:versionCode="1"
    android:versionName="1.0" >

    <uses-sdk
        android:minSdkVersion="10"
        android:targetSdkVersion="10" />

    <application
        android:allowBackup="true"
        android:icon="@drawable/ic_launcher"
        android:label="@string/app_name"
        android:theme="@style/AppTheme" >
        <activity
            android:name="cn.com.farsight.mybroadcast.MainActivity"
            android:label="@string/app_name" >
            <intent-filter>
                <action android:name="android.intent.action.MAIN" />

                <category android:name="android.intent.category.LAUNCHER" />
            </intent-filter>
        </activity>

        <receiver android:name="cn.com.farsight.mybroadcast.MyBroadcast" >
            <intent-filter >
                <action android:name="99.7Hz"/>
                <category android:name="android.intent.category.DEFAULT"/>
            </intent-filter>
        </receiver>
    </application>

</manifest>
```

可以看出来，<activity>标签与<receiver>标签的构造是完全相同的。

接下来就是发送广播了，在 MainActivity 中添加一个 Button，当单击 Button 时发送广播信息，那么布局文件代码如下。

```xml
<RelativeLayout xmlns:android="http://schemas.android.com/apk/res/android"
    xmlns:tools="http://schemas.android.com/tools"
    android:layout_width="match_parent"
```

```xml
        android:layout_height="match_parent"
        android:paddingBottom="@dimen/activity_vertical_margin"
        android:paddingLeft="@dimen/activity_horizontal_margin"
        android:paddingRight="@dimen/activity_horizontal_margin"
        android:paddingTop="@dimen/activity_vertical_margin"
        tools:context="com.example.mybroadcast.MainActivity" >

    <Button
        android:id="@+id/button1"
        android:layout_width="wrap_content"
        android:layout_height="wrap_content"
        android:text="发送" />

</RelativeLayout>
```

MainActivity.java 中的代码如下。

```java
public class MainActivity extends Activity {

    @Override
    protected void onCreate(Bundle savedInstanceState) {
        super.onCreate(savedInstanceState);
        setContentView(R.layout.activity_main);

        Button button = (Button) findViewById(R.id.button1);
        button.setOnClickListener(new OnClickListener() {

            @Override
            public void onClick(View v) {
                Intent intent = new Intent("99.7Hz");
                intent.putExtra("cast", "文艺广播！！");
                sendBroadcast(intent);
            }
        });
    }
}
```

这里通过 sendBroadcast(intent) 来发送 Intent，可以看到这里是一个隐式的 Intent，这里的 99.7Hz 和 Andoridmanifest.xml 中的 Action 是匹配的。

应用程序效果如图 7-1 所示。

执行打印，信息如图 7-2 所示。

图 7-1　应用程序效果图　　　　　　图 7-2　打印信息

动态注册

7.2.2　动态注册

7.2.1 小节介绍了广播的静态注册，主要是利用 xml 来注册的，接下来学习利用代码注册，这叫动态注册。

动态注册的代码如下。

```
MyCastReceiver receiver = new MyCastReceiver();
IntentFilter filter = new IntentFilter();
filter.addAction("99.9Hz");
registerReceiver(receiver, filter);
```

以上代码先生成要接收的类的实例，然后利用 IntentFilter 来声明它可以匹配的广播类型（利用动作来匹配），最后用 registerReceiver(receiver,filter) 来注册，即当哪种类型的 Intent 广播到来时需要调用 MyReceiver 类。

这里要注意，发送广播前要先注册，否则根本没有接收者匹配，当然，不注册时，接收者也不会出现任何错误或警告，只是发送一个没有任何接收者的广播。

接下来，同样写一个 MyCastReceiver 类来接收广播，类中的内容如下。

```
class MyCastReceiver extends BroadcastReceiver
{
    @Override
    public void onReceive(Context context, Intent intent) {
        textView.setText("接收到的广播消息是"+intent.getStringExtra("cast"));
    }
}
```

这里用一个 textView 来显示接收到的广播消息，那么通常需要在 MainActivity 中找到该 textView，并且在界面上添加一个 Button，当单击 Button 时发送广播。代码实现如下。

```
public class MainActivity extends Activity {

    private TextView textView;
    private MyCastReceiver receiver;

    @Override
    protected void onCreate(Bundle savedInstanceState) {
        super.onCreate(savedInstanceState);
        setContentView(R.layout.activity_main);

        //第一步：构建收音机(模拟化)
        receiver = new MyCastReceiver();
        //第二步：构建一个调频按钮,并且调频到指定频道——99.9Hz
        IntentFilter filter = new IntentFilter();
        filter.addAction("99.9Hz");
        //第三步：将收音机与调频按钮绑定到一起
        registerReceiver(receiver, filter);

        textView = (TextView) findViewById(R.id.text);
        Button button = (Button) findViewById(R.id.button1);

        button.setOnClickListener(new OnClickListener() {

            @Override
            public void onClick(View v) {
                Intent intent = new Intent("99.9Hz");
                intent.putExtra("cast", "来自99.9Hz的交通广播！ ");
                sendBroadcast(intent);
            }
        });
    }
}
```

可以看到，这次是在 onCreate() 中注册广播接收者，也就是告诉系统，当这个广播到来时，用 MyCastReceiver 来接收。启动应用程序后的效果图如图 7-3 所示。发送广播后的效果图如图 7-4 所示。

图 7-3　启动应用程序后的效果图

图 7-4　发送广播后的效果图

运行该应用程序，界面会有一个 TextView 和一个 Button，当单击 Button 之后会发送广播，此时，TextView 会显示出接收到的广播信息。

7.3　接收系统广播

Broadcast Receiver 除了接收用户所发送的广播消息之外，还有一个重要的用途：接收系统广播。如果应用需要在系统特定的时刻执行某些操作，就可以通过监听系统广播来实现。Android 的大量系统事件都会对外发送标准广播，如系统时间日期被改变、应用程序被改变或卸载、电池电量改变、拨出电话、网络变化、系统开关机等。

7.3.1　监听网络变化

在很多时候，我们是需要对当前手机的网络状态进行判断的。例如，当没有网络时打开应用、应该加载缓存数据时、不去请求数据时等。当前为 Wi-Fi 网络时，应该加载高清图片，视频自动下载缓存等。当前为 2G 网络时，应该停止下载需要高流量的操作，并提示用户等。当正在下载一个文件时，突然断网了，怎么处理？当网络又恢复了，如何监听并重连？这都是和网络相关的监听。

以下是通过动态注册的方式编写一个能够监听网络变化的程序，借此机会来学习一下广播接收器的基本用法。

```
public class MainActivity extends Activity {

        private IntentFilter intentFilter;
        private NetworkChangeReceiver networkChangeReceiver;
        @Override
        protected void onCreate(Bundle savedInstanceState) {
                super.onCreate(savedInstanceState);
                setContentView(R.layout.activity_main);
                intentFilter = new IntentFilter();
                intentFilter.addAction("android.net.com.CONNECTIVITY_CHANGE");
                networkChangeReceiver = new NetworkChangeReceiver();
                registerReceiver(networkChangeReceiver, intentFilter);
        }

        @Override
        protected void onDestroy() {
                super.onDestroy();
                unregisterReceiver(networkChangeReceiver);
```

```
              }
              class NetworkChangeReceiver extends BroadcastReceiver{
                      @Override
                      public void onReceive(Context arg0, Intent arg1) {
                              Toast.makeText(arg0, "network changes", Toast.LENGTH_SHORT).show();;
                      }
              }
      }
```

根据以上代码可以看到，在 MainActivity 中定义了一个内部类 NetworkChangeReceiver，这个类是继承自 Broadcast Receiver 的，并重写了父类的 onReceive()方法。这样当网络状态发生变化时，onReceive()方法就会得到执行，这里是使用 Toast 提示了一段文本信息。执行程序效果如图 7-5 所示。

分析一下上面的代码，首先创建了一个 IntentFilter 的实例，并添加了一个值为 android.net.com.CONNECTIVITY_CHANGE 的 Action，当网络发生变化时，系统发出的正是一条值为 android.net.com.CONNECTIVITY_CHANGE 的广播，也就是广播接收器想要监听什么广播，在这里添加相应的 Action 就行了。接下来创建了一个 NetworkChangeReceiver 的实例，然后调用 registerReceiver()方法进行注册，将 NetworkChangeReceiver 的实例和 IntentFilter 的实例都传了进去，这样 NetworkChangeReceiver 就会收到所有值为 android.net.com.CONNECTIVITY_CHANGE 的广播，也就实现了监听网络变化的功能。

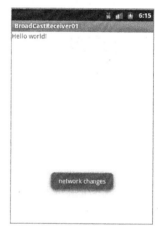

图 7-5　执行程序效果图

最后要记得，动态注册的广播接收器一定都要取消注册才行，在 onDestroy()方法中通过调用 unregisterReceiver()方法来实现。

运行程序，会收到一条 Toast 信息，然后按 Home 键回到主界面后再修改模拟器的网络状态，状态改变后会收到一条 Toast 消息。这里只是提示网络发生了变化，但是还是不能够准确地告知用户当前是有网络还是没有网络，所以这里对代码进行优化。MainActivity 中的代码如下：

```
      class NetworkChangeReceiver extends BroadcastReceiver{
              @Override
              public void onReceive(Context arg0, Intent arg1) {
                      ConnectivityManager connectionManager = (Connectivity-Manager)getSystemService(arg0.CONNECTIVITY_SERVICE);
                      NetworkInfo networkInfo = connectionManager.getActiveNetworkInfo();
                      if(networkInfo != null && networkInfo.isAvailable()){
                              Toast.makeText(arg0, "network is available", Toast.LENGTH_SHORT).show();
                      }else{
                              Toast.makeText(arg0, "network is unavailable", Toast.LENGTH_SHORT).show();;
```

           }
      }
}

在 onReceive()方法中，首先通过 getSystemService()方法得到了 ConnectivityManager 的实例，这是一个系统服务类，专门用于管理网络连接。然后调用它的 getActiveNetworkInfo() 方法，可以得到 NetworkInfo 的实例，接着调用 NetworkInfo 的 isAvailable()方法，就可以判断出当前是否有网络，最后通过 Toast 的方式对用户进行提示。

另外一点是非常重要的，如果程序需要访问一些系统的关键性信息，必须在配置文件中声明权限才可以，否则程序会直接崩溃。在 AndroidManifest.xml 文件中，加入以下权限，就可以查询系统网络状态了。

```xml
<uses-permission android:name="android.permission.ACCESS_NETWORK_STATE"/>
```

然后重新运行程序，再切换网络状态，观察现象。

7.3.2　监听系统开关机

有些时候，需要我们的程序在开机后自动运行，在系统即将关闭时，能写入一些记录到指定的文件里。那么必定会涉及开机广播监听和关机广播监听。

首先看开机广播监听。Android 系统启动完成后会发出启动完成广播（android.intent. action.BOOT_COMPLETED），所有注册了接收启动完成广播的接收器（Broadcast Receiver）都会收到此广播。

先写一个继承 BroadcastReceiver 的类，接收系统启动完成广播。

```java
public class BootBroadcastReceiver extends BroadcastReceiver{

        private static final String TAG = "BootBroadcastReceiver";
        private static final String ACTION_BOOT = "android.intent.action.BOOT_COMPLETED";
        @Override
        public void onReceive(Context arg0, Intent arg1) {
                if(arg1.getAction().equals(ACTION_BOOT)){
                        Intent intent = new Intent(arg0,MainActivity.class);
                        intent.addFlags(intent.FLAG_ACTIVITY_NEW_TASK);
                        arg0.startActivity(intent);
                }
        }
}
```

然后随便创建一个 MainActivity，并且在 AndroidMainfest.xml 中注册该活动，在 AndroidMainfest.xml 中注册广播接收器。

```xml
<receiver android:name="cn.com.farsight.broadcastreceiver01.MyReceiver">
     <intent-filter >
          <action android:name="android.intent.action.BOOT_COMPLETED"/>
          <category android:name="android.intent.category.HOME"/>
     </intent-filter>
</receiver>
```

最后不要忘记添加相应的权限，应用程序访问系统开机事件的权限。

```xml
<uses-permission android:name="android.permission.ACCESS_NETWORK_STATE"/>
<uses-permission android:name="android.permission.RECEIVE_BOOT_COMPLETED"/>
```

接下来是关机广播监听。与开机广播对应，Android 系统在即将关闭时发出系统关闭广播 (android.intent.action.ACTION_SHUTDOWN)。

首先也是编写一个 ShutdownReceiver 的类，接收系统关闭广播，代码如下。

```java
public class ShutdownReceiver extends BroadcastReceiver {

    @Override
    public void onReceive(Context context, Intent intent) {
        if(intent.getAction().equals(intent.ACTION_SHUTDOWN)){
            FileOutputStream fos;
            try{
                fos = new FileOutputStream(android.os. Environment.getExternalStorageDirectory()+
                    File.separator + "SysLog.txt",true);
                fos.write("系统退出".getBytes("utf-8"));
                fos.close();
            }catch(Exception e){
                e.printStackTrace();
            }
        }
    }
}
```

这里需要在 AndroidMainfest.xml 中注册 ShutdownReceiver，注册代码如下。

```xml
<receiver android:name="cn.com.farsight.broadcastreceiver01.ShutdownReceiver">
    <intent-filter >
        <!-- 关机广播 -->
        <action android:name="android.intent.action.ACTION_SHUTDOWN"/>
    </intent-filter>
</receiver>
```

以上关机广播代码实现的功能是当监听到关机广播后，会向某一个文件中写入一个字符串。以上就是监听开关机广播的实现代码和方法，这里简单模拟了一下监听系统级的广播，根据对应的广播可以做一些对应的操作。

7.4 有序广播

前面已经了解过广播的使用方式，广播是一种可以挂进程的通信方式，这一点从前面接收广播的时候就可以看出来了。因此在应程序内发出的广播，其他程序也是可以收到的。大家可以运行两个不同的应用程序，然后让其中一个发送广播，看看另外一个应用程序能不能接收到广播消息。

那么接下来看一下有序广播，这里定义了 3 个广播接收器的类，每个类中有一个 Log 打印信息语句。

```java
public class Receiver01 extends BroadcastReceiver {

    @Override
    public void onReceive(Context context, Intent intent) {
        Log.v("CAST", "Receiver01 "+intent.getStringExtra("cast"));
```

```
                    abortBroadcast();
                }
        }
```

Receiver01 中有一个方法 abortBroadcast()，就是表示将这条广播截断，后面的广播接收器将无法再接收到这条广播。这里需要注意，定义的 3 个广播接收器需要注册，那么注册代码如下。

```xml
<receiver android:name="com.example.broadcastreceiver04.Receiver01" >
        <intent-filter android:priority="998" >
            <action android:name="104Hz" />

            <category android:name="android.intent.category.DEFAULT" />
        </intent-filter>
</receiver>
<receiver android:name="com.example.broadcastreceiver04.Receiver02" >
        <intent-filter android:priority="999" >
            <action android:name="104Hz" />

            <category android:name="android.intent.category.DEFAULT" />
        </intent-filter>
</receiver>
<receiver android:name="com.example.broadcastreceiver04.Receiver03" >
        <intent-filter android:priority="996" >
            <action android:name="104Hz" />

            <category android:name="android.intent.category.DEFAULT" />
        </intent-filter>
</receiver>
```

可以看到，这里通过 android:priority 属性给广播接收器设置了优先级，优先级比较高的广播接收器就可以先收到广播。这里为 Receiver02 设置了最高的级别 999，将 Receiver01 的优先级设置为 998，将 Receiver03 的优先级设置为 996，那么 Receiver02 首先会收到广播消息，其次是 Receiver01，最后是 Receiver03。

运行程序，单击按钮发送广播，可以看到终端上面会打印出以下信息，如图 7-6 所示。

图 7-6　打印信息效果图

可以看到只打印了两条信息，那是因为 Receiver01 中用 abortBroadcast()方法来截断广播，所以说优先级比 Receiver01 低的都不会接收到广播信息，即 Receiver03 是不会接收到广播信息的。

7.5　本章小结

本章主要对 Android 中的广播机制进行学习研究，其中包括广播的基本概念、如何接收广播、如何发送广播及有序广播的使用方式等。之前已经介绍了，广播接收器是 Android 的四大组件之一，是非常重要的概念。读者不仅学会了广播接收器的使用方法，同时也结合之前的知识进行了学习和设计，复习了相关的知识点。通过学习，读者应该对本章以前的知识有更深的印象。

关键知识点测评

1. 关于 Broadcast Receiver 的说法不正确的是（　　）。
    A. 是用来接收广播 Intent 的
    B. 一个广播 Intent 只能被一个订阅了此广播的 Broadcast Receiver 所接收
    C. 对有序广播，系统会根据接收者声明的优先级别按顺序逐个执行接收者
    D. 接收者的优先级别在<intent-filter>的 android:proiority 属性中声明，数值越大，优先级别越高
2. 注册广播有几种方式？这些方式有何优缺点？
3. 如何由一个 Activity 跳转到另外一个 Activity？
4. Activity 有哪几种加载模式？各自的特点是什么？
5. Fragment 如何与 Activity 进行通信？

第8章
Android多线程编程

■ 本章主要介绍 Android 线程与进程，包括 UI 线程、ANR 异常、Handler 机制等。

8.1 线程与进程的基本概念

进程是指一个内存中运行的应用程序，每个进程都有自己独立的一块内存空间，一个进程中可以启动多个线程。比如在 Windows 系统中，一个运行的 exe 文件就是一个进程。

线程是指进程中的一个执行流程，一个进程中可以运行多个线程。比如 java.exe 进程中可以运行很多线程。线程总是属于某个进程的，进程中的多个线程共享进程的内存。

线程与进程的基本概念

"同时"执行是人的感觉，在线程之间实际上是轮换执行的，如图 8-1 所示。

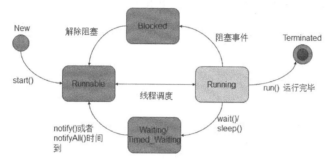

图 8-1 Android 的模拟器

8.2 主线程

Android 应用程序开启后，默认开启一个主线程（UI 线程）。

主线程介绍

1. UI 线程

Activity、Service、BroadcastReceiver 组件运行在主线程中。Android 应用程序退出后，保留空 UI 线程，可以加快应用程序启动速度。

2. ANR 异常

用户不能在 UI 主线程中做耗时的操作，一旦该操作超过 5s，应用程序就会抛一个 ANR（Application Not Respond）异常，如图 8-2 所示。

3. 如何避免 ANR 异常

将耗时的操作放入子线程中（耗时的操作包括长时间的休眠、计数、联网、复杂的运算），即可避免 ANR 异常。

4. Widget 控件只能运行在主线程中

如果在子线程中操作 Widget 控件，系统就会抛出 CalledFromWrongThreadException 异常。

图 8-2 Android ANR 异常

8.3 线程的基本用法

线程的基本用法

熟悉 Java 的读者，对多线程编程一定不会陌生吧。当我们需要执行一些耗时操作，比如发起一条网络请求时，考虑到网速等其他原因，服务器未必会立刻响应我们的请求。如果不将这类操作放在子线程里去运行，就会导致主线程被阻塞，从而影响用户对软件的正常使用。那么就让我们从线程的基本用法开始学习吧。

8.3.1 创建线程

Android 多线程编程其实并不比 Java 多线程编程特殊，基本使用相同的语法。比如说，定义一个线程只需要新建一个类继承自 Thread，然后重写父类的 run()方法，并在里面编写耗时逻辑即可。

```
class MyThread extends Thread {
    @Override
    public void run() {
        // 处理具体的逻辑
    }
}
```

然后实例化出类 MyThread 的实例。使用继承的方式耦合性有点高，更多的时候我们都会选择使用实现 Runnable 接口的方式来定义一个线程。

```
class MyThread implements Runnable {
    @Override
    public void run() {
        // 处理具体的逻辑
    }
}
```

如果使用了这种写法，启动线程的方法也需要进行相应的改变。

8.3.2 开启线程

调用 Thread 对象的 start()方法启动线程。

8.3.3 子线程中更新 UI

和许多其他的 GUI 库一样，Android 的 UI 也是线程不安全的。也就是说，如果想要更新应用程序里的 UI 元素，则必须在主线程中进行，否则就会出现异常。

下面通过一个具体的例子来验证。新建一个 AndroidThreadTest 项目，然后修改 activity_main.xml 中的代码，具体代码如下。

```
<RelativeLayout xmlns:android="http://schemas.android.com/apk/res/android"
    android:layout_width="match_parent"
    android:layout_height="match_parent" >
    <Button
        android:id="@+id/change_text"
        android:layout_width="match_parent"
        android:layout_height="wrap_content"
        android:text="Change Text" />
```

```xml
    <TextView
        android:id="@+id/text"
        android:layout_width="wrap_content"
        android:layout_height="wrap_content"
        android:layout_centerInParent="true"
        android:text="Hello world"
        android:textSize="20sp" />
</RelativeLayout>
```

布局文件中定义了两个控件，TextView 用于在屏幕的正中央显示"Hello world"字符串，Button 用于改变 TextView 中显示的内容，我们希望在单击 Button 后可以把 TextView 中显示的字符串改成"Nice to meet you"。

```java
public class MainActivity extends Activity implements OnClickListener {
    private TextView text;
    private Button changeText;
    @Override
    protected void onCreate(Bundle savedInstanceState) {
        super.onCreate(savedInstanceState);
        setContentView(R.layout.activity_main);
        text = (TextView) findViewById(R.id.text);
        changeText = (Button) findViewById(R.id.change_text);
        changeText.setOnClickListener(this);
    }
    @Override
    public void onClick(View v) {
        if(v.getId() == R.id.change_text) {
            new Thread(new Runnable() {
                @Override
                public void run() {
                    text.setText("Nice to meet you");
                }
            }).start();
        }
    }
}
```

8.4 Handler 消息传递机制

8.4.1 消息队列机制原理详解

Android 中的异步消息处理主要由 4 部分组成：Message、Handler、MessageQueue 和 Looper。

Handler 消息传递机制

1. Message

Message 是在线程之间传递的消息，它可以在内部携带少量的信息，用于在不同线程之间交换数据。我们可以使用 Message 的 what 字段传递用户自定义的消息代码，除此之外还可以使用 arg1 和 arg2 字段来携带一些整型数据，使用 obj 字段携带一个 Object 对象。

2. Handler

Handler 顾名思义也就是处理者的意思，它主要用于发送和处理消息。发送消息一般使用

Handler 的 sendMessage()方法，而发出的消息经过一系列辗转处理后，最终会传递到 Handler 的 handleMessage()方法中。

3. MessageQueue

MessageQueue 是消息队列的意思，它主要用于存放所有通过 Handler 发送的消息。这部分消息会一直存在于消息队列中，等待被处理。每个线程中只会有一个 MessageQueue 对象。

4. Looper

Looper 是每个线程中的 MessageQueue 的管家，调用 Looper 的 loop()方法后，就会进入一个无限循环当中，每当发现 MessageQueue 中存在一条消息，就会将它取出，并传递到 Handler 的 handleMessage()方法中。每个线程中也只会有一个 Looper 对象。

了解了 Message、Handler、MessageQueue 及 Looper 的基本概念后，我们再来对异步消息处理的整个流程梳理一遍。首先需要在主线程中创建一个 Handler 对象，并重写 handleMessage()方法。然后，当子线程中需要进行 UI 操作时，就创建一个 Message 对象，并通过 Handler 将这条消息发送出去。之后这条消息会被添加到 MessageQueue 的队列中等待被处理，而 Looper 则会一直尝试从 MessageQueue 中取出待处理消息。最后分发回 Handler 的 handleMessage()方法中。由于 Handler 是在主线程中创建的，所以此时 handleMessage()方法中的代码也会在主线程中运行，于是我们在这里就可以安心地进行 UI 操作了。

8.4.2 Handler 的使用

主要通过 java.net.*、Android.net.*来进行 HTTP 访问技术的封装；利用其下提供的 HttpPost、DefaultHttpClient、HttpResponse 等类提供的访问接口来实现具体的 Web 服务访问。

8.5 AsyncTask 异步任务

AsycTask 异步任务

通过 8.4 节的学习，我们已经清楚主线程和子线程之间的通信主要依靠 Handler 完成，但子线程无法直接对主线程的组件进行更新，而且如果所有的开发部分定义若干个子线程的操作对象，则这多个对象同时对主线程操作就会非常麻烦。为了解决这个问题，在 Android 1.5 之后专门提供了一个 android.os.AsyncTask 类，可以通过此类完成非阻塞的操作类。该类的功能与 Handler 类似，可以在后台进行操作之后更新主线程 UI，但其使用方式要比 Handler 容易许多。

8.5.1 异步任务简介

AsyncTask 主要用来更新 UI 线程，比较耗时的操作可以在 AsyncTask 中使用。

AsyncTask 类中通过泛型指定 3 个参数，这 3 个参数的作用如下。Params：启动时需要的参数类型，如每次操作的休眠时间为 Integer。Progress：后台执行任务的百分比，如进度条需要传递的是 Integer。Result：后台执行完毕之后返回的信息，如完成数据信息显示传递的是 String，如表 8-1 所示。

表 8-1　AsyncTask 类的常用方法

序号	方　　法	类型	描　　述
1	public final boolean cancel(boolean mayInterruptIfRunning)	普通	指定是否取消当前的线程操作
2	public final AsyncTask<Params, Progress, Result> execute(Params... params)	普通	执行 AsyncTask 操作
3	public final boolean isCancelled()	普通	判断子线程是否被取消
4	protected final void publishProgress(Progress... value)	普通	更新线程进度
5	protected abstract Result doInBackground(Params... params)	普通	在后台完成任务执行，可以调用 publishProgress()方法更新线程进度
6	protected void onProgressUpdate(Progress... value)	普通	在主线程中执行，用于显示任务的进度
7	protected void onPreExecute()	普通	在主线程中执行，在 doInBackground()之前执行
8	Protected void onPostExecute(Result result)	普通	在主线程中执行，方法参数为任务执行结果
9	Protected void onCancelled()	普通	在主线程中执行，在 cancel()方法之后执行

8.5.2　异步任务的使用

AsyncTask 是个抽象类，使用时需要继承这个类，然后调用 execute()方法。注意，继承时需要设定 3 个泛型 Params、Progress 和 Result 的类型，如 AsyncTask<Void,Inetger, Void>。

Params 是指调用 execute()方法时传入的参数类型和 doInBackgound()的参数类型。

Progress 是指更新进度时传递的参数类型，即 publishProgress()和 onProgressUpdate()的参数类型。

Result 是指 doInBackground()的返回值类型。

上面的说明涉及如下几个方法。

doInBackgound()方法是继承 AsyncTask 必须要实现的，运行于后台，耗时的操作可以在这里做。

publishProgress()方法用于更新进度，给 onProgressUpdate()传递进度参数。

onProgressUpdate()方法在 publishProgress()调用完时被调用，更新进度。

下面通过一个例子来演示 AsyncTask 的具体使用方式。

具体代码如下。

```
public class MyActivity extends Activity
{
    private Button btn;
```

```java
private TextView tv;
@Override
public void onCreate(Bundle savedInstanceState)
{
    super.onCreate(savedInstanceState);
    setContentView(R.layout.main);
    btn = (Button) findViewById(R.id.start_btn);
    tv = (TextView) findViewById(R.id.content);
    btn.setOnClickListener(new Button.OnClickListener(){
        public void onClick(View v) {
            update();
        }
    });
}
private void update(){
    UpdateTextTask updateTextTask = new UpdateTextTask(this);
    updateTextTask.execute();
}

class UpdateTextTask extends AsyncTask<Void,Integer,Integer>{
    private Context context;
    UpdateTextTask(Context context) {
        this.context = context;
    }

    /**
     * 运行在UI线程中，在调用doInBackground()之前执行
     */
    @Override
    protected void onPreExecute() {
        Toast.makeText(context,"开始执行",Toast.LENGTH_SHORT).show();
    }
    /**
     * 后台运行的方法，可以运行非UI线程，可以执行耗时的方法
     */
    @Override
    protected Integer doInBackground(Void... params) {
        int i=0;
        while(i<10){
            i++;
            publishProgress(i);
            try {
                Thread.sleep(1000);
            } catch (InterruptedException e) {
            }
        }
        return null;
    }

    /**
     * 运行在UI线程中，在doInBackground()执行完毕后执行
     */
    @Override
    protected void onPostExecute(Integer integer) {
        Toast.makeText(context,"执行完毕",Toast.LENGTH_SHORT).show();
```

```
    }
    /**
     * 在publishProgress()被调用以后执行,publishProgress()用于更新进度
     */
    @Override
    protected void onProgressUpdate(Integer... values) {
        tv.setText(""+values[0]);
    }
}
```

8.6 本章小结

本章主要介绍 Android 的多线程,包括线程的创建、启动;介绍了 Android Handler 机制、Android 异步任务。读者通过本章的学习,可清楚地了解耗时操作必须在子线程中进行,而子线程只能通过 Handler 机制或者异步任务来更新 UI。

关键知识点测评

1. 为了满足线程间的通信,Android 提供了(   )。
   A. Handler 和 Looper
   B. Handler
   C. MessageQueue
   D. Looper
2. 关于线程的说法不正确的是(   )。
   A. 在 Android 中,我们可以在主线程中创建一个新的线程
   B. 在创建的新线程中可以操作 UI 组件
   C. 创建的 Handler 对象隶属于创建它的线程
   D. 新线程可以和 Handler 共同使用
3. 什么是 ANR 异常?如何避免该异常发生?

第9章

Android数据存储

■ 数据存储在开发过程中的使用非常常见，本章主要介绍 Android 数据存储中的 3 种存储方式——File 文件存储、SharePreferences 存储和 SQLite 数据库存储，并且学习如何使用这 3 种存储方式。

9.1 数据存储简介

数据存储是数据流在加工过程中产生的临时文件或加工过程中需要查找的信息。数据以某种格式记录在计算机内部或外部存储介质上。现在我们在使用手机或者其他移动设备的过程中，就经常使用到数据存储的技术，就好比从网上下载了一张图片、一首歌、一部电影等，都需要把这些数据保存起来。

数据存储简介

9.2 File 文件存储

在前期的 Java 学习中已经接触到了 I/O，可以对文件进行操作。同样，在 Android 中也支持这种方式来访问移动设备上的文件，包括内部存储和外部存储，并且可以在设备本身的存储设备中或者外接的存储设备中创建用于保存数据的文件。目前，保存数据的文件在设备中的存储方式有两种，一种是内部存储，另一种是外部存储。

File 文件存储

9.2.1 内部存储

1. 将数据存储到文件中

默认情况下，以内部存储方式存储的文件是应用程序私有的，其他应用程序（或用户）是无法访问的。文件保存在设备的内部存储器中的/data/data/<package name>/files 目录中。当用户卸载此应用程序时，内部存储的数据会一并清除。

Android 提供了 openFileOutput()方法来打开应用程序的私有文件。通过该方法返回的流的对象可以向指定文件写数据。如果指定的文件不存在，则会创建一个新的文件。下面是 openFileOutput()方法的原型。

public FileOutputStream openFileOutput(String name, int mode)

- ➢ name：这个参数用来指定保存数据的文件名称和格式，在此参数中不需要再去指定路径，否则会报错。
- ➢ mode：这个参数用来指定文件的操作模式，默认情况下，写入的数据会覆盖原文件的内容，如果想在原文件的末尾追加内容，则可通过该参数设定。操作模式一共有 4 种，具体内容如表 9-1 所示。

表 9-1 4 种操作模式

模　　式	说　　明
MODE_PRIVATE	默认操作模式，代表该文件是私有数据，只能被应用本身访问。在该模式下，写入的内容会覆盖原文件的内容，如果想把新写入的内容追加到原文件中，可以使用 ContextMODE_APPEND
MODE_APPEND	在该模式下会检查文件是否存在，存在就往文件中追加内容，否则就创建新文件
MODE _WORLD_READABLE	表示当前文件可以被其他应用读取
MODE_WORLD_WRITEABLE	表示当前文件可以被其他应用写入

下面通过一个简单的例子来介绍使用 openFileOutput()方法保存数据。

```java
public class MainActivity extends Activity {
    private EditText et;
    private TextView tx;
    @Override
    protected void onCreate(Bundle savedInstanceState) {
        super.onCreate(savedInstanceState);
        setContentView(R.layout.activity_main);
        et = (EditText) findViewById(R.id.editText1);
        tx = (TextView) findViewById(R.id.textView1);
        savedata();
    }
    // 保存数据监听方法,在xml文件中定义
    public void Click_write(View v){
        savedata();
    }

    public void saveData() {
        FileOutputStream fout;
        try {
            // 打开指定文件名称,第二个参数为操作模式:私有模式
            fout = openFileOutput("myfiles.txt", Context.MODE_PRIVATE);
            // 保存的数据
            String data = "data";
            fout.write(data.getBytes());
            // 关闭流
            fout.close();
        } catch (FileNotFoundException e) {
            // TODO Auto-generated catch block
            e.printStackTrace();
        } catch (IOException e) {
            // TODO Auto-generated catch block
            e.printStackTrace();
        }
    }
}
```

运行上面的程序,我们可以在前面提到的默认路径下找到保存数据的文件,如图 9-1 所示,"-rw-rw----"即为文件 myfiles.txt 的权限。可以看出,"-rw-rw"中前面的"-rw"表示文件的所有者具有对文件的读写操作权限,后面的"-rw"指文件所属组中的用户具有该文件读写操作权限,后面的"----"则表明其他用户无权操作该文件。

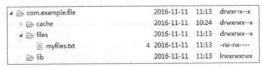

图 9-1 文件存储权限

2. 从文件中读取数据

Android 既然允许用户程序将数据保存到内部存储器中,同样也允许用户程序从中读取数据。openFileInput()方法就为我们提供了此功能,可以打开应用程序的私有文件,读取其中的数据,该方法的原型如下。

```java
public FileInputStream openFileInput(String name)
```

参数 name 即为指定的打开文件的名称，同样不可包含描述路径的斜杠。下面在原有代码的基础上添加读取数据的内容，读取代码如下。

```java
private void readData() {
    FileInputStream in = null;
    try {
        // 打开文件获取流
        in = openFileInput("myfiles.txt");
        // 利用缓冲读取
        InputStreamReader inr = new InputStreamReader(in);
        BufferedReader reader = new BufferedReader(inr);
        String result = "";
        while((result = reader.readLine()) != null){
            // 将读取的数据显示在TextView上
            tx.append(result);
        }
    } catch (FileNotFoundException e) {
        // TODO Auto-generated catch block
        e.printStackTrace();
    } catch (IOException e) {
        // TODO Auto-generated catch block
        e.printStackTrace();
    }
}
```

重新运行上述程序，实现一次数据的保存和读取过程，操作界面和效果如图 9-2 所示。

图 9-2　操作界面和效果

9.2.2　外部存储

内部存储的数据保存方式是将文件存储在移动设备的自身空间中，虽然目前移动设备的自身存取空间较以前有了很大的提升，但是将所有的数据都保存在移动设备的内部存取空间上，这显然不是明智之举。一般而言，一些比较小或者有访问权限的文件可以放在内部存取空间中；如果是要存储视频、音频这类比较大的文件，就需要将这些存取到 SD 卡上。

外部存储和内部存储大致的过程相差不多，但是这其中也有不同之处。首先，Android 规定，当应用程序操作外部设备时需要添加相应的权限，所以这里需要添加对 SD 卡读写的权限，在清单文件中添加如下内容。

```xml
<uses-permission android:name="android.permission.WRITE_EXTERNAL_STORAGE"/>
```

添加权限后，接下来通过编程来访问 SD 卡。在对 SD 卡读写操作之前还要对其状态进行确认，检测 SD 卡目录是否存在，是否可读可写。这里可以调用 Environment 类中的 getExternalStorageState()方法来检测。如果可以使用，则利用 File 进行访问；如果不可使用，则说明 SD 卡不存在或者处于其他状态，代码如下。

```java
if(Environment.getExternalStorageState().equals(Environment.MEDIA_MOUNTED)){
}
```

其中，常量 MEDIA_MOUNTED 表示 SD 卡存在并具有读写权限。

内部存储时，文件的保存路径是确定的，外部存取则需要指定路径，这里不推荐将路径地址进行固定，如 String path = "/mnt/sdcard/xxx"，推荐使用 Environment 类中的 getExternalStorageDirectory()方法获取 SD 卡路径，返回值为 File 类型，然后利用对应的 File

构造方法创建 File 对象。

File_SDCard 存储的实例的核心代码如下。

```java
// 读数据
private void readdata() {
    if(Environment.getExternalStorageState().equals(Environment.MEDIA_MOUNTED)){
        // 获取SD卡的路径
        File dir = Environment.getExternalStorageDirectory();
        File file = new File(dir, "sd_files.txt");
        FileReader reader = null;
        try {
            // 打开文件获取流
            reader = new FileReader(file);
            // 利用缓冲读取
            BufferedReader buf = new BufferedReader(reader);
            String result = "";
            while((result = buf.readLine()) != null){
                // 将读取的数据显示在TextView上
                tx.append(result);
            }
            reader.close();
        } catch (IOException e) {
            e.printStackTrace();
        }
    }
}

// 写数据
public void savedata() {
    if(Environment.getExternalStorageState().equals(Environment.MEDIA_MOUNTED)){
        // 获取SD卡的路径
        File dir = Environment.getExternalStorageDirectory();
        File file = new File(dir, "sd_files.txt");
        FileWriter writer = null;
        try {
            writer = new FileWriter(file);
            String data = et.getText().toString();
            writer.write(data);
            writer.flush();
            writer.close();
        } catch (IOException e) {
            e.printStackTrace();
        }
    }
}
```

运行该实例，用户的操作界面和效果如图 9-3 所示。

9.2.3 文件存储的特点

从 9.2.1 小节和 9.2.2 小节中的例子可以看出，文件存储方式的操作还是比较简便的，内部存储只需提供文件名即可获得对应的输入及输出流，保存的数据较为安全，应用程序下载时对应的数据也会删除，但是移动设备的内存空间有限，一般会用来保存一些比较重要的数据，如用户信息、

图 9-3 SD 卡存储

口令等。外部存储则可以保存更多的数据，但是其保存的数据可以被其他程序访问，并且里面的数据不会因应用程序的卸载而删除。

9.3 SharedPreferences 存储

9.3.1 SharedPreferences 与 Editor

SharedPreferences 是 Android 平台上一个轻量级的存储类，主要是保存一些常用的配置，比如窗口状态，一般在 Activity 中重载窗口状态，在 onSaveInstanceState 处保存，一般使用 SharedPreferences 完成。它提供了 Android 平台常规的长整型、整型、字符串型、布尔型和浮点型数据的保存。

它的本质是基于 xml 文件存储键值(key-value)对数据的,其存储在/data/data/<package name>/shared_prefs 目录下。SharedPreferences 通过对访问模式的设置能够将数据设定为私有或者可在不同程序间共享。SharedPreferences 有如下 5 种模式。

- MODE_PRIVATE：为默认操作模式，代表该文件是私有数据，只能被应用本身访问。在该模式下，写入的内容会覆盖原文件的内容。
- MODE_APPEND：该模式会检查文件是否存在，存在就往文件中追加内容，否则就创建新文件。
- MODE_WORLD_READABLE：表示当前文件可以被其他应用读取。
- MODE_WORLD_WRITEABLE：表示当前文件可以被其他应用写入。
- MODE_MULTI_PROCESS：SharedPreferences 的加载标记，被设置文件在 SharedPreference 实例加载到进程的时候检查是否被修改，主要用在一个应用有多个进程的情况。

SharedPreferences 对象本身只能获取数据而不支持存储和修改，存储和修改是通过 Editor 对象实现的。

9.3.2 将数据存储到 SharedPreferences 中

使用 SharedPreferences 保存数据的过程较为简单，具体步骤如下。
（1）获取 SharedPreferences 对象。
（2）利用 edit()方法获取 Editor 对象。
（3）通过 Editor 对象存储键值对数据。
（4）通过 commit()方法提交数据。

这里需要注意的是，SharedPreferences 是一个接口不能创建的对象，可以通过 Context 提供的 getSharedPreferences()方法获取，代码如下。

```
SharedPreferences sp = getSharedPreferences("userInfo", MODE_PRIVATE);
```

第一个参数 name 指定保存数据的文件名称，不需要指定文件的格式，默认为 xml 格式；第二个参数为 SharedPreferences 的访问模式。

得到 SharedPreferences 对象后,则可以通过 Editor 类对数据进行修改,最后调用 commit()方法保存数据。保存数据的核心代码如下。

```
public void writeData(View v){
```

```
        Editor editor = sp.edit();
        String name = et_name.getText().toString();
        int age = Integer.valueOf(et_age.getText().toString());
        editor.putString("name", name);
        editor.putInt("age", age);
        editor.commit();
}
```

下面通过 SharedPreferenceTest 示例来展示 SharedPreference 保存数据的具体使用。界面布局代码如下。

```xml
<RelativeLayout xmlns:android="http://schemas.android.com/apk/res/android"
    xmlns:tools="http://schemas.android.com/tools"
    android:layout_width="match_parent"
    android:layout_height="match_parent" >

    <EditText
        android:id="@+id/name"
        android:layout_width="wrap_content"
        android:layout_height="wrap_content"
        android:layout_alignParentLeft="true"
        android:layout_alignParentRight="true"
        android:layout_alignParentTop="true"
        android:ems="10" >
    </EditText>

    <EditText
        android:id="@+id/age"
        android:layout_width="wrap_content"
        android:layout_height="wrap_content"
        android:layout_alignParentLeft="true"
        android:layout_alignParentRight="true"
        android:layout_below="@+id/name"
        android:ems="10" >
    </EditText>

    <Button
        android:id="@+id/write"
        android:layout_width="wrap_content"
        android:layout_height="wrap_content"
        android:layout_alignLeft="@+id/age"
        android:layout_below="@+id/age"
        android:onClick="writeData"
        android:text="保存" />

    <Button
        android:id="@+id/read"
        android:layout_width="wrap_content"
        android:layout_height="wrap_content"
        android:layout_alignBaseline="@+id/write"
        android:layout_alignBottom="@+id/write"
        android:layout_toRightOf="@+id/write"
        android:onClick="readData"
        android:text="读取" />

    <TextView
        android:layout_width="wrap_content"
```

```
        android:layout_height="wrap_content"
        android:layout_alignLeft="@+id/write"
        android:layout_below="@+id/write"
        android:layout_marginTop="15dp"
        android:text="保存的数据: "
        android:textAppearance="?android:attr/textAppearanceSmall" />

    <TextView
        android:id="@+id/tx"
        android:layout_width="wrap_content"
        android:layout_height="wrap_content"
        android:layout_alignLeft="@+id/textView1"
        android:layout_below="@+id/textView1"
        android:layout_marginTop="20dp"
        android:text=""
        android:textAppearance="?android:attr/textAppearanceLarge" />

</RelativeLayout>
```

主要的实现代码如下。

```
public class MainActivity extends Activity {

    private SharedPreferences sp;
    private TextView tx;
    private EditText et_name,et_age;
    @Override
    protected void onCreate(Bundle savedInstanceState) {
        super.onCreate(savedInstanceState);
        setContentView(R.layout.activity_main);
        sp = getSharedPreferences("userInfo", MODE_PRIVATE);
        tx = (TextView) findViewById(R.id.tx);
        et_name = (EditText) findViewById(R.id.name);
        et_age = (EditText) findViewById(R.id.age);
    }

    public void writeData(View v){
        Editor editor = sp.edit();
        String name = et_name.getText().toString();
        int age = Integer.valueOf(et_age.getText().toString());
        editor.putString("name", name);
        editor.putInt("age", age);
        editor.commit();
    }
}
```

程序的运行界面如图 9-4 所示,当单击"保存"按钮后,会把 EditText 中输入的内容保存。按照之前所介绍的默认路径找到指定的文件,如图 9-5 所示。

图 9-4 存储运行界面

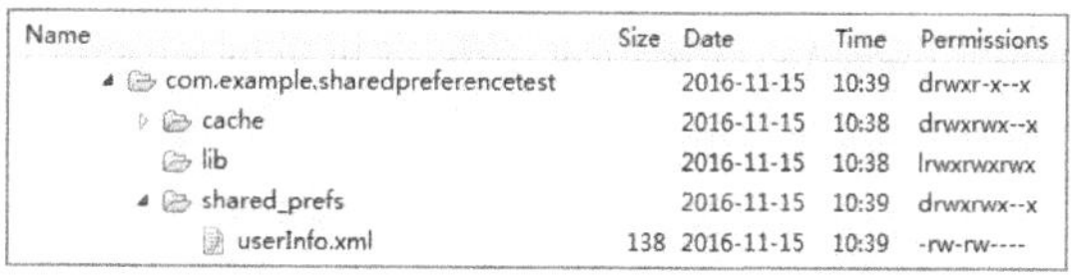

图 9-5 找到指定的文件

将该文件导出并打开以查看其中保存的数据,代码如下。

```xml
<?xml version='1.0' encoding='utf-8' standalone='yes' ?>
<map>
    <string name="name">如花</string>
    <int name="age" value="20" />
</map>
```

9.3.3 从 SharedPreferences 中读取数据

同样，首先还是先获取 SharedPreference 对象，然后利用该对象调用对应的 get\<Type\>() 方法获取保存的数据，每个数据类型都有其对应的方法名，如获取上面代码中保存的 int 型数据，代码如下。

```
int data = sp.getInt(String key, int defValue);
```

第一个参数 key 为保存数据时对应的 key 值，第二个参数为当获取数据失败时返回的值。添加如下代码，将保存的数据再次读取出来。

```
public void readData(View v){
    String name = sp.getString("name", "null");
    int age = sp.getInt("age", -1);
    tx.setText(name + " " + age);
}
```

程序的运行界面如图 9-6 所示，当单击"读取"按钮后会把存储的数据显示到 TextView 上。

9.3.4 SharedPreferences 的特点

SharedPreferences 数据存储并不需要像文件存储那样去操作文件系统，使用起来相当方便，其存储位置跟文件存储一样，在一定设备的内部存储器上。当应用程序删除时，对应的文件也会被删除。

图 9-6 读取运行界面

9.4 SQLite 数据库存储

9.4.1 SQLite 数据库简介

SQLite 数据库简介

SQLite 是一款轻量级的关系型数据库，它的运算速度非常快，占用资源很少，通常只需要几百 KB 的内存空间就足够了，因而特别适合在移动设备上使用。SQLite 不仅支持标准的 SQL 语法，还遵循数据库的 ACID 事务。所以只要读者以前使用过其他的关系型数据库，就可以很快地上手 SQLite。SQLite 又比一般的数据库要简单得多，它甚至不用设置用户名和密码就可以使用。Android 正是把这个功能极为强大的数据库嵌入到了系统当中，才使得本地持久化的功能有了一次质的飞跃。

前面所介绍的文件存储和 SharedPreferences 存储毕竟只适合保存一些简单的数据和键值对，当需要存储大量复杂的关系型数据的时候，以上两种存储方式很难应付了。比如，手机的短信程序中可能会有很多会话，每个会话中又包含了很多条信息内容，并且大部分会话还可能各自对应电话簿中的某个联系人。如果使用文件存储或者 SharedPreferences，可想而知将会多么复杂，但是使用数据库就可以做到。

SQLite 具有以下 5 种数据存储类。

（1）NULL：空值。
（2）INTEGER：带符号的整型，具体取决于存入数字的范围大小。
（3）REAL：浮点数字，存储为 8-byte IEEE 浮点数。
（4）TEXT：字符串文本。
（5）BLOB：二进制对象。

具体的 SQLite 数据类型如表 9-2 所示。

表 9-2 SQLite 数据类型

数据类型	类　　型	描　　述
bit	整型	bit 数据类型是整型，其值只能是 0、1 或空值。这种数据类型用于存储只有两种可能值的数据，如 Yes 或 No、True 或 False、On 或 Off
int	整型	int 数据类型可以存储从 -2^{31}（-2147483648）~ 2^{31}（2147483647）之间的整数。存储到数据库的几乎所有数值型的数据都可以用这种数据类型。这种数据类型在数据库里占用 4 个字节
smallint	整型	smallint 数据类型可以存储从 -2^{15}（-32768）到 2^{15}（32767）之间的整数。这种数据类型对存储一些限定在特定范围内的数值型数据非常有用。这种数据类型在数据库里占用两字节空间
tinyint	整型	tinyint 数据类型能存储从 0~255 之间的整数，在只打算存储有限数目的数值时很有用。这种数据类型在数据库中占用一个字节
numeric	精确数值型	numeric 数据类型与 decimal 型相同
decimal	精确数值型	decimal 数据类型能用来存储从 $-10^{38}-1$ ~ $10^{38}-1$ 的固定精度和范围的数值型数据。使用这种数据类型时，必须指定范围和精度。范围是小数点左右所能存储的数字的总位数。精度是小数点右边存储的数字的位数
money	货币型	money 数据类型用来表示钱和货币值。这种数据类型能存储从 -9220 亿到 9220 亿之间的数据，精确到货币单位的万分之一
smallmoney	货币型	smallmoney 数据类型用来表示钱和货币值。这种数据类型能存储从 -214748.3648~214748.3647 之间的数据，精确到货币单位的万分之一
float	近似数值型	float 数据类型是一种近似数值类型，供浮点数使用。说浮点数是近似的，是因为在其范围内不是所有的数都能精确表示。浮点数可以是从 -1.79E+308~1.79E+308 之间的任意数
real	近似数值型	real 数据类型像浮点数一样，是近似数值类型。它可以表示数值在 -3.40E+38~3.40E+38 之间的浮点数
datetime	日期时间型	datetime 数据类型用来表示日期和时间。这种数据类型存储从 1753 年 1 月 1 日到 9999 年 12 月 31 日间的所有日期和时间数据，精确到 1/300s 或 3.33μs
smalldatetime	日期时间型	smalldatetime 数据类型用来表示从 1900 年 1 月 1 日到 2079 年 6 月 6 日间的日期和时间，精确到 1min
cursor	特殊数据型	cursor 数据类型是一种特殊的数据类型，它包含一个对游标的引用。这种数据类型用在存储过程中，而且创建表时不能用

续表

数据类型	类型	描述
timestamp	特殊数据型	timestamp 数据类型是一种特殊的数据类型,用来创建一个数据库范围内的唯一数码。一个表中只能有一个 timestamp 列。每次插入或修改一行时,timestamp 列的值都会改变。尽管它的名字中有 "time",但 timestamp 列不是人们可识别的日期。在一个数据库里,timestamp 值是唯一的
Uniqueidentifier	特殊数据型	Uniqueidentifier 数据类型用来存储一个全局唯一标识符,即 GUID。GUID 确实是全局唯一的。这个数几乎没有机会在另一个系统中被重建。可以使用 NEWID 函数或转换一个字符串为唯一标识符来初始化具有唯一标识符的列
char	字符型	char 数据类型用来存储指定长度的定长非统一编码型的数据。当定义一列为此类型时,必须指定列长。当总能知道要存储的数据的长度时,此数据类型很有用。例如,当按邮政编码加 4 个字符的格式来存储数据时,知道总要用到 10 个字符。此数据类型的列宽最大为 8000 个字符
varchar	字符型	varchar 数据类型,同 char 类型一样,用来存储非统一编码型字符数据。与 char 型不一样,此数据类型为变长。当定义一列为该数据类型时,要指定该列的最大长度。它与 char 数据类型最大的区别是,存储的长度不是列长,而是数据的长度
text	字符型	text 数据类型用来存储大量的非统一编码型字符数据。这种数据类型最多可以有 $2^{31}-1$ 个或 20 亿个字符
nchar	统一编码字符型	nchar 数据类型用来存储定长统一编码字符型数据。统一编码用双字节结构来存储每个字符,而不是用单字节(普通文本中的情况)。它允许大量的扩展字符。此数据类型能存储 4000 种字符,使用的字节空间增加了一倍
nvarchar	统一编码字符型	nvarchar 数据类型用来存储变长的统一编码字符型数据。此数据类型能存储 4000 种字符,使用的字节空间增加了一倍
ntext	统一编码字符型	ntext 数据类型用来存储大量的统一编码字符型数据。这种数据类型能存储 $2^{30}-1$ 个或将近 10 亿个字符,且使用的字节空间增加了一倍
binary	二进制数据类型	binary 数据类型用来存储可达 8000 字节长的定长的二进制数据。当输入表的内容接近相同的长度时,应该使用这种数据类型
varbinary	二进制数据类型	varbinary 数据类型用来存储可达 8000 字节长的变长的二进制数据。当输入表的内容大小可变时,应该使用这种数据类型
image	二进制数据类型	image 数据类型用来存储变长的二进制数据,最大可达 $2^{31}-1$ 或大约 20 亿字节

9.4.2 创建数据库

为了让开发人员更加方便地管理 SQlite 数据库,Android 为我们提供了一个 SQLiteOpenHelper 类,可以利用这个类帮助我们更加简单、快速地创建和更新数据库。但是,SQLiteOpenHelper 这个类是一个抽象类,必须创建一个类去继承该类。在 SQLiteOpenHelper

类中有两个重要的抽象方法需要去实现,如表 9-3 所示。

表 9-3　SQLiteOpenHelper 类的方法

方　　法	说　　明
onCreate(SQLiteDatabase db)	创建数据库时调用该方法,数据库存在时将不会调用
onUpgrade(SQLiteDatabase db, int oldVersion, int newVersion)	当数据库升级的时候,将会主动调用该方法。在该方法中可执行一些操作,如删除旧表、创建新表等

在 SQLiteOpenHelper 类中还有两个重要的实例方法：getReadableDatabase() 和 getWritableDatabase()。当调用这两个方法的时候将会创建或打开一个现有的数据库（如果数据库已存在则直接打开,否则创建一个新的数据库）。这两个方法的区别是,当数据库不可写入的时候（如磁盘空间已满）,getReadableDatabase()方法返回的对象将以只读的方式去打开数据库,而 getWritableDatabase()方法则将出现异常。这两个方法的返回值是 SQLiteDatabase 对象。

SQLiteOpenHelper 类只是帮助我们管理数据库,并不能对数据进行更、删、改、查的操作,所以还需要借助 SQLiteDatabase 这个类。这个类中封装了一些对数据库进行操作的 API,具体的操作将在后面介绍。

SQLiteOpenHelper 中有两个构造方法可供重写,一般使用参数少一点的那个构造方法即可。这个构造方法中接收 4 个参数。

➢ Context：上下文对象,传入当前的 Activity 对象即可。
➢ Name：是数据库名,创建数据库时使用的就是这里指定的名称。
➢ Factory：允许我们在查询数据的时候返回一个自定义的 Cursor,一般都传入 null。
➢ Version：表示当前数据库的版本号,可用于对数据库进行升级操作。

构建出 SQLiteOpenHelper 的实例之后,再调用它的 getReadableDatabase() 或 getWritableDatabase()方法就能够创建数据库了。下面我们首先去创建一个自己的 MySQLiteHelper 类来继承 SQLiteOpenHelper,代码如下。

```java
public class MySQLiteHelper extends SQLiteOpenHelper {
    // 数据库表的属性信息
    public static String ID = "id";
    public static String NAME = "name";
    public static String AGE = "age";
    public static String TABLE_NAME = "info";

    public MySQLiteHelper(Context context, String name, CursorFactory factory,
            int version) {
        super(context, name, factory, version);
    }
    @Override
    public void onCreate(SQLiteDatabase db) {
        // "integer primary key autoincrement"表示字段将"ID"设置为主键,数据类型为
        // 整型且会自动增长
        String sql = "create table " + TABLE_NAME + "("
                + ID+ " integer primary key autoincrement,"
                + NAME + " char,"
                + AGE + " char);";
        db.execSQL(sql);
        Log.d("Tag", "创建成功");
```

```
    }
    @Override
    public void onUpgrade(SQLiteDatabase db, int oldVersion, int newVersion) {

    }
}
```

接着我们再来编写 MainActivity 程序，代码如下。

```
public class MainActivity extends Activity implements OnClickListener {
    private   MySQLiteHelper    mySql;
    private   SQLiteDatabase    db;
    @Override
    protected void onCreate(Bundle savedInstanceState) {
        super.onCreate(savedInstanceState);
        setContentView(R.layout.activity_main);
        initSQL();
    }
    private void initSQL() {
        // 指定数据库名时名称后面的 ".db" 要加上
        mySql = new MySQLiteHelper(this, "stuInfo.db", null, 1);
        // 执行词条语句时将会创建或打开数据库
        db = mySql.getWritableDatabase();
    }
}
```

运行上面的代码，当程序正常启动后将会看到打印的 Log 信息，如图 9-7 所示，说明数据库 stuInfo.db 和表 info 已经成功创建。

数据库文件会存放在 /data/data/<package name>/databases/ 目录下，如图 9-8 所示。

图 9-7 数据库创建成功　　　　　　　　图 9-8 数据库文件存储路径

对于 stuInfo.db，不能直接查看里面的内容，需要借助 Android SDK 中的 adb 工具。我们以 Eclipse 为例，adb 在 Eclipse 安装目录下的 sdk 的 platform-tools 目录下。使用 adb 之前首先需要配置环境变量，将 platform-tools 目录的地址追加到环境变量 Path 中（是追加，不是覆盖），然后打开 cmd 输入 adb shell 命令，将会进入设备的控制台，如图 9-9 所示。注意，测试最好使用原生的模拟器，使用第三方的模拟器可能会找不到设备。

然后使用 cd 命令进行到 /data/data/com.example.mysqlite/databases/ 目录下，并使用 ls 命令查看该目录里的文件，如图 9-10 所示。

图 9-9 adb shell　　　　　　　　　　　图 9-10 查看文件

可以看到，在该目录下有两个文件：stuInfo.db 正是刚才所创建的数据库，另外一个文件是一个临时文件。下面接着输入 sqlite3 stuInfo.db 命令打开数据库，如图 9-11 所示。紧接着输入.table 命令查看数据库中表的信息，如图 9-12 所示。

图 9-11　打开数据库

图 9-12　查看表格

可以看到，info 这张表就是我们在程序中所创建的，另外一张表则不需要关注。

9.4.3　升级数据库

在实际的应用开发过程中，随着应用程序的不断升级，可能会需要在表中增加新的字段或者在数据库中新建表，原有的数据库结构已经无法满足需求，这个时候就需要更新数据库。更新数据库的操作如果放在 onCreate() 方法中，重新编译运行后会发现数据库其实根本没变化，因为 onCreate() 方法不会再次被调用，应该将这些更新操作放在 onUpgrade() 方法中。那么 onUpgrade() 怎么被调用呢？在前面介绍 SQLiteOpenHelper 类的构造方法时，其中的第四个参数用来指定创建数据库的版本，当我们在更新数据库时，只需要将新版本参数设置得比老版本参数高，就会去调用 onUpdate() 方法。

下面将 MySQLiteHelper 的构造方法中数据库版本的参数设置为 2，代码如下。

```
private void initSQL() {
    mySql = new MySQLiteHelper(this, "stuInfo.db", null, 2);
    db = mySql.getWritableDatabase();
}
```

同时，在上面程序中的 onUpdate() 方法中添加一条 Log 信息，代码如下。

```
public void onUpgrade(SQLiteDatabase db, int oldVersion, int newVersion) {
    Log.d("Tag", "更新成功");
}
```

再次运行程序，查看输出的 Log 信息，如图 9-13 所示，说明 onUpdate() 被调用了。

| com.example.mysqlite | Tag | 更新成功 |

图 9-13　数据库更新成功

9.4.4　添加数据

上面已经将数据库和表创建完成，接下来首先学习数据库操作中的添加数据。前面通过 getWritableDatabase() 方法获得了 SQLiteDatabase 的对象 db。该对象中提供了 insert() 方法，返回值为新增数据的 ID 号。

```
long insert(String table, String nullColumnHack, ContentValues values)
```

- table：表名，指定向哪张表里添加数据。
- nullColumnHack：用于在未指定添加数据的情况下给某些可为空的列自动赋值 null，一般我们用不到这个功能，直接传入 null 即可。
- valuecs：一个 ContentValues 对象，它提供了一系列的 put() 方法重载，用于向 ContentValues 中添加数据，只需要将表中的每个列名以及相应的待添加数据传入即可。

图 9-14　添加记录

下面修改前面程序中的布局文件，具体代码不做展示，界面效果如图 9-14 所示。

在增加按钮的监听方法中调用一个自定义的添加数据的方法 insertData()，具体代码如下。

```
private void insertData(String name_str, String age_str) {
    ContentValues values = new ContentValues();
    // 将edittext中输入的名字和年龄添加到ContentValues对象中
    values.put(MySQLiteHelper.NAME, name_str);
    values.put(MySQLiteHelper.AGE, Integer.valueOf(age_str));
    // 向数据库添加数据
    db.insert(MySQLiteHelper.TABLE_NAME, null, values);
}
```

创建表时已经将表的 ID 设置为自动增长，不需要手动添加数据，运行程序时向数据库添加两条数据，如图 9-15 和图 9-16 所示。

再次使用 adb 工具去查看刚添加的数据，如图 9-17 所示，可以看到两条数据成功添加到了表中。

图 9-15　添加数据 1

图 9-16　添加数据 2

图 9-17　查看数据

9.4.5　删除数据

接下来介绍如何将表中的数据删除，只需要调用 db 对象中的 delete()方法即可，返回值为成功删除数据的个数。

```
int delete(String table, String whereClause, String[] whereArgs)
```

- table：指定操作的表名。
- whereClause：删除的条件，为一个字符串。如果为 null，则所有行都将删除。
- whereArgs：字符串数组，和 whereClause 配合使用。有两种用法，如果 whereClause 的条件已经直接给出，如"id = " + 1，则 whereArgs 可设为 null。如果是"id =? "，则"？"会被 whereArgs 这个数组中对应的值替换，whereArgs 给出？代表的值，若有多个？，可在字符串数组里依次填入。

在删除按钮的监听方法中调用一个自定义的删除数据的方法 deleteData()，具体代码如下。

```
private void deleteData() {
    // 将ID为2的那条数据删除
    int x = db.delete(MySQLiteHelper.TABLE_NAME, MySQLiteHelper.ID +"="+ 2,
        null);
}
```

再次使用 adb 工具去查看刚被删除的数据，如图
9-18所示,可以看到前面添加的第2条数据已经被删除。
　　一些其他情况下的删除，假如删除第 5 条和第 6 条
记录，则可以编写如下代码。

```
db.delete(MySQLiteHelper.TABLE_NAME, " id = ? or id
= ?",new String[] { "5", "6" });
```

图 9-18　查看被删除的数据

"or"相当于"||"，只要后面指定的条件对应的数据存在，就会将对应的数据删除。"or"
还可写成"and"，这就相当于"&&"，后面指定的条件对应数据必须全部存在，才会将对应的
数据删除，否则一个也不会删除。

除了上面这种写法外，还有另外一种删除条件的写法，代码如下。

```
db.delete(MySQLiteHelper.TABLE_NAME, " id > ?",new String[] { "2"});
```

该代码表示将 ID 大于 2 的数据全部删掉，还可以结合"or""and"将某个范围内的数据
删除。

在进行删除操作的时候需要注意一点，对 ID 设置了自动增长后，当将某条数据删除后，
该条记录对应的 ID 号会永久删除，新增数据也不会再次出现。

9.4.6　更新数据

下面介绍数据库的第 3 种操作——更新数据，同样也是调用 db 对象中的 update(String
table,ContentValues values,String whereClause,String[] whereArgs)方法，返回值为成功更
新数据的条数。

```
int update(String table, ContentValues values, String whereClause, String[] whereArgs)
```

- table：指定操作的表名。
- values：需要更新的数据。
- whereClause：更新的条件，为一个字符串。如果为 null，则所有行都将更新。
- whereArgs：与删除用法一致。

在更新按钮的监听方法中调用一个自定义的更新数据的方法 doUpdate ()，具体代码如下。

```
private void doUpdate() {
    ContentValues values = new ContentValues();
    values.put(MySQLiteHelper.AGE, 26);
    // 将第一条数据的年龄改为26
    db.update(MySQLiteHelper.TABLE_NAME, values, MySQLiteHelper.ID + "= 1", null);
}
```

再次使用 adb 工具去查看更新的数据，如图 9-19
所示，可以看到第一条数据的年龄已经更改为 26。

9.4.7　查询数据

最后来介绍数据库的查询，较之前的操作要稍微复
杂一些。这里介绍其中一种查询的方法 query()，也是 db 对象调用。

图 9-19　查询更新后的数据

```
Cursor query(String table, String[] columns, String selection, String[] selectionArgs, String groupBy,
String having, String orderBy)
```

这个方法有 7 个参数，我们逐一介绍。

- table：表名。

- columns：指定查询哪几列，如果不指定则默认查询所有列。
- selection：指定查哪一行。
- selectionArgs：在 selection 中，条件为？时，定义替换？的具体内容。
- groupBy：分组方式。
- having：分组过滤器。
- orderBy：指定查询结果的排序方式。

多数情况下不会使用所有参数，只传递一个表名，其他参数全部置为 null，则会查询表中的所有数据。query()方法的返回值并非所查询到的数据集，而是一个 Cursor 对象。Cursor 其实就是一个指针，指向所查询到的数据集中的数据，并且能够在数据集合中移动。Cursor 类中有一些常用的方法，如表 9-4 所示。

表 9-4 Cursor 类的方法

方　　法	说　　明
moveToFirsr	将指针移动到第一条数据上，返回值为 boolean 类型，true 表示移动成功
moveToNext	将指针移动到下一条数据上，返回值为 boolean 类型，true 表示移动成功
moveToLast	将指针移动到最后一条数据上，返回值为 boolean 类型，true 表示移动成功
moveToPrevious	将指针移动到上一条数据上，返回值为 boolean 类型，true 表示移动成功
isAfterLast	判断当前指针是否指在数据集最后一条数据的下一条
getCount()	获得数据集中数据的数量
getColumnIndex(String columnName)	根据字段名返回对应的列号
getColumnName(int columnIndex)	根据序号返回对应的字段名
getColumnNames	返回一个包含字段名的字符串数组

下面在查询按钮中添加一个自定义的查询方法 doQuery()方法，查询表中的所有数据并打印出来，代码如下。

```
private void doQuery() {
    Cursor cursor = db.query(MySQLiteHelper.TABLE_NAME, null, null, null,
        null, null, null);
    for(cursor.moveToFirst(); !cursor.isAfterLast(); cursor.moveToNext()) {
        // 根据字段名获取字段的序号
        int name_index = cursor.getColumnIndex(MySQLiteHelper.NAME);
        int age_index = cursor.getColumnIndex(MySQLiteHelper.AGE);
        // 根据序号获取数据
        String name = cursor.getString(name_index);
        int age = cursor.getInt(age_index);
        Log.d("Tag", name + " " + age);
    }
}
```

先来看这个 for 循环是怎么运作的。首先 cursor.moveToFirst 将指针指向第一条数据，然后获取字段名的序号，根据数据的类型调用对应的方法，根据序号获取每个字段对应的数据，接着 cursor.moveToNext()将指针移动到下一条数据，!cursor.isAfterLast()判断是否移动到最后一条数据的下一条，如果返回 false 则继续获取数据，否则结束循环，如图 9-20 所示。

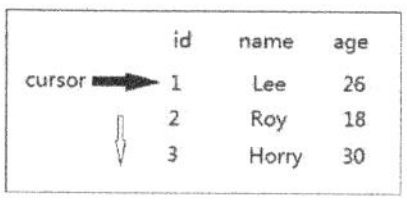

运行程序，添加图 9-20 中对应的数据，单击查询按钮查看输出的 log 信息，如图 9-21 所示。

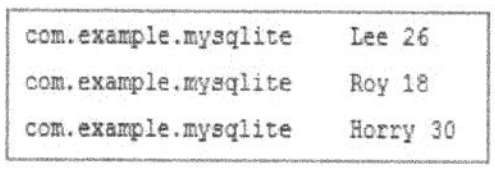

图 9-20 游标 Cursor

图 9-21 查询记录

9.4.8 使用 SQL 语句操作数据库

除了上面所介绍的操作外，也可以直接使用对应的 SQL 语句，代码如下。

```
// 添加数据
db.execSQL("insert into info(name,age) values('a',1);");
// 删除数据
db.execSQL("delete from info where id = 1;");
// 更新数据
db.execSQL("update info set age = 11 where id = 1;");
// 查询数据
Cursor cursor = db.rawQuery("select * from info;", null);
```

除了查询使用 rawquery()方法外，其他操作都使用 execSQL()方法执行 SQL 语句，最终的效果与之前的操作效果没有区别。

9.5 本章小结

本章主要是对 Android 常用的数据持久化方式进行了详细的讲解，包括 File 文件存储、SharedPreferences 存储及 SQLite 数据库存储。其中，文件适用于存储一些简单的文本数据或者二进制数据，SharedPreferences 适用于存储一些键值对，而数据库则适用于存储那些复杂的关系型数据。

关键知识点测评

1. 利用 File 文件存储实现数据的内部储存和外部存储。
2. 利用 SharedPreferences 实现数据存储。
3. 利用 SQLite 数据库实现数据存储。

第10章

内容提供者详解

■ 本章主要介绍跨程序共享数据，包括 ContentProvider（内容提供者）简介、访问其他程序中的数据、创建自己的内容提供者。把程序中的数据共享给其他程序，这需要视情况而定。例如账号和密码这种私有数据显然是不能分享给其他程序的，不过一些可以让其他程序进行二次开发的基础性数据，可以将其共享。例如系统电话通讯录，它的数据库中保存了很多联系人信息，如果这些数据不允许第三方的程序进行访问，那么很多应用的功能都要大打折扣。除通讯录之外，短信、媒体库等程序实现了跨程序数据共享功能，而使用的技术就是 ContentProvider（内容提供者）。

10.1　ContentProvider 简介

在 Android 中，每个应用程序的数据都是采用私有形式进行操作的，不管这些数据是用文件保存还是用数据库保存，都不能被外部应用访问。但是很多情况下，用户需要在不同的应用程序之间进行交换的数据，所以为了解决该问题，在 Android 中专门提供了一个 ContentProvider 类。此类的主要功能是将不同的应用程序的数据操作标准统一起来，并且将各个应用程序的数据操作标准表明给其他应用程序。这样，一个应用程序的数据就可以按照 ContentProvider 制定的标准被外部操作。

ContentProvider 简介

ContentProvider 的操作类似于 Web Service（Web 服务）。ContentProvider 的主要作用是在不同的应用程序之间进行数据交换，而这一实现类似于 Web Service 技术，但比 Web Service 更方便理解。

10.2　URI 简介

URI 代表了要操作的数据。URI 主要包含了两部分信息：需要操作的 ContentProvider，对 ContentProvider 中的什么数据进行操作。一个 URI 的组成如图 10-1 所示。

图 10-1　ContentProvider 的 URI 的组成

URI 简介

URI 由如下 3 部分组成。
- scheme（协议）：ContentProvider（内容提供者）访问协议，已经由 Android 规定为 content://。
- 主机名或 authority：用于唯一标识 ContentProvider，外部调用者可以根据该标识来找到它，一般都为程序的"包.类"名称，但是要使用小写字母的形式表示。
- Path（路径）：访问的路径，一般为要操作的数据表名称。根据操作的不同可以分为以下几种情况。

访问全部数据：content://Authority/Path。例如，访问 member 表的全部数据：content://org.lxh.demo.memebercontentprovider/member/。

根据 ID 访问数据：content://Authority/Path/ID。例如，访问 member 表中的 ID 为 3 的数据：content://org.lxh.demo.memebercontentprovider/member/3。

访问某条记录的某字段：content://Authority/Path/ID/列名。例如，访问 member 表第 3 条记录的 name 数据：content://org.lxh.demo.memebercontentprovider/member/3/name。

10.3　自定义 ContentProvider

10.3.1　创建 ContentProvider

用户可以通过新建一个类去继承 ContentProvider 的方式来创建一个自己的内容提供者。

ContentProvider 类中有 6 个抽象方法，我们在使用子类继承它的时候，需要将这 6 个方法全部重写。新建 MyProvider 继承自 ContentProvider，代码如下。

```java
public class MyProvider extends ContentProvider {
    @Override
    public boolean onCreate() {
        return false;
    }

    @Override
    public Cursor query(Uri uri, String[] projection, String selection,
        String[] selectionArgs, String sortOrder) {
        return null;
    }

    @Override
    public Uri insert(Uri uri, ContentValues values) {
        return null;
    }

    @Override
    public int update(Uri uri, ContentValues values, String selection,
        String[] selectionArgs) {
        return 0;
    }

    @Override
    public int delete(Uri uri, String selection, String[] selectionArgs) {
        return 0;
    }

    @Override
    public String getType(Uri uri) {
        return null;
    }
}
```

（1）onCreate()

初始化内容提供者的时候调用 onCreate()。通常会在这里完成对数据库的创建和升级等操作，返回 true 表示内容提供者初始化成功，返回 false 则表示失败。注意，只有当 ContentResolver 尝试访问程序中的数据时，内容提供者才会被初始化。

（2）query()

query()用于从内容提供者中查询数据。其中，使用 URI 参数来确定查询哪张表，projection 参数用于确定查询哪些列，selection 和 selectionArgs 参数用于约束查询哪些行，sortOrder 参数用于对结果进行排序，查询的结果存放在 Cursor 对象中。

（3）insert()

insert()向内容提供者中添加一条数据。使用 URI 参数来确定要添加到的表，待添加的数据保存在 values 参数中。添加完成后，返回一个用于表示这条新记录的 URI。

（4）update()

update()用于更新内容提供者中已有的数据。使用 URI 参数来确定更新哪一张表中的数据，新数据保存在 values 参数中，selection 和 selectionArgs 参数用于约束更新哪些行，受影响的行数将作为返回值返回。

（5）delete()

delete()从内容提供者中删除数据。使用 URI 参数来确定删除哪一张表中的数据，selection 和 selectionArgs 参数用于约束删除哪些行，被删除的行数将作为返回值返回。

10.3.2 配置 ContentProvider

在清单文件 Manifest.xml 中注册配置，添加 provider 标签。

```xml
<!-- provider在application标签里面 -->
<provider android:name="MyProvider"
          android:authorities="com.farsight.provider.myprovider" />
```

UriMatcher 类可以轻松地实现匹配内容 URI 的功能。UriMatcher 提供了一个 addURI() 方法，这个方法接收 3 个参数，可以分别把权限、路径和自定义代码传进去。这样，当调用 UriMatcher 的 match()方法时，就可以将一个 URI 对象传入，返回值是某个能够匹配这个 URI 对象的自定义代码。利用这个代码，我们就可以判断出调用方期望访问的是哪张表中的数据了。修改 MyProvider 代码如下。

```java
public class MyProvider extends ContentProvider {
    public static final int TABLE1_DIR = 0;
    public static final int TABLE1_ITEM = 1;
    public static final int TABLE2_DIR = 2;
    public static final int TABLE2_ITEM = 3;
    private static UriMatcher uriMatcher;
    static {
        uriMatcher = new UriMatcher(UriMatcher.NO_MATCH);
        uriMatcher.addURI("com.example.app.provider", "table1", TABLE1_DIR);
        uriMatcher.addURI("com.example.app.provider ", "table1/#", TABLE1_ITEM);
        uriMatcher.addURI("com.example.app.provider ", "table2", TABLE2_ITEM);
        uriMatcher.addURI("com.example.app.provider ", "table2/#", TABLE2_ITEM);
    }
    public Cursor query(Uri uri, String[] projection, String selection,
        String[] selectionArgs, String sortOrder) {
        switch (uriMatcher.match(uri)) {
            case TABLE1_DIR:
                // 查询table1表中的所有数据
                break;
            case TABLE1_ITEM:
                // 查询table1表中的单条数据
                break;
            case TABLE2_DIR:
                // 查询table2表中的所有数据
                break;
            case TABLE2_ITEM:
                // 查询table2表中的单条数据
                break;
            default:
                break;
        }
        ...
    }
    ...
}
```

MyProvider 中新增了 4 个整型常量，其中，TABLE1_DIR 表示访问 table1 表中的所有数据，TABLE1_ITEM 表示访问 table1 表中的单条数据，TABLE2_DIR 表示访问 table2 表中的所有数据，TABLE2_ITEM 表示访问 table2 表中的单条数据。接着在静态代码块里创建 UriMatcher 的实例，并调用 addURI()方法，将期望匹配的内容按 URI 格式传递进去。注意，这里传入的路径参数是可以使用通配符的。然后当 query()方法被调用的时候，就会通过 UriMatcher 的 match()方法对传入的 URI 对象进行匹配，如果发现 UriMatcher 中的某个内容 URI 格式成功匹配了该 URI 对象，则会返回相应的自定义代码，可以判断出调用方期望访问的到底是什么数据。

继续完善 MyProvider 中的内容，这次来实现 getType()方法中的逻辑，代码如下。

```
public class MyProvider extends ContentProvider {
    @Override
    public String getType(Uri uri) {
        switch (uriMatcher.match(uri)) {
            case TABLE1_DIR:
                return "vnd.android.cursor.dir/vnd.com.example.app.provider.table1";
            case TABLE1_ITEM:
                return "vnd.android.cursor.item/vnd.com.example.app.provider.table1";
            case TABLE2_DIR:
                return "vnd.android.cursor.dir/vnd.com.example.app.provider.table2";
            case TABLE2_ITEM:
                return "vnd.android.cursor.item/vnd.com.example.app.provider.table2";
            default:
                break;
        }
        return null;
    }
}
```

ContentProvider 操作数据库

10.3.3　ContentProvider 操作数据库

ContentProvider 本身并不是数据库，所以需要借助 SqliteOpenHelper 类来创建数据库。重写 MyContentProvider 中的方法，代码如下。

```
public class MyContentProvider extends ContentProvider {

    SQLiteDatabase db;

    @Override
    public boolean onCreate() {
        Log.d("Test", "content provider onCreate");
        MySqliteOpenHelper help = new MySqliteOpenHelper(this.getContext(), "contacts.db", null, 1);
        db = help.getWritableDatabase();
        return true;
    }

    @Override
    public Cursor query(Uri uri, String[] projection, String selection,
            String[] selectionArgs, String sortOrder) {
        Cursor cursor = db.query(TABLE_NAME, projection, selection, selectionArgs, null, null,
```

```java
            sortOrder);
        return cursor;
    }

    @Override
    public String getType(Uri uri) {
        return null;
    }

    @Override
    public Uri insert(Uri uri, ContentValues values) {
        db.insert(TABLE_NAME, null, values);
        return uri;
    }

    @Override
    public int delete(Uri uri, String selection, String[] selectionArgs) {
        return db.delete(TABLE_NAME, selection, selectionArgs);
    }

    @Override
    public int update(Uri uri, ContentValues values, String selection,
            String[] selectionArgs) {
        return db.update(TABLE_NAME, values, selection, selectionArgs);
    }

    public static final String TABLE_NAME = "info";
    public static final String FIELD_NAME = "name";
    public static final String FIELD_PHONE = "phone";

    // 创建数据库
    class MySqliteOpenHelper extends SQLiteOpenHelper {

        public MySqliteOpenHelper(Context context, String name,
                CursorFactory factory, int version) {
            super(context, name, factory, version);
        }

        @Override
        public void onCreate(SQLiteDatabase db) {
            db.execSQL("create table " + TABLE_NAME
                    + " (id integer primary key autoincrement, " + FIELD_NAME
                    + " char(10), " + FIELD_PHONE + " char(11));");
        }

        @Override
        public void onUpgrade(SQLiteDatabase db, int oldVersion, int newVersion) {
            // TODO Auto-generated method stub

        }
    }
}
```

10.3.4 使用 ContentResolver 访问 ContentProvider

ContentResolver 提供了一系列的方法用于对数据进行操作，其中，insert()方法用于添加数据，update()方法用于更新数据，delete()方法用于删除数据，query()方法用于查询数据。

不同于 SQLiteDatabase，ContentResolver 中的增删改查方法都是不接收表名参数的，而是使用一个 URI 参数代替。内容 URI 给内容提供者中的数据建立了唯一标识符。

现在我们就可以使用这个 URI 对象来查询 table1 表中的数据了，代码如下。

```
Cursor cursor = getContentResolver().query(
                uri,
                projection,
                selection,
                selectionArgs,
                sortOrder);
```

查询完成后返回的仍然是一个 Cursor 对象，这时我们就可以将数据从 Cursor 对象中逐个读取出来了。读取的思路仍然是通过移动游标的位置来遍历 Cursor 的所有行，然后取出每一行中相应列的数据。

向 table1 表中添加一条数据，代码如下。

```
ContentValues values = new ContentValues();
values.put("column1", "text");
values.put("column2", 1);
getContentResolver().insert(uri, values);
```

使用 ContentResolver 的 update()方法实现更新，代码如下。

```
ContentValues values = new ContentValues();
values.put("column1", "");
getContentResolver().update(uri, values, "column1 = ? and column2 = ?", new
                    String[] {"text", "1"});
```

最后，可以调用 ContentResolver 的 delete()方法将这条数据删除，代码如下。

```
getContentResolver().delete(uri, "column2 = ?", new String[] { "1" });
```

10.3.5 数据共享

对于每一个应用程序来说，如果想要访问内容提供者中共享的数据，就一定要借助 ContentResolve 类，可以通过 Context 中的 getContentResolver()方法获取到该类的实例。

使用系统 ContentProvider

10.4 使用系统 ContentProvider

在 Android 中，ContentProvider 是一种数据包装器，适合在不同进程间实现信息的共享。Android 系统提供了很多系统级的 ContentProvider，可以直接使用。Contacts Provider：用来查询联系人信息；Media Provider：用来查询磁盘上的多媒体文件。它们的用法大同小异，只要使用它们对应的 URI 地址就可以进行增、删、改、查的操作。

10.4.1 读取系统短信

Android 中的 ContentProvider 提供了一些系统数据供程序员访问，其中，短信的 URI 地址为 content://sms/。这样就可以去读写短信内容和备份短信了，代码如下。

```
//读取所有短信
Uri uri=Uri.parse("content://sms/");
ContentResolver resolver = getContentResolver();
Cursor cursor = resolver.query(uri, new String[]{"_id", "address", "body", "date", "type"}, null, null, null);
if(cursor!=null&&cursor.getCount()>0){
    int _id;
    String address;
    String body;
    String date;
    int type;
    while (cursor.moveToNext()){
        id=cursor.getInt(0);
        address=cursor.getString(1);
        body=cursor.getString(2);
        date=cursor.getString(3);
        type=cursor.getInt(4);
        Log.i("test","_id="+_id+" address="+address+" body="+body+" date="+date+" type="+type);
    }
}
```

10.4.2 读取系统联系人

首先打开电话簿，添加联系人信息。

然后构建工程，查询联系人信息，代码如下。

```
// 查询联系人数据
cursor = getContentResolver().query(
ContactsContract.CommonDataKinds.Phone.CONTENT_URI,
null, null, null, null);
while (cursor.moveToNext()) {
    // 获取联系人姓名
    String displayName = cursor.getString(cursor.getColumnIndex(
    ContactsContract.CommonDataKinds.Phone.DISPLAY_NAME));
    // 获取联系人手机号
    String number = cursor.getString(cursor.getColumnIndex(
    ContactsContract.CommonDataKinds.Phone.NUMBER));
    contactsList.add(displayName + "\n" + number);
}
```

最后在清单文件中加入 android.permission.READ_CONTACTS 权限，这样，程序就可以访问到系统的联系人数据了。

10.5 本章小结

本章主要介绍内容提供者的相关内容，以实现跨程序共享的功能。通过本章的学习，读者可了解如何去访问其他程序中的数据，以及怎样创建自己的内容提供者来共享数据。需要注意的是，每次在创建内容提供者时，需要提醒一下自己，是不是应该这样做，因为只有真正需要将数据共享出去的时候才需要创建内容提供者，如果仅仅用于程序内部访问数据，就没有必要使用。

关键知识点测评

1. 关于 ContentValues 类说法正确的是（　　）。
   A. 它和 Hashtable 比较类似，也是负责存储一些键值对，但是存储的键值对当中的键是 String 类型，而值都是基本类型
   B. 它和 Hashtable 比较类似，也是负责存储一些键值对，但是存储的键值对当中的键是任意类型，而值都是基本类型
   C. 它和 Hashtable 比较类似，也是负责存储一些键值对，但是存储的键值对当中的键可以为空，而值都是 String 类型
   D. 它和 Hashtable 比较类似，也是负责存储一些键值对，但是存储的键值对当中的键是 String 类型，而值也是 String 类型

2. 在多个应用中读取共享存储数据时，需要用到的 query() 方法是（　　）对象的方法。
   A. ContentResolver　　　　　　　B. ContentProvider
   C. Cursor　　　　　　　　　　　D. SQLiteHelper

3. 为什么要用 ContentProvider？它和 SQL 的实现有什么差别？

第11章

传感器编程

■ 传感器是一种物理装置或生物器官，能够探测、感受外界的信号、物理条件（如光、热、湿度）或化学组成（如烟雾），并将探知的信息传递给其他装置或器官。国家标准 GB7665—87 对传感器的定义：能感受规定的被测量并按照一定的规律转换成可用信号的器件或装置，通常由敏感元件和转换元件组成。传感器是一种检测装置，能感受被测量的信息，并能将检测感受到的信息按一定规律转换成为电信号或其他所需形式的信息输出，以满足信息的传输、处理、存储、显示、记录和控制等要求。它是实现自动检测和自动控制的首要环节。

11.1 传感器简介

1. 传感器的分类

可以从不同的角度对传感器进行分类，如按转换原理（传感器工作的基本物理或化学效应）、用途、输出信号类型及制作材料和工艺等进行分类。

根据工作原理，传感器可分为物理传感器和化学传感器两大类。物理传感器应用的是物理效应，诸如压电效应、磁致伸缩现象、离化、极化、热电、光电、磁电等效应，被测信号量的微小变化都将转换成电信号；化学传感器包括那些以化学吸附、电化学反应等现象为因果关系的传感器，被测信号量的微小变化也将转换成电信号。

大多数传感器是以物理原理为基础运作的。化学传感器的技术问题较多，例如可靠性问题、规模生产的可能性、价格问题等，解决了这些问题，化学传感器的应用将会更广泛。而有些传感器既不能划分为物理类，也不能划分为化学类。

2. Android 系统所支持的传感器类型

Android 传感应器 Android Sensor 是一款能够展示当前手机状态的应用，包括硬件信息、当前位置、加速计、陀螺仪、光感、磁场、定向、电池窗台、声压，同时还可以进行多点触控的测试。

大多数 Android 设备都会内置传感器，用来测量运动、旋转和环境条件（重力、温度、湿度等）。这些传感器可以将采集到的高精度的数据上报给应用程序。我们可以将传感器看成应用程序的外延，帮助我们设计出更加丰富和多元化的应用。Android 系统所支持的传感器类型如表 11-1 所示。

表 11-1 传感器类型表

传感器类型	对应值	传感器名称
TYPE_ACCELEROMETER	1	加速度
TYPE_MAGNETIC_FIELD	2	磁力
TYPE_ORIENTATION	3	方向
TYPE_GYROSCOPE	4	陀螺仪
TYPE_LIGHT	5	光线感应
TYPE_PRESSURE	6	压力
TYPE_TEMPERATURE	7	温度
TYPE_PROXIMITY	8	临近
TYPE_GRAVITY	9	重力
TYPE_GRAVITY	10	线性加速度

3. 传感器坐标系统

通常情况，传感器框架使用标准的 3 轴坐标系统来表达数据值。对于大多数传感器，坐标系统是相对于设备被保持在默认方向时的设备的屏幕来定义的，如图 11-1 所示。当设备被保持在默认方向时，x 轴水平向右、y 轴垂直向上、z 轴指向屏幕面板的外部。在这个系统中，背对着屏幕的 z 轴坐标是负值。该坐标系统被加速度传感器、重力传感器、陀螺仪、线性加速度传感器、磁力仪传感器使用。

图 11-1　传感器坐标　　　传感器坐标系统

要理解的最重要的一点是，在设备屏幕的方向发生变化时，坐标系统的各坐标轴不会发生变化，也就是说，传感器的坐标系统不会因设备的移动而改变。这种行为与 OpenGL 坐标系统的行为相同。

另外要理解的一点是，应用程序不要假设设备的自然（默认）方向是纵向的。很多平板设备的自然方向是横向的。传感器坐标系统总基于设备的自然方向。

4．Android 传感器的常用类和接口

传感器属于 Android 应用的外延，Android 应用不能直接对传感器进行操作。Android 对硬件的操作进行了封装，提供了一些类和接口。我们通过类和接口来调用方法可以获取传感器上报的数据。Android 传感器开发中常用的类和接口有 SensorManager、SensorEventListener、Sensor、SensorEvent。类和接口的作用如表 11-2 所示。

表 11-2　Android 传感器类和接口的作用

类或接口	作　　用
SensorManager	（1）获取手机内置传感器列表 （2）注册指定传感器监听器 （3）注销监听器
Sensor	（1）用来表示一个传感器的类 （2）设置传感器的能力
SensorEvent	用来封装传感器上报数据的类
SensorEventListener	用来监听传感器上报数据的监听器接口

5．Android 传感器的功能

要在 Android 中使用传感器，首先要了解 SensorManager 和 SensorEventListener。顾名思义，SensorManager 就是所有传感器的一个综合管理类，包括了传感器的种类、采样率、精准度等。可以通过 getSystemService() 方法来获取一个 SensorManager 对象，代码如下。

```
mSensorManager = (SensorManager) getSystemService(SENSOR_SERVICE);
```

取得 SensorManager 对象之后，可以通过 getSensorList() 方法来获取我们所需的传感器类型，保存到一个传感器列表中，代码如下。

```
List<Sensor> sensors = mSensorManager.getSensorList(Sensor.TYPE_ALL);
```

SensorManager 还有很多的常量及一些常用的方法，常用的方法如表 11-3 所示。

表 11-3　SensorManager 常用方法

方　　法	说　　明
getDefaultSensor	得到默认的传感器对象
getInclination	得到地磁传感器倾斜角的弧度
getOrientation	得到设备的旋转方向
getSensorList	得到指定传感器的列表

要与传感器进行交互，应用程序必须注册以侦听与一个或多个传感器相关的活动。Android 提供了 registerListener 来注册一个传感器，并提供了 unregisterListener 来卸载一个传感器。registerListener()方法包括 3 个参数：第一个参数是接收信号的 Listener 实例；第二个参数是想接收的传感器类型的列表（上一步创建的 List<Sensor>对象）；第三个参数为接收频度。调用后返回一个 boolean 型的值，true 表示成功，false 表示失败。若不再使用，需进行卸载。代码如下。

```
//注册传感器
Boolean mRegisteredSensor = mSensorManager.registerListener
            (this, sensor, SensorManager.SENSOR_DELAY_FASTEST);
//卸载传感器
mSensorManager.unregisterListener(this);
```

常见传感器 values
数组的意义

其中，SensorEventListener 是所使用传感器的核心部分，包括以下两个必须实现的方法。

➢ onSensorChanged(SensorEvent event)方法在传感器值更改时调用。该方法只被受此应用程序监视的传感器调用。参数包括一个 SensorEvent 对象。该对象包括一组浮点数，表示传感器获得的方向、加速度等信息。代码如下，可以取得其值。

```
float x = event.values[SensorManager.DATA_X];
float y = event.values[SensorManager.DATA_Y];
float z = event.values[SensorManager.DATA_Z];
```

➢ onAccuracyChanged(Sensor sensor,int accuracy)方法在传感器的精准度发生改变时调用。参数包括两个整数：一个表示传感器，另一个表示该传感器新的准确值。

11.2　常用传感器

11.2.1　方向传感器

一般情况下，Android 系统中对应的字段常量是 TYPE_ORIENTATION。方向传感器中，values 变量的 3 个值都表示度数，它们的含义如下。

values[0]：该值表示方位，也就是手机绕着 z 轴旋转的角度。0 表示北（North）；90 表示东（East）；180 表示南（South）；270 表示西（West）。如果 values[0]的值正好是这 4 个值，并且手机是水平放置，表示手机的正前方就是这 4 个方向。电子罗盘就是利用这个特性来实现的。

values[1]：该值表示倾斜度，或手机翘起的程度。当手机绕着 x 轴倾斜时该值发生变化。values[1]的取值范围是[−180,180]。假设将手机屏幕朝上水平放在桌子上，这时如果桌子是完全水平的，values[1]的值应该是 0（由于很少有桌子是绝对水平的，因此，该值很可能不为 0，但一般都是-5~5之间的某个值)。

values[2]：表示手机沿着 y 轴的滚动角度。取值范围是[-90,90]。假设将手机屏幕朝上水平放在桌面上，这时如果桌面是平的，values[2]的值应为 0。将手机左侧逐渐抬起时，values[2]的值逐渐变小，直到手机垂直于桌面放置，这时 values[2]的值是-90。将手机右侧逐渐抬起时，values[2]的值逐渐增大，直到手机垂直于桌面放置，这时 values[2]的值是 90。在垂直位置时继续向右或向左滚动，values[2]的值会继续在-90~90 之间变化。

11.2.2 磁力传感器

磁力传感器简称为 M-sensor，Android 中对应的字段常量是 TYPE_MAGNETIC_FIELD。该传感器主要读取的是磁场的变化，通过该传感器便可开发出指南针、罗盘等磁场应用，返回 x、y、z 三轴的环境磁场数据。该数值的单位是微特斯拉（micro-Tesla），用 uT 表示，单位也可以是高斯（Gauss）。

values[1]：该值表示 x 方向的磁场分量。
values[2]：该值表示 y 方向的磁场分量。
values[3]：该值表示 z 方向的磁场分量。

11.2.3 温度传感器

温度传感器返回当前的温度，Android 中对应的字段常量是 TYPE_TEMPERATURE。此传感器返回值中只有一个值表示当前温度，单位是摄氏度。values[0]表示当前温度。

11.2.4 加速度传感器

加速度传感器用来测量加速度，Android 中对应的字段常量是 TYPE_ACCELEROMETER，在该传感器上获取的 values 变量的 3 个元素值分别表示 x、y、z 轴的加速值。例如，水平放在桌面上的手机从左侧向右侧移动，values[0]为负值；从右向左移动，values[0]为正值。读者可以通过本节的例子来体会加速传感器中的值的变化。

values[1]：该值表示 x 方向的加速度分量。
values[2]：该值表示 y 方向的加速度分量。
values[3]：该值表示 z 方向的加速度分量。

11.2.5 光线传感器

光线传感器用来测量当前环境的光线，Android 中对应的字段常量是 TYPE_LIGHT。values 数组只有第一个元素（values[0]）有意义，表示光线的强度，最大的值是 120000.0f。Android SDK 将光线强度分为不同的等级，每一个等级的最大值由一个常量表示，这些常量都定义在 SensorManager 类中，代码如下。

```
public static final float LIGHT_SUNLIGHT_MAX =120000.0f;
public static final float LIGHT_SUNLIGHT=110000.0f;
public static final float LIGHT_SHADE=20000.0f;
public static final float LIGHT_OVERCAST= 10000.0f;
public static final float LIGHT_SUNRISE= 400.0f;
public static final float LIGHT_CLOUDY= 100.0f;
```

```
public static final float LIGHT_FULLMOON= 0.25f;
public static final float LIGHT_NO_MOON= 0.001f;
```

上面的 8 个常量只是临界值。读者在实际使用光线传感器时要根据实际情况确定一个范围。例如，当太阳逐渐升起时，values[0]的值很可能会超过 LIGHT_SUNRISE；当 values[0]的值逐渐增大时，就会逐渐越过 LIGHT_OVERCAST，而达到 LIGHT_SHADE。当然，如果天气特别好的话，也可能会达到 LIGHT_SUNLIGHT，甚至更高。

11.3 传感器开发步骤

所有的程序开发都有一定的逻辑和步骤，传感器的开发也不例外，传感器开发共有 3 个步骤。下面以加速度传感器为例来演示传感器开发的 3 个具体步骤。

（1）获取传感器管理器对象、传感器对象，具体代码如下。

```
//获取传感器管理器 SensorManager
SensorManager sm = (SensorManager) getSystemService(Context.SENSOR_SERVICE);
//获取加速度传感器 Sensor
Sensor accelerometerSensor = sm.getDefaultSensor(Sensor.TYPE_ACCELEROMETER);
```

（2）定义传感器事件，获取响应数据，具体代码如下。

```
//定义传感器事件监听器
SensorEventListener accelerometerListener = new SensorEventListener() {
    //当Sensor上报的数据发生改变时，onSensorChanged被调用
    public void onSensorChanged(SensorEvent event) {
        //上报的数据会保存在values属性中
        float x = event.values[SennsorManager.DATA_X];
        float y = event.values[SennsorManager.DATA_Y];
        float z = event.values[SennsorManager.DATA_Z];
        //x、y、z变量是从加速度传感器获取的数据
    }
    //当Sensor精度被改变时，onAccuracyChanged被调用
    public void onAccuracyChanged(Sensor sensor, int accuracy) {
    }
}, mSensor, SensorManager.SENSOR_DELAY_NORMAL, null);
```

（3）注册（应用）传感器事件，具体代码如下。

```
//在传感器管理器中注册监听器
mSensorManager.registerListener(accelerometerListener, accelerometerSensor, SensorManager.SENSOR_DELAY_NORMAL);
```

11.4 开发案例

下面我们将通过两个开发案例来练习传感器的开发使用。

案例一：光线传感器的应用。

需求：在手机屏幕上实时显示当前环境的光线的强弱值。

效果图如图 11-2 所示。

布局文件里只有一个 TextView，非常简单，这里就不再粘贴代码，具体实现的 Java 代码如下。

图 11-2　光线传感器

```
public class MainActivity extends Activity {
    TextView textview;
    @Override
    protected void onCreate(Bundle savedInstanceState) {
```

```java
        super.onCreate(savedInstanceState);
        setContentView(R.layout.activity_main);
        textview = (TextView) findViewById(R.id.textview);
        /**
         * 需求：获取特定传感器上的上报数据
         * 1.获取特定的传感器
         * 2.给传感器设置监听
         * 3.获取上报数据
         **/
        //获取特定的传感器:通过管理器找到特定的传感器
        SensorManager sm = (SensorManager) getSystemService(SENSOR_SERVICE);
        //获取光传感器
        Sensor lightSensor = sm.getDefaultSensor(Sensor.TYPE_LIGHT);
        //给传感器注册监听器
        /**
         * 第一个参数：传感器的监听器
         * 第二个参数：给哪个传感器设置监听
         * 第三个参数：采样率，即多久进行一次采样
         **/
        sm.registerListener(new MyListener(), lightSensor, SensorManager.SENSOR_DELAY_NORMAL);
    }
    /**
     * 传感器的监听器，可以监听传感器的数据变化，上报数据
     **/
    class MyListener implements SensorEventListener{
        /**
         * 传感器上报数据发生变化时调用的方法
         **/
        @Override
        public void onSensorChanged(SensorEvent event) {
            //获取上报数据的数组，在光线传感器中只有一个values[0],代表了当前光线强度
            float[] values = event.values;
            textview.setText("当前光线为："+values[0]);
        }
        /**
         * 传感器精度发生变化时调用的方法
         **/
        @Override
        public void onAccuracyChanged(Sensor sensor, int accuracy) {
            // TODO Auto-generated method stub
        }
    }
}
```

上述代码进行了详细的注释，相信读者不难看懂，还需要读者多做练习。

案例二：指南针应用开发。

需求：利用方向传感器做一个指南针应用，当手机朝向发生改变时，N极指针发生相应的偏转角度。

效果图如图11-3所示。

实现如上效果的布局文件代码如下。

```xml
<RelativeLayout xmlns:android="http://schemas.android.com/apk/res/android"
    xmlns:tools="http://schemas.android.com/tools"
    android:layout_width="match_parent"
```

图11-3 指南针

```xml
        android:layout_height="match_parent"
        android:paddingBottom="@dimen/activity_vertical_margin"
        android:paddingLeft="@dimen/activity_horizontal_margin"
        android:paddingRight="@dimen/activity_horizontal_margin"
        android:paddingTop="@dimen/activity_vertical_margin"
        tools:context=".MainActivity" >
    <ImageView
        android:id="@+id/znzImage"
        android:layout_width="fill_parent"
        android:layout_height="fill_parent"
        android:scaleType="fitCenter"
        android:src="@drawable/znz" />
</RelativeLayout>
```

具体实现的 Java 代码如下。

```java
public class MainActivity extends Activity implements SensorEventListener {
    // 定义显示指南针的图片
    ImageView znzImage;
    // 记录指南针图片转过的角度
    float currentDegree = 0f;
    // 定义Sensor管理器
    SensorManager mSensorManager;
    @Override
    protected void onCreate(Bundle savedInstanceState) {
        super.onCreate(savedInstanceState);
        setContentView(R.layout.activity_main);
        // 获取界面中显示指南针的图片
        znzImage = (ImageView) findViewById(R.id.znzImage);
        // 获取传感器管理服务
        mSensorManager = (SensorManager) getSystemService(SENSOR_SERVICE);
    }
    @Override
    protected void onResume() {
        super.onResume();
        // 为系统的方向传感器注册监听器
        mSensorManager.registerListener(this,
                mSensorManager.getDefaultSensor(Sensor.TYPE_ORIENTATION),
                SensorManager.SENSOR_DELAY_GAME);
    }
    @Override
    protected void onPause() {
        super.onPause();
        // 取消注册
        mSensorManager.unregisterListener(this);
    }
    @Override
    protected void onStop() {
        // 取消注册
        mSensorManager.unrpegisterListener(this);
        super.onStop();
    }
    @Override
    public void onSensorChanged(SensorEvent event) {
        // 获取触发event的传感器类型
        int sensorType = event.sensor.getType();
        switch (sensorType) {
```

```
            case Sensor.TYPE_ORIENTATION:
                // 获取绕z轴转过的角度
                float degree = event.values[0];
                // 创建旋转动画（反向转过degree度）
                RotateAnimation ra = new RotateAnimation(currentDegree, -degree,
                        Animation.RELATIVE_TO_SELF, 0.5f,
                        Animation.RELATIVE_TO_SELF, 0.5f);
                // 设置动画的持续时间
                ra.setDuration(200);
                // 运行动画
                znzImage.startAnimation(ra);
                currentDegree = -degree;
                break;
        }
    }
    @Override
    public void onAccuracyChanged(Sensor sensor, int accuracy) {
    }
}
```

11.5 本章小结

　　Android 系统的特殊之处之一就是支持传感器，通过传感器可以获取手机设备运行的外界信息，包括手机运行的加速度、手机所处的环境温度等。本章主要介绍了如何获取 Android 传感器和获取传感器的上报数据及数据所表示的意义。读者需要掌握 Android 中的传感器（如加速度传感器、方向传感器、磁力传感器、温度传感器等常见传感器）的用法。

关键知识点测评

1. 以下有关 Android 传感器上报数据的说法，正确的是（　　）。
   A. 所有传感器上报数据的 values 值都有 3 个变量
   B. values 中的数据通过 SensorEvent 类进行获取
   C. 加速度传感器在 z 轴上的数据是 values[3]
   D. 光线传感器和温度传感器都只有一个 values[0]
2. 以下有关 Android 传感器的叙述，不正确的一个是（　　）。
   A. Sensor.TYPE_GYROSCOPE 为地磁传感器
   B. 通过 getSystemService()方法来获取一个 SensorManager 对象
   C. 传感器不再使用时需进行卸载
   D. SensorManager 通过 getOrientation 获取设备旋转方向
3. 完成本章中的加速度传感器的实现。

第12章

网络编程

■ 第 11 章主要介绍了传感器的一些应用开发技术。本章介绍 Android 网络编程。

12.1　网络技术简介

手机的确给我们带来了不少方便，1995 年问世的第一代（1G）模拟制式手机还只能进行语音通话；1996—1997 年出现的第二代（2G）GSM、CDMA 等数字制式手机增加了接收数据（如接收电子邮件或网页）等功能；而 2012 年诞生的 4G 手机，其功能更是让人眼花缭乱，比如高速的无线宽带上网、视频通话、无线搜索、手机音乐、手机网游等。无线网络发展的速度也非常迅猛。有了无线网络的支持，我们就不必受时间和空间的限制，就可以随时随地进行数据交换，浏览 Internet，第一时间获知新闻。随着人们知识水平的提高，生活圈也越来越广，人们更需要网络的帮助来处理一些事务，比如手机炒股、手机证券、手机银行、手机地图等，而在 Android 中，掌握了网络通信便可以开发出这些优秀的网络应用。

在前面的学习中，已经了解到 Android 出色的界面设计及强大的数据管理功能。除了这些强大的功能外，Android 在网络通信方面也非常优秀。例如，我们可以很轻松地使用 Android 自带的浏览器来访问网页，如图 12-1 所示。

Android 基于 Linux 内核，包含一组优秀的联网功能，这些只是 Android 自带的一些功能，它们是开源软件，大家可以学习研究。目前，Android 平台有 3 种网络接口可以使用，它们分别是 java.net.*（标准 Java 接口）、org.apache（Apache 接口）和 android.net.*（Android 网络接口）。

图 12-1　Android 自带浏览器访问网页

12.2　获取手机联网状态

Android 提供了 Apache HttpClient 库用于网络访问。同时，我们也可以使用 Java 中的网络库来访问网络，但 Android 也会将其转换成 Apache HttpClient 库来使用。对于 Android 2.2 以上版本，Android 提供了 android.net.AndroidHttpClient 类用于网络访问，它支持 SSL 连接，并针对 Gzip 压缩做了优化。

获取手机联网状态

另外，要让应用可以访问网络，必须赋予 android.permission.INTERNET 的权限。还需要注意，如果访问本地（localhost），应该使用 10.0.2.2 这个 IP，否则这里的 localhost 会被 Android 当成它本身。

对于网络状态，可以通过 Android 提供的 ConnectivityManager 来判断。ConnectivityManager 的主要作用如下：

（1）监控网络连接（Wi-Fi、GPRS、UMTS 等）；

（2）当网络连接状态发生改变时，发送广播消息；

（3）在连接中断的时候试图转移到其他网络连接；

（4）给应用提供一个查询网络状态是否可用的 API——可以提供粗粒或者细粒的消息。

NetworkInfo 的使用如下：

（1）通过 NetworkInfo 可以得到当前所使用的网络类型，例如 Wi-Fi 或者 mobile；

（2）另外还可以通过这个类得到当前的网络状态，如图 12-2 所示。

实现代码如下：

```
ConnectivityManager connec = (ConnectivityManager)getSystemService(Context.CONNECTIVITY_SERVICE);
    NetworkInfo info = connec.getActiveNetworkInfo();
    if(info==null){
    tv1.setText(tv1.getText()+"没有联网");
    }else{
    tv1.setText(tv1.getText()+"已经联网");
    tv2.setText(tv2.getText()+info.getTypeName());
    }
```

这里还需要注意的是，需要在 Androidmanifest.xml 中添加权限。

android.permission.ACCESS_NETWORK_STATE

获取手机状态应用程序的效果图如图 12-3 所示。

图 12-2　NetworkInfo 使用示例　　　　图 12-3　手机状态应用效果图

WebView 的使用

12.3　WebView 的使用

WebView（网络视图）能加载显示网页，可以将其视为一个浏览器。它使用 WebKit 渲染引擎加载显示网页。

下面是具体例子，在 ManiActivity.java 中的代码如下。

```java
public class MainActivity extends Activity {
    private EditText editText;
    private WebView webView;
    @Override
    protected void onCreate(Bundle savedInstanceState) {
        super.onCreate(savedInstanceState);
        setContentView(R.layout.activity_main);
        editText = (EditText) findViewById(R.id.editText1);
        Button button = (Button) findViewById(R.id.button1);
        webView = (WebView) findViewById(R.id.webView1);
        button.setOnClickListener(new OnClickListener() {
            @Override
            public void onClick(View v) {
                // TODO Auto-generated method stub
                //获取输入的字符串（网址）
                webView.loadUrl("http://" + editText.getText().toString());
            }
        });
        //设置WebViewClient客户端，通过WebViewClient中的回调方法实现客户端的行为
        webView.setWebViewClient(new WebViewClient() {
```

```java
            @Override
            public boolean shouldOverrideUrlLoading(WebView view, String url) {
                // TODO Auto-generated method stub
                //状态URL对应的网页
                view.loadUrl(url);
                return false;
            }
        });
    }
    @Override
    public boolean onKeyDown(int keyCode, KeyEvent event) {
        // TODO Auto-generated method stub
        if (keyCode == KeyEvent.KEYCODE_BACK && webView.canGoBack()) {
            webView.goBack();
        } else {
            finish();
        }
        return false;
    }
}
```

在 Androidmanifest.xml 中添加权限之后的代码如下。

```xml
<?xml version="1.0" encoding="utf-8"?>
<manifest xmlns:android="http://schemas.android.com/apk/res/android"
    package="com.example.mywebveiw"
    android:versionCode="1"
    android:versionName="1.0" >

    <uses-sdk
        android:minSdkVersion="10"
        android:targetSdkVersion="10" />

    <uses-permission android:name="android.permission.INTERNET" />

    <application
        android:allowBackup="true"
        android:icon="@drawable/ic_launcher"
        android:label="@string/app_name"
        android:theme="@style/AppTheme" >
        <activity
            android:name="com.example.mywebveiw.MainActivity"
            android:label="@string/app_name" >
            <intent-filter>
                <action android:name="android.intent.action.MAIN" />

                <category android:name="android.intent.category.LAUNCHER" />
            </intent-filter>
        </activity>
    </application>

</manifest>
```

应用程序的效果图如图 12-4 所示。

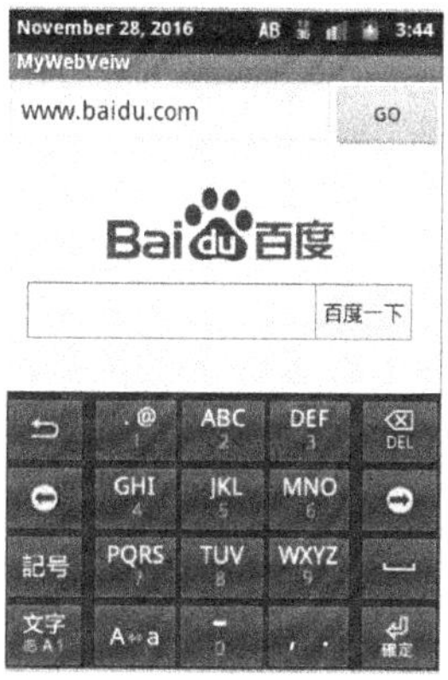

图 12-4 应用程序效果图

12.4 使用 URL 访问网络资源

URL（Uniform Resource Locator，对象代表统一资源定位器）是指向互联网"资源"的指针。资源可以是简单的文件或目录，也可以是对更复杂的对象的引用。通常而言，URL 可以由协议名、主机、端口和资源组成。前面用到过 URI（Uniform Resource Identifiers），其实例代表一个统一资源标识符，我们可以将 URL 理解成 URI 的特例。

URL 提供了如下方法来访问资源。

（1）ringgetFile()：获取此 URL 的资源名。

（2）StringgetHost()：获取此 URL 的主机名。

（3）StringgetPath()：获取此 URL 的路径部分。

（4）Int getPort()：获取此 URL 的端口号。

（5）StringgetProtocol()：获取此 URL 的协议名称。

下面用一个简单示例来进行演示，读取对应 URL 的图片并显示在界面上，然后下载到本地，代码如下。

```java
public class UrlTestActivity extends Activity {
    private Button connectBtn;
    private ImageView imageView;
    @Override
    protected void onCreate(Bundle savedInstanceState) {
        super.onCreate(savedInstanceState);
        setContentView(R.layout.main);
        connectBtn = (Button) findViewById(R.id.main_btn_connect);
        imageView = (ImageView) findViewById(R.id.main_imageView_show);
        connectBtn.setOnClickListener(new OnClickListener() {
            @Override
            public void onClick(View v) {
                try {
                    URL url = new URL(
                            "http://192.168.1.100:8080/myweb/image.jpg");
                    // 打开该URL对应的资源的输入流
                    InputStream is = url.openStream();
                    // 从InputStream中解析出图片
                    Bitmap bitmap = BitmapFactory.decodeStream(is);
                    // 使用ImageView显示该图片
                    imageView.setImageBitmap(bitmap);
                    is.close();
                    // 再次打开URL对应的资源输入流
                    is = url.openStream();
                    // 打开手机文件对应的输出流
                    OutputStream os = openFileOutput("image.png", MODE_PRIVATE);
                    byte[] by = new byte[1024];
                    int readLength = 0;
                    // 将URL对应的资源下载到本地
                    while ((readLength = is.read(by)) > 0) {
                        os.write(by, 0, readLength);
                    }
                    is.close();
                    os.close();
                } catch (Exception e) {
```

```
                    e.printStackTrace();
                    Toast.makeText(UrlTestActivity.this, "找不到对应URL",
                        Toast.LENGTH_SHORT).show();
                }
            }
        });
    }
}
```
在 Androidmanifest.xml 中添加权限。
`<uses-permission android:name="android.permission.INTERNET"/>`

12.5 使用 HTTP 访问网络

HTTP（Hyper Text Transfer Protocol，超文本传输协议）用于传送 WWW 方式的数据。HTTP 协议采用了请求/响应模型。客户端向服务器发送一个请求，请求头信息包含了请求的方法、URI、协议版本，以及请求修饰符、客户信息和内容类似于 MIME 的消息结构。服务器以一个状态行作为响应，响应的内容包括消息协议的版本、成功或者错误编码，还包含服务器信息、实体元信息以及可能的实体内容。它属于应用层面向对象的协议，其简洁、快速，适用于分布式超媒体信息系统。

很多 HTTP 通信是由用户代理初始化的，并且包括一个在源服务器上申请资源的请求，最简单的情况是在用户代理和服务器之间通过一个单独的连接来完成。在 Internet 上，HTTP 通信通常发生在 TCP/IP 连接之上，默认端口是 TCP 80，但其他的端口也是可用的。这并不预示着 HTTP 在 Internet 或其他网络的其他协议之上才能完成，HTTP 只预示着一个可靠的传输。Android 提供了 HttpURLConnection 和 HttpClient 接口来开发 HTTP 程序。本节我们将分别介绍这两种方式。

12.5.1 使用 HttpURLConnection

HTTP 通信中使用最多的就是 GET 和 POST。GET 请求可以获取静态页面，也可以把参数放在 URL 字串后面，传递给服务器。POST 与 GET 的不同之处在于，POST 的参数不是放在 URL 字串里面，而是放在 HTTP 请求数据中。HttpURLConnection 是 Java 的标准类，继承自 URLConnection 类。URLConnection 与 HttpURLConnection 都是抽象类，无法直接实例化对象。其对象主要通过 URL 的 openConnection()方法获得。创建一个 HttpURLConnection 连接的代码如下：

```
URL url = new URL("http://www.google.com");
HttpURLConnection urlConn = (HttpURLConnection) url.openConnection();
```

OpenConnection()方法只创建 URLConnection 或 HttpURLConnection 实例，但是并不进行真正的连接操作，并且，每次执行 openConnection 时，都将创建一个新的实例。因此，在连接之前可以对其的一些属性进行设置，比如超时时间等。如下代码是对 HttpURLConnection 实例的属性设置。

```
//设置输入/输出流
urlConn.setDoOutput(true);
urlConn.setDoInput(true);
// 设置方式为POST
urlConn.setRequestMethod("POST");
```

```
// POST 请求不能使用缓存
urlConn.setUseCaches(false);
```
在连接完成后关闭连接，代码如下。
```
//关闭HTTP连接
urlConn.disconnect();
```
这里来分别讲解一下 GET、POST 两种方式的编码情况。首先建立一个 GET 和 POST 来传递参数的网页 httpget.jsp，代码如下。
```
<%@ page language="java" import="java.util.*" pageEncoding="gb2312"%>
<HTML>
<HEAD>
<TITLE>Http Test</TITLE>
</HEAD>
<BODY>
<%
String type = request.getParameter ("par") ;
String result = new String(type.getBytes("iso-8859-1"), "gb2312");
out.println (" <h1>parameters : "+result+"</h1>" ) ;
%>
</BODY>
</HTML>
```
httpget.jsp 中要求传递一个 par 参数，然后在网页中显示"parameters: par"，在浏览器中输入"httpget.jsp?par=abcdefg"来访问，则网页中显示为"parameters：abcdefg"。

下面来看一下 GET 方式是如何传递参数的，注意该代码中 URL 地址上的传递参数，代码如下。
```
//HTTP地址"?par=abcdefg"是我们上传的参数
String httpUrl = "http://127.0.0.1:8080/httpget.jsp?par=abcdefg";
//获得的数据
String resultData = "";
URL url = null;
try
{
//构造一个URL对象
url = new URL(httpUrl);
}
catch (MalformedURLException e)
{
Log.e(DEBUG_TAG, "MalformedURLException");
}
if (url != null){
try
{
    //使用HttpURLConnection打开连接
    HttpURLConnection urlConn = (HttpURLConnection)
                                    url.openConnection();
    //得到读取的内容(流)
    InputStreamReader in = new
                    InputStreamReader(urlConn.getInputStream());
    //为输出创建BufferedReader
    BufferedReader buffer = new BufferedReader(in);
    String inputLine = null;
    //使用循环来读取获得的数据
    while (((inputLine = buffer.readLine()) != null))
    {
```

```
                //我们在每一行后面加上一个 "\n" 来换行
                resultData += inputLine + "\n";
            }
            //关闭InputStreamReader
            in.close();
            //关闭HTTP连接
            urlConn.disconnect();
            //设置显示取得的内容
            if ( resultData != null )
            {
                mTextView.setText(resultData);
            }
            else
            {
                mTextView.setText("读取的内容为NULL");
            }
        }
        catch (IOException e)
        {
            Log.e(DEBUG_TAG, "IOException");
        }
    }
    else
    {
        Log.e(DEBUG_TAG, "Url NULL");
    }
```

由于 HttpURLConnection 默认使用 GET 方式，所以如果要使用 POST 方式，则需要 setRequestMethod 进行设置，具体实现代码如下。

```
String httpUrl = "http://127.0.0.1:8080/httpget.jsp";
//获得的数据
String resultData = "";
URL url = null;
try{
//构造一个URL对象
url = new URL(httpUrl);
}
catch (MalformedURLException e)
{
Log.e(DEBUG_TAG, "MalformedURLException");
}
if (url != null) {
try
{
        //使用HttpURLConnection打开连接
        HttpURLConnection urlConn = (HttpURLConnection)
                                    url.openConnection();
        //因为这个是POST请求，需要设置为true
        urlConn.setDoOutput(true);
        urlConn.setDoInput(true);
        //设置以POST方式
        urlConn.setRequestMethod("POST");
        //POST请求不能使用缓存
        urlConn.setUseCaches(false);
        urlConn.setInstanceFollowRedirects(true);
```

```
            //配置本次连接的Content-type,
            //配置为application/x-www-form-urlencoded的
            urlConn.setRequestProperty("Content-Type",
                        "application/x-www-form-urlencoded");
            //连接, postUrl.openConnection()至此的配置必须在connect前完成
            //要注意的是, connection.getOutputStream会隐含地进行连接
            urlConn.connect();
            //DataOutputStream流
            DataOutputStream out = new
                        DataOutputStream(urlConn.getOutputStream());
            //要上传的参数
            String content = "par=" + URLEncoder.encode("ABCDEFG", "gb2312");
            //将要上传的内容写入流中
            out.writeBytes(content);
            //刷新、关闭
            out.flush();
            out.close();
            //获取数据
            BufferedReader reader = new BufferedReader
                        (new InputStreamReader(urlConn.getInputStream()));
            String inputLine = null;
            //使用循环来读取获得的数据
            while (((inputLine = reader.readLine()) != null))
            {
                //我们在每一行后面加上一个"\n"来换行
                resultData += inputLine + "\n";
            }
            reader.close();
            //关闭HTTP连接
            urlConn.disconnect();
            //设置显示取得的内容
            if ( resultData != null )
            {
                mTextView.setText(resultData);
            }
            else
            {
                mTextView.setText("读取的内容为NULL");
            }
        }
        catch (IOException e)
        {
            Log.e(DEBUG_TAG, "IOException");
        }
    }
    else
    {
        Log.e(DEBUG_TAG, "Url NULL");
    }
```

问：若是图片，应该如何显示？

答：连接方式与前面讲的相同，只需将连接之后得到的数据流转换成 Bitmap 即可。

12.5.2 使用 HttpClient

12.5.1 小节中,学习了通过标准 Java 接口来实现 Android 应用的联网操作。这里只是简单地进行了网络的访问,在实际开发中,可能会运用到更复杂的联网操作。Apache 提供了 HttpClient,它对 java.net 中的类做了封装和抽象,更适合我们在 Android 上开发联网应用。

我们先来了解一下关于使用 HttpClient 所用到的一些类。

使用 HttpClient

1. ClientConnectionManager 接口

ClientConnectionManager 是客户端连接管理器接口,它提供以下几个抽象方法,如表 12-1 所示。

表 12-1　ClientConnectionManager 的抽象方法

方　　法	说　　明
CloseConnectionManager	关闭所有无效、超时的连接
closeIdleConnections	关闭空闲的连接
releaseConnection	释放一个连接
requestConnection	请求一个新的连接
shutdown	关闭管理器并释放连接

2. DefaultHttpClient

DefaultHttpClient 是默认的一个 HTTP 客户端,可以使用它创建一个 HTTP 连接,代码如下。

```
HttpClient httpclient=new DefaultHttpClient();
```

3. HttpResponse

HttpResponse 是一个 HTTP 连接响应。当执行一个 HTTP 连接后,就会返回一个 HttpResponse,可以通过 HttpResponse 获得一些响应的信息。下面是请求一个 HTTP 连接并获得该请求是否成功的代码。

```
HttpResponse httpResponse = httpclient.execute(httpRequest);
if (httpResponse.getStatusLine().getStatusCode() == HttpStatus.SC_OK)
{
    //连接成功
}
```

下面将分别使用 GET 和 POST 方式请求一个网页。

先来看看 HttpClient 中如何使用 GET 方式获取数据,这里需要使用 HttpGet 来构建一个 GET 方式的 HTTP 请求,然后通过 HttpClient 来执行这个请求,HttpResponse 在接收这个请求后给出响应,最后通过 httpResponse.getStatusLine().getStatusCode()来判断请求是否成功并处理。代码如下。

```
// HTTP地址
String httpUrl = "http://127.0.0.1:8080/httpget.jsp?par=HttpClient_android_Get";
//HttpGet连接对象
HttpGet httpRequest = new HttpGet(httpUrl);
```

```
try
{
    //取得HttpClient对象
    HttpClient httpclient = new DefaultHttpClient();
    //请求HttpClient，取得HttpResponse
    HttpResponse httpResponse = httpclient.execute(httpRequest);
    //请求成功
    if (httpResponse.getStatusLine().getStatusCode() == HttpStatus.SC_OK)
    {
        //取得返回的字符串
        String strResult = EntityUtils.toString(httpResponse.getEntity());
        mTextView.setText(strResult);
    }
    else
    {
        mTextView.setText("请求错误!");
    }
}
catch (ClientProtocolException e)
{
    mTextView.setText(e.getMessage().toString());
}
catch (IOException e)
{
    mTextView.setText(e.getMessage().toString());
}
catch (Exception e)
{
    mTextView.setText(e.getMessage().toString());
}
```

POST 方式则比 GET 方式稍微复杂一点。首先使用 HttpPost 来构建一个 POST 方式的请求。代码如下。

```
String httpUrl = "http://127.0.0.1:8080/httpget.jsp";
//HttpPost连接对象
HttpPost httpRequest = new HttpPost(httpUrl);
```

需要使用 Name/ValuePair 来保存要传递的参数，这里可以使用 BasicNameValuePair 来构造一个要被传递的参数，然后通过 add()方法添加这个参数到 Name/ValuePair 中，代码如下。

```
//使用NameValuePair来保存要传递的POST参数
List<NameValuePair> params = new ArrayList<NameValuePair>();
//添加要传递的参数
params.add(new BasicNameValuePair("par", "HttpClient_android_Post"));
```

POST 方式需要设置所使用的字符集。最后就和 GET 方式一样，通过 HttpClient 来请求这个连接，返回响应并处理。代码如下。

```
//设置字符集
HttpEntity httpentity = new UrlEncodedFormEntity(params, "gb2312");
//请求httpRequest
httpRequest.setEntity(httpentity);
//取得默认的HttpClient
HttpClient httpclient = new DefaultHttpClient();
//取得HttpResponse
HttpResponse httpResponse = httpclient.execute(httpRequest);
//HttpStatus.SC_OK表示连接成功
if (httpResponse.getStatusLine().getStatusCode() == HttpStatus.SC_OK)
```

```
{
//取得返回的字符串
String strResult = EntityUtils.toString(httpResponse.getEntity());
mTextView.setText(strResult);
}
else
{
    mTextView.setText("请求错误!");
}
```

12.6　本章小结

本章主要介绍了 Android 平台上网络与通信的开发，主要包括网络通信中常见的 HTTP 和 Socket 通信，以及通信过程中的中文乱码处理方案。在最常用的 HTTP 通信中分别讲述了 HttpURLConnection 和 HttpClient 接口的使用；介绍 Socket 通信时，通过一个简单的示例程序介绍了对 Socket 的综合运用。

关键知识点测评

1. 下面有关 HTTP 通信的说法，不正确的一个是（　　）。
    A. HTTP 采用了请求/响应模式
    B. HttpURLConnection 通过 new()方法来实例化对象
    C. 每次调用 openConnection 都将创建一个新的 URLConnection 实例
    D. HTTP 通信有两种请求方式：GET 和 POST
2. 以下有关 Socket 通信的叙述，正确的一个是（　　）。
    A. 无连接的操作使用数据报协议，确保数据的正确性
    B. Socket socket = new Socket("127.0.0.1",999);
    C. ServerSocket serverSocket = new ServerSocket(9999);
    D. Telnet 服务的端口号为 23
3. 利用 HttpClient 接口实现 GET、POST 两种请求方式。

第13章

多媒体开发

■ Android 的发展之所以风起云涌,其中有一部分原因在于多媒体开发这一方面做得非常出色。Android 提供了一系列的 API,人们可以在程序中调用很多手机的多媒体资源,从而编写出更加丰富多彩的应用程序。本章就对 Android 中一些常用的多媒体功能的使用技巧进行介绍。

13.1 多媒体开发简介

在过去，手机的功能比较单调，只能打电话和发短信。而如今，手机在我们的生活中正扮演着越来越重要的角色，各种娱乐方式都可以在手机上进行。上班的路上太无聊，可以戴着耳机听音乐。外出旅行的时候，可以在手机上看电影。无论走到哪里，遇到喜欢的事物都可以随手拍下来。

众多的娱乐方式少不了强大的多媒体功能的支持，而 Android 在这一方面也做得非常出色。它提供了一系列的 API，使得我们可以在程序中调用很多手机的多媒体资源，从而编写出更加丰富的应用程序。这里我们就将对 Android 中一些常用的多媒体功能的使用技巧进行学习。

多媒体开发简介

Android 提供了常见媒体的编码、解码机制，因此可以非常容易地集成音频、视频等多媒体文件到应用程序中。调用 Android 现有的 API，可以非常容易地实现播放器和摄像机等应用程序。当然，有些需要硬件的支持。通过之前学习的 Activity 和 Intent，我们可以非常直接地来访问这些媒体文件。

播放音频、视频会用到 MediaPlayer 和 JetPlayer 类。文件可以是存储在 Android 应用程序中的资源文件（源文件中）、存储在本地文件系统中的标准媒体文件，还可以是通过网络连接取得的文件流（URL）。

13.2 音频播放

音频播放的可以是源文件、文件系统或网络的数据流数据。

这里我们需要学习的是使用系统提供的 MediaPlayer 来实现音频的播放功能。下面来介绍 MediaPlayer 的常用方法（如表 13-1 所示）及监听函数（如表 13-2 所示）。

音频播放

表 13-1 MediaPlayer 常用方法

方　　法	描　　述
create(Context context,Uri uri)	静态方法，通过 URI 创建一个多媒体播放器
create(Context context,int resid)	静态方法，通过资源 ID 创建一个多媒体播放器
create(Context context,Uri uri, SurfaceHolder holder)	静态方法，通过 URI 和指定 SurfaceHolder（抽象类）来创建一个多媒体播放器
getCurrentPosition()	返回 Int，得到当前播放位置
getDuration()	返回 Int，得到文件的时间
getVideoHeight()	返回 Int，得到视频的高度
getVideoWidth()	返回 Int，得到视频的宽度
isLooping()	返回 boolean，是否循环播放
isPlaying()	返回 boolean，是否正在播放
pause()	无返回值，暂停
prepare()	无返回值，准备同步

续表

方　　法	描　　述
prepareAsync()	无返回值，准备异步
release()	无返回值，释放 MediaPlayer 对象
reset()	无返回值，重置 MediaPlayer 对象
seekTo(int msec)	无返回值，指定播放的位置（以毫秒为单位的时间）
setAudioStreamType(int streamtype)	无返回值，指定流媒体的类型
setDataSource(String path)	无返回值，设置多媒体数据来源（根据路径）
setDataSource(FileDescriptor fd, long offset, long length)	无返回值，设置多媒体数据来源（根据 FileDescriptor）
setDataSource(FileDescriptor fd)	无返回值，设置多媒体数据来源（根据 FileDescriptor）
setDataSource(Context context, Uri uri)	无返回值，设置多媒体数据来源（根据 URI）
setDisplay(SurfaceHolder sh)	无返回值，设置用 SurfaceHolder 来显示多媒体
setLooping(boolean looping)	无返回值，设置是否循环播放
setScreenOnWhilePlaying(boolean screenOn)	无返回值，设置是否使用 SurfaceHolder 显示
setVolume(float leftVolume, float rightVolume)	无返回值，设置音量
start()	无返回值，开始播放
stop()	无返回值，停止播放

表 13-2　MediaPlayer 监听事件

事　　件	描　　述
setOnBufferingUpdateListener(MediaPlayer.OnBufferingUpdateListener listener)	监听事件，网络流媒体的缓冲监听
setOnCompletionListener(MediaPlayer.OnCompletionListener listener)	监听事件，网络流媒体播放结束监听
setOnErrorListener(MediaPlayer.OnErrorListener listener)	监听事件，设置错误信息监听
setOnVideoSizeChangedListener(MediaPlayer.OnVideoSizeChangedListener listener)	监听事件，视频尺寸监听

使用 MediaPlayer 类播放音频时，最简单的一种方式就是从源码中播放。实现该功能需要以下步骤。

（1）将 Android 支持的媒体文件放到项目的 res/raw 文件夹下，如果是一个 MP3 文件，开发环境的内置功能会发现这个文件，并将文件生成一个信息，可以通过 R 类文件引用到这个文件。

（2）创建一个 MediaPlayer 实例，可以使用 MediaPlayer 的静态方法 create() 来完成，读出媒体资源。

（3）调用 MediaPlayer 实例中的 start() 方法开始播放，调用 stop() 方法停止播放，调用 pause() 方法暂停播放。如果暂停后再播放，需要再次调用 start() 方法。如果希望重复播放，需要在调用 start() 之前调用 reset() 和 prepare() 方法。

程序代码如下。

```
//实例化MediaPlayer对象
MediaPlayer mediaPlayer = MediaPlayer.create(this, R.raw.music);
//开始播放
MediaPlayer.start();
```

由上述可知，从源文件中播放是放在 Android 工程中的，在打包发布时被打成 APK 包一起安装到手机上。很显然，这种方式不适合用于播放以娱乐为主的多媒体文件，由于娱乐的多媒体文件经常更新，而放置在 raw 下的文件，用户是没有权限更新的，因此这种方式一般用于应用自己的一些音频的情况，比如按键音、开机启动音和各种音效等。

播放音频时还可以从文件系统中播放，这种方式也是比较常见的一种方式。例如，SD 卡中有一些音频，那么我们就可以直接进行播放。

从文件系统中播放需要完成以下步骤。

（1）实例化一个 MediaPlayer 对象。

（2）调用 setDataSource() 方法来设置想要播放的文件路径，取得播放的媒体文件。

（3）首先调用 prepare()，然后调用 start() 方法进行播放。

程序代码如下。

```
private void play(){
    File sd = Environment.getExternalStorageDirectory();
    //播放路径+歌曲名
    String path = sd.getPath() + "/song name";
    //创建MediaPlayer对象
    MediaPlayer mediaPlayer = new MediaPlayer();
    try {
        //绑定路径
        mediaPlayer.setDataSource(path);
        mediaPlayer.prepare();
        mediaPlayer.start();
    } catch (IOException e) {
        e.printStackTrace();
    }
}
```

从源文件中播放音频文件和从本地文件系统中播放音频视频的差别在于，从源文件中是通过静态方法 MediaPlayer.Create() 获取并绑定音乐的，而从本地文件系统中播放则是首先实例化 MediaPlayer 对象，然后通过 setDataSource() 方法设置播放路径，最后通过调用 prepare() 方法进行预处理。

除了上述两种方法外，还可以播放网络中的音频文件。随着 4G 技术的不断完善和推广，费用不断降低，直接利用网络资源已经不是什么问题了，移动互联网时代已经到来，这里看一下如何通过网络来播放音频文件。

实现该功能有两种方法。

方法一：

（1）创建网络 URI 实例。

（2）创建一个 MediaPlayer 实例，传递 URL 参数，使用 MediaPlayer 的静态方法 create() 绑定路径。

（3）调用 start() 方法开始播放。

```
private void play (){
    //音乐路径
    String path="http://sc.111ttt.com/up/mp3/96387/219A246CD6599AD6748B686B9D9022CB.mp3";
    //将字符串转换成URI实例
    Uri uri = Uri.parse(path);
    MediaPlayer mediaPlayer = MediaPlayer.create(this,uri);
    //播放
    mediaPlayer.start();
}
```

方法二:

(1) 实例化一个 MediaPlayer 对象。

(2) 调用 setDataSource()方法来设置想要播放音频的路径,该路径是网上的可用路径。

(3) 首先调用 prepare()方法,然后调用 start()方法进行播放。

```
private void play2(){
    MediaPlayer mediaPlayer = new MediaPlayer();
    //音乐路径
    String path="http://sc.111ttt.com/up/mp3/96387/219A246CD6599AD6748B686B9D9022CB.mp3";
    try {
        //设置播放源
        mediaPlayer.setDataSource(path);
        //准备播放
        mediaPlayer.prepare();
        //播放
        mediaPlayer.start();
    } catch (IOException e) {
        e.printStackTrace();
    }
}
```

本实例主要是用于播放音乐文件,现在设置一个文本输入框输入需要播放的音乐。

```
import android.view.View;
import android.widget.EditText;

import java.io.File;
import java.io.IOException;

public class MainActivity extends Activity implements View.OnClickListener {
    File sd;
    MediaPlayer mediaPlayer;
    EditText et;
    @Override
    protected void onCreate(Bundle savedInstanceState) {
        super.onCreate(savedInstanceState);
        setContentView(R.layout.activity_main);
        //获取SD卡路径
        sd = Environment.getExternalStorageDirectory();
        findViewById(R.id.button1).setOnClickListener(this);
        findViewById(R.id.button2).setOnClickListener(this);
        findViewById(R.id.button3).setOnClickListener(this);
        findViewById(R.id.button4).setOnClickListener(this);
        et = (EditText) findViewById(R.id.editText);
    }

    private void play(String song){
```

```
        if(mediaPlayer == null){
            mediaPlayer = new MediaPlayer();
        }
        mediaPlayer = new MediaPlayer();
        //播放路径
        String path = sd.getPath() + "/"+song+".mp3";
        try {
            //设置路径
            mediaPlayer.setDataSource(path);
            mediaPlayer.prepare();
            //开始播放
            mediaPlayer.start();
        } catch (IOException e) {
            e.printStackTrace();
        }
    }

    @Override
    public void onClick(View view) {
        if(view.getId() == R.id.button1){
            //判断是否设置歌曲
            if(mediaPlayer != null){
                //判断是否暂停
                if(!mediaPlayer.isPlaying()){
                    mediaPlayer.start();
                }
            }
        }else if(view.getId() == R.id.button2){
            //判断是否设置歌曲
            if(mediaPlayer != null){
                //判断是否真在播放
                if(mediaPlayer.isPlaying()){
                    mediaPlayer.pause();
                }
            }
        }else if(view.getId() == R.id.button3){
            //判断是否设置歌曲
            if(mediaPlayer != null){
                //判断是否真在播放
                if(mediaPlayer.isPlaying()){
                    //停止歌曲
                    mediaPlayer.stop();
                }
                //重置MediaPlayer对象
                mediaPlayer.reset();
            }
        }else if(view.getId() == R.id.button4){
            //如果不是第一次设置,关闭以前打开的歌曲
            if(mediaPlayer != null){
                //判断是否真在播放
                if(mediaPlayer.isPlaying()){
                    //停止歌曲
                    mediaPlayer.stop();
                }
                //重置MediaPlayer对象
```

```
            mediaPlayer.reset();
        }
        if(et.getText().toString().equals("")){
            et.setError("不能为空");
        }else{
            play(et.getText().toString());
            et.setText("");
        }
    }
  }
}
```

视频播放

13.3　视频播放

　　Android 提供了专业化的视图控制 android.widget.VideoView，其可压缩创建并初始化 MediaPlayer。VideoView 类可从各种源（如资源或内容提供者）加载图片，并且可负责从该视频计算其尺寸，以便其可在任何布局管理器中使用。同样，该类还可提供各种显示选项，如缩放比例和着色，可用来显示 SDCard FileSystem 中存在的视频文件或联机存在的文件。如果要添加 VideoView 控件，res 文件夹中存在的布局文件将可能出现如下情况。

```
<LinearLayout xmlns:android="http://schemas.android.com/apk/res/android"
    android:orientation="vertical"
    android:layout_width="fill_parent"
    android:layout_height="fill_parent">
<VideoView
    android:id="@+id/videoView"
    android:layout_width="fill_parent"
    android:layout_height="fill_parent"/>
</LinearLayout>
```

　　播放视频和播放音乐采用的都是 MediaPlayer 类，所以音乐播放时从源文件、文件系统和网络中播放的所有实例在这里都适用。这里不再重复。下面以一个例子来区分播放视频和音频，代码如下。

```
//获得视频播放控件VideoView的引用
VideoView videoView = (VideoView)this.findViewById(R.id.videoView);
//创建MediaController对象
MediaController mc = new MediaController(this);
//把MediaPlayer对象和视频播放控件绑定
videoView.setMediaController(mc);
//设置SD卡路径
videoView.setVideoURI(Uri.parse("file:///sdcard/samplemp4.mp4"));
OR
//设置网络路径
videoView.setVideoURI(Uri.parse("http://www.xyz.com/../sample3gp.3gp"));
videoView.requestFocus();
//开始播放视频
videoView.start();
```

　　从文件系统播放视频，设置视频路径。此处指定了文件系统的路径。使用 Uri.parse(String path)静态方法将该字符串转换为 URI。从网页播放视频的操作与从文件系统播放视频的操作相同，唯一的区别就是路径。此处的路径指向网站。

视频播放实例的代码如下。

```java
package demo.camera;
import java.io.IOException;
import android.app.Activity;
import android.media.MediaPlayer;
import android.media.MediaPlayer.OnCompletionListener;
import android.media.MediaPlayer.OnErrorListener;
import android.media.MediaPlayer.OnInfoListener;
import android.media.MediaPlayer.OnPreparedListener;
import android.media.MediaPlayer.OnSeekCompleteListener;
import android.media.MediaPlayer.OnVideoSizeChangedListener;
import android.os.Bundle;
import android.os.Environment;
import android.util.Log;
import android.view.Display;
import android.view.SurfaceHolder;
import android.view.SurfaceView;
import android.widget.LinearLayout;
public class VideoSurfaceDemo extends Activity implements OnCompletionListener,OnErrorListener,
OnInfoListener, OnPreparedListener, OnSeekCompleteListener,OnVideoSizeChangedListener,SurfaceHolder.
Callback{
    private Display currDisplay;
    private SurfaceView surfaceView;
    private SurfaceHolder holder;
    private MediaPlayer player;
    private int vWidth,vHeight;
    //private boolean readyToPlay = false;

    public void onCreate(Bundle savedInstanceState){
        super.onCreate(savedInstanceState);
        this.setContentView(R.layout.video_surface);

        surfaceView = (SurfaceView)this.findViewById(R.id.video_surface);
        //给SurfaceView添加CallBack监听
        holder = surfaceView.getHolder();
        holder.addCallback(this);
        //为了可以播放视频或者使用Camera预览,我们需要指定其Buffer类型
        holder.setType(SurfaceHolder.SURFACE_TYPE_PUSH_BUFFERS);

        //下面开始实例化MediaPlayer对象
        player = new MediaPlayer();
        player.setOnCompletionListener(this);
        player.setOnErrorListener(this);
        player.setOnInfoListener(this);
        player.setOnPreparedListener(this);
        player.setOnSeekCompleteListener(this);
        player.setOnVideoSizeChangedListener(this);
        Log.v("Begin:::", "surfaceDestroyed called");
        //然后指定需要播放文件的路径,初始化MediaPlayer
        String dataPath = Environment.getExternalStorageDirectory().getPath()+"/Test_Movie.m4v";
        try {
            player.setDataSource(dataPath);
            Log.v("Next:::", "surfaceDestroyed called");
        } catch (IllegalArgumentException e) {
            e.printStackTrace();
```

```java
        } catch (IllegalStateException e) {
            e.printStackTrace();
        } catch (IOException e) {
            e.printStackTrace();
        }

        //然后，我们取得当前Display对象
        currDisplay = this.getWindowManager().getDefaultDisplay();
}

@Override
public void surfaceChanged(SurfaceHolder arg0, int arg1, int arg2, int arg3) {
    //当Surface尺寸等参数改变时触发
    Log.v("Surface Change:::", "surfaceChanged called");
}

@Override
public void surfaceCreated(SurfaceHolder holder) {
    //当SurfaceView中的Surface被创建的时候被调用
    //在这里我们指定MediaPlayer在当前的Surface中进行播放
    player.setDisplay(holder);
    //在指定了MediaPlayer播放的容器后，就可以使用prepare或者prepareAsync来准备播放了
    player.prepareAsync();

}

@Override
public void surfaceDestroyed(SurfaceHolder holder) {
    Log.v("Surface Destroy:::", "surfaceDestroyed called");
}

@Override
public void onVideoSizeChanged(MediaPlayer arg0, int arg1, int arg2) {
    //当video大小改变时触发
    //这个方法在设置player的source后至少触发一次
    Log.v("Video Size Change", "onVideoSizeChanged called");
}

@Override
public void onSeekComplete(MediaPlayer arg0) {
    // seek操作完成时触发
    Log.v("Seek Completion", "onSeekComplete called");
}

@Override
public void onPrepared(MediaPlayer player) {
    //当prepare完成后，该方法触发，在这里我们播放视频

    //首先取得video的宽和高
    vWidth  = player.getVideoWidth();
    vHeight = player.getVideoHeight();

    if (vWidth > currDisplay.getWidth() || vHeight > currDisplay.getHeight()) {
        //如果video的宽或者高超出了当前屏幕的大小，则要进行缩放
        float wRatio = (float)vWidth/(float)currDisplay.getWidth();
        float hRatio = (float)vHeight/(float)currDisplay.getHeight();
```

```java
            //选择大的一个进行缩放
            float ratio = Math.max(wRatio, hRatio);

            vWidth = (int)Math.ceil((float)vWidth/ratio);
            vHeight = (int)Math.ceil((float)vHeight/ratio);

            //设置surfaceView的布局参数
            surfaceView.setLayoutParams(new LinearLayout.LayoutParams(vWidth, vHeight));

            //然后开始播放视频

            player.start();
        }
    }

    @Override
    public boolean onInfo(MediaPlayer player, int whatInfo, int extra) {
        //当一些特定信息出现或者警告时触发
        switch(whatInfo){
        case MediaPlayer.MEDIA_INFO_BAD_INTERLEAVING:
            break;
        case MediaPlayer.MEDIA_INFO_METADATA_UPDATE:
            break;
        case MediaPlayer.MEDIA_INFO_VIDEO_TRACK_LAGGING:
            break;
        case MediaPlayer.MEDIA_INFO_NOT_SEEKABLE:
            break;
        }
        return false;
    }

    @Override
    public boolean onError(MediaPlayer player, int whatError, int extra) {
        Log.v("Play Error:::", "onError called");
        switch (whatError) {
        case MediaPlayer.MEDIA_ERROR_SERVER_DIED:
            Log.v("Play Error:::", "MEDIA_ERROR_SERVER_DIED");
            break;
        case MediaPlayer.MEDIA_ERROR_UNKNOWN:
            Log.v("Play Error:::", "MEDIA_ERROR_UNKNOWN");
            break;
        default:
            break;
        }
        return false;
    }

    @Override
    public void onCompletion(MediaPlayer player) {
        //当MediaPlayer播放完成后触发
        Log.v("Play Over:::", "onComletion called");
        this.finish();
    }
}
```

13.4 调用摄像头

在生活中，除了听音乐看视频外，拍照也已经是人们的必备技能了，Android 也提供了手机拍照功能的 API。要使用 Android 系统进行拍照，使用到的类很多，具体介绍如下。

- SurfaceView：该类是一个视图控件，需要在布局文件中添加，提供拍照的预览功能。
- SurfaceHolder：一个抽象接口，是 SurfaceView 支持类，用于控制界面尺寸和格式、编辑界面的像素，以及监控界面尺寸变化。
- SurfaceHolder.Callback：SurfaceHolder 的一个内部接口，可以实现该接口获取界面改变信息。该接口中有 3 个方法：surfaceCreated()方法在界面创建时调用，一般在该方法中打开相机并设置预览；surfaceChanged()方法在界面尺寸发生改变时调用，一般在该方法中设置相机参数；surfaceDestroyed()方法在界面被注销时调用，该方法一般用于清除相机实例，释放资源。
- Camera：相机类，实现拍照功能。
- Camera.PictureCallback：Camera 的一个内部接口，处理照片准备好后回调。

通过上面的类的介绍，可以实现一个拍照程序了。下面是程序的实现步骤。

（1）创建一个 Android 工程，在工程 MainActivity.Java 中声明 SurfaceView、SurfaceHolder 和 Camera 对象，代码如下。

```java
public class MainActivity extends Activity {
    private SurfaceView surfaceView;
    private Camera camera;
    private boolean isPreview;
    @Override
    protected void onCreate(Bundle savedInstanceState) {
        super.onCreate(savedInstanceState);
        setContentView(R.layout.activity_main);
    }
```

（2）在 main_activity.xml 布局中添加 SurfaceView 视图组件，代码如下。

```xml
<SurfaceView
    android:id="@+id/surfaceView"
    android:layout_width="match_parent"
    android:layout_height="match_parent" />
```

（3）在 onCreate()方法中获取 SurfaceView 和 SurfaceHolder 实例对象，代码如下。

```java
surfaceView = (SurfaceView) findViewById(R.id.surfaceView);
surfaceHolder= surfaceview.getHolder();
```

（4）实现 SurfaceHolder.Callback 回调接口，实现 3 个接口中的 3 个方法，代码如下。

```java
@Override
public void surfaceCreated(SurfaceHolder surfaceHolder) {
    camera = Camera.open();
    WindowManager wm = (WindowManager) getSystemService(Context.WINDOW_SERVICE);
                                                     //得到窗口管理器
    Display display   = wm.getDefaultDisplay();      //得到当前屏幕
    Camera.Parameters parameters = camera.getParameters();    //得到摄像头的参数
    parameters.setPreviewSize(display.getWidth(), display.getHeight());  //设置预览照片的大小
    parameters.setPreviewFrameRate(3);               //设置每秒3帧
    parameters.setPictureFormat(PixelFormat.JPEG);   //设置照片的格式
    parameters.setJpegQuality(85);                   //设置照片的质量
```

```
            parameters.setPictureSize(display.getHeight(), display.getWidth());
                                                //设置照片的大小,默认和屏幕一样大
            camera.setParameters(parameters);
            try {
                camera.setPreviewDisplay(surfaceView.getHolder());//通过SurfaceView显示取景画面
            } catch (IOException e) {
                e.printStackTrace();
            }
            camera.startPreview();       //开始预览
            isPreview = true;            //设置预览参数是否为真
        }

        @Override
        public void surfaceChanged(SurfaceHolder surfaceHolder, int i, int i1, int i2) {

        }

        @Override
        public void surfaceDestroyed(SurfaceHolder surfaceHolder) {
            if(camera!=null){

                if(isPreview){//如果正在预览
                    camera.stopPreview();
                    camera.release();
                }
            }
        }
```

（5）为 SurfaceHolder 添加回调，并设置其类型，代码如下。

```
//下面设置surfaceView不维护自己的缓冲区,而是等待屏幕的渲染引擎将内容推送到用户面前
surfaceView.getHolder().setType(SurfaceHolder.SURFACE_TYPE_PUSH_BUFFERS);
//surficeView加入回调方法(callBack)
surfaceView.getHolder().addCallback(MainActivity.this);
```

（6）创建一个保存照片任务类，该类的主要功能是将从硬件获得的字节流保存到设备中，代码如下。

```
class SavePictureTask extends AsyncTask<byte[], String, String> {
        @Override
        protected String doInBackground(byte[]... params) {
            // TODO Auto-generated method stub
            File file=new File(Environment.getExternalStorageDirectory(),"picture.jpg");
            //如果文件存在就覆盖
            if(file.exists()){
                file.delete();
            }
            try {
                //获得文件输出流
                FileOutputStream fos=new FileOutputStream(file.getPath());
                //把数据写到该文件
                fos.write(params[0]);
                //关闭文件流
                fos.close();
            } catch (FileNotFoundException e) {
                // TODO Auto-generated catch block
                e.printStackTrace();
            } catch (IOException e) {
```

```
                    // TODO Auto-generated catch block
                    e.printStackTrace();
            }
            //把文件插入到系统图库
            try {
                    MediaStore.Images.Media.insertImage(MainActivity.this.getContentResolver(), file.getAbsolutePath(), "picture.jpg", null);
            } catch (FileNotFoundException e) {
                    // TODO Auto-generated catch block
                    e.printStackTrace();
            }
            //通知系统图库更新
            sendBroadcast(new Intent(Intent.ACTION_MEDIA_SCANNER_SCAN_FILE, Uri.parse("file://"+file.getAbsolutePath())));

            return null;
        }
    }
```

（7）当拍照按键按下时，实现 Camera.PictureCallBack 回调方法，拍照并执行保存照片任务，代码如下。

```
public void onClick(View arg0) {
    //拍照
    camera.takePicture(new ShutterCallback() {

        @Override
        public void onShutter() {
            // TODO Auto-generated method stub
        }
    }, null, new PictureCallback() {

        @Override
        public void onPictureTaken(byte[] data, Camera camera) {
            //停止预览
            camera.stopPreview();
            //执行保存图片
            new SavePictureTask().execute(data);
            //开始预览
            camera.startPreview();
        }
    });
}
```

13.5 本章小结

本章主要介绍了调用 Android 提供的 API 来进行多媒体的开发，主要包括音频、视频的播放，以及调用相机实现拍照功能。学习本章后，读者就可以实现自己的多媒体应用了。

关键知识点测评

1. 实现一个播放器，能够播放视频、音频文件。
2. 实现相机拍照功能。

第14章

图形图像处理

■ Android 自带了图形和图像的处理功能。使用这些功能可以帮助我们在开发的过程中很方便地绘制一些特殊的 UI 效果。UI 是程序直接与用户交流的窗口，所有的 Android 应用都离不开 UI 的绘制，因此本章节也显得较为重要。

本章首先介绍 Drawable，这是 Android 自身的一种抽象的绘图概念，也是绘制的基础。后面介绍通用存储对象 Bitmap，并且使用 Android 自带的绘画工具 Paint、路径工具 Path 基于画板 Canvas 绘制图形。

图形绘制完成后，继续介绍如何使用自带的各种动画效果为图形添加动画，成为 UI 中动态的各种效果。

Android 自带的动画分别为视图动画和属性动画，以及高性能的 SurfaceView 怎么绘制 UI 功能，这些均在本章介绍。

14.1 图形图像技术简介

图形图像的处理是涉及算法的一门高深的信号处理的学科,如果写程序的过程中没有封装好的可以供开发者调用的类,将为程序的开发留下很大的问题。因此 Google 为我们提供了一套简单易用的 API,使开发者无须关注学科上的实现方式即可做出想要的各种图像和图形的效果,从而做出一套符合要求的 UI 界面。

14.2 Drawable

14.2.1 Drawable 简介

Drawable 是一个抽象类,可以装载常用的图像格式,当然也可以装载颜色以构成可视化效果。具体的各种资源操作及各种效果通过其各种子类去实现,常用于绘制各种控件的背景。

Drawable 可以使用代码在程序中构造,也可以使用 xml 文件来进行构造。在项目中主要使用后者,前者的意义不大,因此本书的后续例子都使用 xml 文件来进行 Drawable 的构造。

14.2.2 Drawable 分类

Drawable 有各种各样的子类,分别可以实现不同的显示效果,本书将介绍主流的若干种 Drawable。若读者有兴趣,可自行参考谷歌官方的 API 文档。

另外,Drawable 资源的命名也有规范,必须是[a-z0-9_.],并且不能以数字开头,否则编译会出错。下面介绍几种常用的 Drawable。

(1) BitmapDrawable

这是最基础的 Drawable,也是最常用的 Drawable,很好理解。它用于显示一张图片,同时,它自身也带有一些简单的图像效果。

① android:dither:图像抖动效果,这是数字图像处理上一种随机量化误差的处理技术。开启后能增强图像在各种屏幕上的适应性。

② android:filter:图像滤波效果,这是数字图像处理上一种图像拉伸时的优化。开启后能减少图像因为尺寸变化引起的失真。

③ android:mipMap:纹理映射效果,用于使三维图像的二维代替物达到立体感效应的数字图像处理技术。

④ android:tileMode:图像平铺效果,默认为 disabled。开启后可供选择的属性有 3 个:repeat 就是图像的简单复制,mirror 在图像的复制方式上采用了镜像的方式,clamp 能使图像的边缘拉伸。以上 3 种效果将在下文的使用中直观地展示。

(2) ShapeDrawable

ShapeDrawable 主要用于绘制颜色构成的图形。我们在开发的过程中,如果每个控件的背景都引用图片资源,无疑会增大整个项目的体积,那么这个时候通过 ShapeDrawable 来绘制背景图形是一种比较好的解决方案。

android:shape:图形形状,有以下属性。

① rectangle:矩形,有子结点属性<corners>,表示矩形的 4 个倒角角度。同时可以通过

下面的属性分别设置左上、右上、左下、右下及 4 个角统一（优先级较低）的角度：android:topLeftRadius、android:topRightRadius、android:bottomLeftRadius、android:bottomRightRadius、android:radius。

② oval：椭圆形。

③ line：线形。

④ ring：圆环形。其包含 5 个属性：android:innerRadius（内圆半径）、android:thickness（圆环宽度=外圆半径-内圆半径）、android:innerRadiusRatio（内圆半径在 Drawable 中的比例，优先级低于 android:innerRadius）、android:thicknessRatio（圆环宽度在 Drawable 中的比例，优先级低于 android:thickness）、android:useLevel（在 LevelListDrawable 中的使用级别，一般为 false）。

子结点属性<gradient>，表示图形的渐变效果，包含以下属性。

① android:angel：渐变效果的角度，数值为 45 的倍数，默认值为 0。

② android:centerX/centerY：渐变中心点的横/纵坐标。

③ android:startColor/centerColor/endColor：渐变的开始/中间/结束颜色。

④ android:type：渐变的类型，包含以下 3 种属性。

➢ linear：线性渐变。

➢ sweep：范围渐变。

➢ radial：径向渐变，当为径向渐变的时候，子结点可以使用 android:gradientRadius 属性，表示径向渐变的渐变半径。

子结点属性<solid>，表示纯色无渐变效果，与<gradient>互斥，含有属性 android:color，用于指定纯色的颜色数值。

子节点属性<stroke>，表示 ShapeDrawable 的外边，包含以下 4 种属性。

① android:width：外边的宽度。

② android:color：外边的颜色。

③ android:dashWidth：虚线的宽度，不为 0，否则虚线无效。

④ android:dashGap：虚线的间隔，不为 0，否则虚线无效。

（3）LayerDrawable

LayerDrawable 通过结点<layer-list>来构成层次化的 Drawable 集合。<layer-list>结点下的每个 item 都是一个独立的 Drawable，前面的 item 在下层，后面的 item 在上层，逐层叠加，从而来使其实现一些特殊控件的视觉效果。

（4）StateListDrawable

StateListDrawable 通过结点<selector>来构成集合化的 Drawable。<selector>结点下的 item 可以设置不同的 state 属性，表示在此属性下是否显示此 item 所包含的 Drawable。显示的规则是，结点<selector>中的每个 item 从上至下指导符合 state 属性状态的 item 进行匹配。item 中的 state 属性比较简单，例如，android:state_focused 表示状态为获取焦点，读者可自行查阅各种 state 属性。

① android:constantSize：固定大小，因为不同的 Drawable 进行切换可能引起大小的改变，此属性默认为 false。若设置为 true，则保持固定大小不变。

② android:variablePadding：判断 padding 是否可变。不同的 Drawable 切换可能引起 padding 的改变，此属性默认为 false。若设置为 true，则自动切换 padding 大小。

（5）LevelListDrawable

LevelListDrawable 通过结点<level-list>来构成层次化的 Drawable 集合。<level-list>结点下的 item 可以设置 level 的范围（android:minLevel、android:maxlLevel），ImageView 可以通过 setImageLevel（int level）方法来设置 View 的 level。当设置的 level 值符合背景的 LevelListDrawable 下 item 结点的 level 范围的时候，即呈现出 item 所表示的图形。level 的范围为 0 ~ 10000，默认值为 0。

（6）InsetDrawable

InsetDrawable 通过结点<inset>来容纳其他 Drawable，其效果使用 LayerDrawable 也可以完成，其参数比较好理解。

（7）ClipDrawable

ClipDrawable 通过结点<clip>来根据 Drawable 的等级进行裁剪。

① android:gravity：权重，搭配 android:clipOrientation 构成裁剪效果。

② android:clipOrientation：裁剪方向，包含两个属性，即 horizontal 和 vertical，分别表示横向和纵向。

14.2.3 Drawable 使用

在本小节中，程序统一使用的原图为 image.jpg，如图 14-1 所示。

Drawable 的使用

图 14-1　本小节使用的原图

（1）BitmapDrawable

首先是 MainActivity 的布局文件 activity_main.xml。

```
<LinearLayout xmlns:android="http://schemas.android.com/apk/res/android"
    xmlns:tools="http://schemas.android.com/tools"
    android:layout_width="match_parent"
    android:layout_height="match_parent"
    android:orientation="horizontal"
    tools:context="com.example.drawabletest.MainActivity" >

    <TextView
        android:id="@+id/text1"
        android:layout_width="100dp"
        android:layout_height="100dp"
        android:layout_margin="2dp"
        android:background="@drawable/bitmap_drawable_repeat" />

    <TextView
        android:id="@+id/text2"
        android:layout_width="100dp"
        android:layout_height="100dp"
        android:layout_margin="2dp"
        android:background="@drawable/bitmap_drawable_mirror" />
```

```xml
<TextView
    android:id="@+id/text3"
    android:layout_width="100dp"
    android:layout_height="100dp"
    android:layout_margin="2dp"
    android:background="@drawable/bitmap_drawable_clamp" />

</LinearLayout>
```

上面的 3 个 TextView 分别使用了不同的 BitmapDrawable 的 tileMode，下面分别给出这 3 个 Drawable 的 xml 文件代码。

bitmap_drawable_repeat.xml 代码如下。

```xml
<?xml version="1.0" encoding="utf-8"?>
<bitmap xmlns:android="http://schemas.android.com/apk/res/android"
    android:src="@drawable/image"
    android:tileMode="repeat" />
```

bitmap_drawable_mirror.xml 代码如下。

```xml
<?xml version="1.0" encoding="utf-8"?>
<bitmap xmlns:android="http://schemas.android.com/apk/res/android"
    android:src="@drawable/image"
    android:tileMode="mirror" />
```

bitmap_drawable_clamp.xml 代码如下。

```xml
<?xml version="1.0" encoding="utf-8"?>
<bitmap xmlns:android="http://schemas.android.com/apk/res/android"
    android:src="@drawable/image"
    android:tileMode="clamp" />
```

显示效果如图 14-2 所示。

图 14-2　不同 tileMode 下的显示效果

（2）ShapeDrawable

首先是 MainActivity 的布局文件 activity_main.xml。

```xml
<LinearLayout xmlns:android="http://schemas.android.com/apk/res/android"
    xmlns:tools="http://schemas.android.com/tools"
    android:layout_width="match_parent"
    android:layout_height="match_parent"
    android:orientation="horizontal"
    tools:context="com.example.drawabletest.MainActivity" >

    <TextView
        android:id="@+id/text1"
        android:layout_width="100dp"
        android:layout_height="100dp"
        android:layout_margin="2dp"
        android:background="@drawable/shape_drawable_gradient_linear" />

    <TextView
```

```xml
            android:id="@+id/text2"
            android:layout_width="100dp"
            android:layout_height="100dp"
            android:layout_margin="2dp"
            android:background="@drawable/shape_drawable_gradient_radius" />

        <TextView
            android:id="@+id/text3"
            android:layout_width="100dp"
            android:layout_height="100dp"
            android:layout_margin="2dp"
            android:background="@drawable/shape_drawable_gradient_sweep" />

</LinearLayout>
```

上面的 3 个 TextView 分别使用了不同的 ShapeDrawable 的 type，下面分别给出这 3 个 Drawable 的 xml 文件代码。

shape_drawable_gradient_linear.xml 代码如下。

```xml
<?xml version="1.0" encoding="utf-8"?>
<shape xmlns:android="http://schemas.android.com/apk/res/android"
    android:shape="rectangle" >

    <gradient
        android:angle="45"
        android:centerColor="#00ff00"
        android:centerX="0.5"
        android:centerY="0.5"
        android:endColor="#0000ff"
        android:startColor="#ff0000"
        android:type="linear" />

</shape>
```

shape_drawable_gradient_radius.xml 代码如下。

```xml
<?xml version="1.0" encoding="utf-8"?>
<shape xmlns:android="http://schemas.android.com/apk/res/android"
    android:shape="rectangle" >

    <gradient
        android:centerColor="#00ff00"
        android:endColor="#0000ff"
        android:gradientRadius="50"
        android:startColor="#ff0000"
        android:type="radial" />

</shape>
```

shape_drawable_gradient_sweep.xml 代码如下。

```xml
<?xml version="1.0" encoding="utf-8"?>
<shape xmlns:android="http://schemas.android.com/apk/res/android"
    android:shape="rectangle" >

    <gradient
        android:centerColor="#00ff00"
        android:endColor="#0000ff"
        android:gradientRadius="50"
        android:startColor="#ff0000"
```

```
        android:type="sweep" />
</shape>
```

显示效果如图 14-3 所示。

（3）LayerDrawable

直接给出 layer_drawable.xml 代码，作为 TextView 的 background。

```
<?xml version="1.0" encoding="utf-8"?>
<layer-list xmlns:android="http://schemas.android.com/apk/res/android" >

    <item>
        <shape android:shape="rectangle" >
            <solid android:color="#ff0000" />
        </shape>
    </item>
    <item android:bottom="20dp">
        <shape android:shape="rectangle" >
            <solid android:color="#00ff00" />
        </shape>
    </item>
    <item
        android:bottom="10dp"
        android:left="10dp"
        android:right="10dp">
        <shape android:shape="rectangle" >
            <solid android:color="#0000ff" />
        </shape>
    </item>

</layer-list>
```

显示效果如图 14-4 所示。

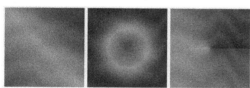

图 14-3　不同 type 下的显示效果

图 14-4　LayerDrawable 的显示效果

（4）StateListDrawable

直接给出 statelist_drawable.xml 代码，作为 TextView 的 background。

```
<?xml version="1.0" encoding="utf-8"?>
<selector xmlns:android="http://schemas.android.com/apk/res/android" >

    <item
        android:drawable="@drawable/button_pressed"
        android:state_pressed="true"/>
    <!-- 按下TextView时显示此状态 -->

    <item
        android:drawable="@drawable/button_focused"
        android:state_focused="true"/>
    <!-- 没有按下TextView且获得焦点时显示此状态 -->
```

```xml
        <item android:drawable="@drawable/button_normal"/>
        <!-- TextView默认状态 -->
</selector>
```

（5）LevelListDrawable

直接给出 levellist_drawable.xml 代码，作为 TextView 的 background。

```xml
<?xml version="1.0" encoding="utf-8"?>
<level-list xmlns:android="http://schemas.android.com/apk/res/android" >

    <item
        android:drawable="@drawable/low_level"
        android:maxLevel="1000"
        android:minLevel="0"/>
    <!-- 当level为0~1000时，显示此Drawable -->

    <item
        android:drawable="@drawable/high_level"
        android:maxLevel="10000"
        android:minLevel="1001"/>
    <!-- 当level为1001~10000时，显示此Drawable -->

</level-list>
```

（6）InsetDrawable

直接给出 inset_drawable.xml 代码，作为 TextView 的 background。

```xml
<?xml version="1.0" encoding="utf-8"?>
<inset xmlns:android="http://schemas.android.com/apk/res/android"
    android:insetBottom="15dp"
    android:insetLeft="15dp"
    android:insetRight="15dp"
    android:insetTop="15dp" >

    <shape android:shape="rectangle" >
        <solid android:color="#00ff00" />
    </shape>

</inset>
```

（7）ClipDrawable

直接给出 clip_drawable.xml 代码，作为 ImageView 的 background。

```xml
<?xml version="1.0" encoding="utf-8"?>
<clip xmlns:android="http://schemas.android.com/apk/res/android"
    android:clipOrientation="vertical"
    android:drawable="@drawable/image"
    android:gravity="bottom" />
```

ImageView 的布局代码如下。

```xml
<ImageView
    android:id="@+id/img1"
    android:layout_width="100dp"
    android:layout_height="100dp"
    android:gravity="center"
    android:src="@drawable/clip_drawable" />
```

MainActivity.java 中有如下代码。

```java
ImageView mImageView = (ImageView) findViewById(R.id.img1);
```

ClipDrawable clipDrawable = (ClipDrawable)mImageView.getDrawable();
clipDrawable.setLevel(5000);

14.3 位图（Bitmap）

Bitmap 是 Android 中对图片资源操作的一个操作类，可以加载各个格式的图片资源。从图片资源转换为 Bitmap 需要 BitmapFactory 类的支持。在实际开发中，不合理地使用图片资源会导致内存溢出，这点是要注意的。

14.3.1 BitmapFactory

BitmapFactory 提供了 4 种获得 Bitmap 的方法。

① decodeByteArray(byte[] data, int offset, int length)：从字节数组获得一个 Bitmap 对象。

② decodeFile(String pathName)：从文件系统获得一个 Bitmap 对象。

③ decodeResource(Resources res, int id)：从指定资源获得一个 Bitmap 对象。

④ decodeStream(InputStream is)：从输入流获得一个 Bitmap 对象。

14.3.2 Bitmap 的使用

Bitmap 的使用要注意加载资源的合理性，坚持一个原则：够用即可。意思就是，如果 ImageView 是 128×128 像素的话，那么图像资源最好也是 128×128 像素。如果图像资源小于这个尺寸，那么可能会导致显示效果模糊；如果图像资源大于这个尺寸，会造成不必要的内存占用。如果程序中这种内存占用逐步积累，则会造成内存溢出 OutOfMemoryError。

下面通过简单的代码介绍一下如何在 ImageView 中通过 Bitmap 来加载图片。

ImageView mImageView = (ImageView) findViewById(R.id.img1);
mImageView.setImageBitmap(BitmapFactory.decodeResource(getResources(),R.drawable.image));

显示效果如图 14-5 所示。

14.4 绘图

Android 中自带图形绘制的相关类，在通常情况下，一般通过复写 View 中的 onDraw() 方法即可完成绘制。在绘制的过程中，最主要的类是 Canvas 和 Paint 类。下面我们来讲解一下这两个类。

图 14-5 通过 Bitmap 加载图片的显示效果

14.4.1 Canvas

Canvas 的意思是画布，顾名思义，它充当的就是类似画布的一个工具类。它封装了很多绘制图形的方法，由于篇幅问题，本书不可能将所有的方法都列举出来，此处只列举一些常用的方法，若读者有兴趣，可自行参考谷歌官方的 API 文档。

（1）drawARGB(int a, int r, int g, int b)

该方法可绘制 ARGB 颜色的纯色画面。参数为 ARGB 的 4 个数值。

（2）drawArc(RectF oval, float startAngle, float sweepAngle, boolean useCenter,

Paint paint)

该方法可绘制弧形。参数分别为圆弧的外轮廓矩形区域、圆弧的起始角度、圆弧扫过的终止角度、是否绘制中心点、画笔对象。

（3）drawBitmap(Bitmap bitmap, float left, float top, Paint paint)

该方法可绘制 Bitmap 类型的画面。参数分别为 Bitmap 对象、左偏移量、上偏移量、画笔对象。

（4）drawBitmap(Bitmap bitmap, Rect src, Rect dst, Paint paint)

该方法可绘制 Bitmap 类型的画面。参数分别为 Bitmap 对象、矩形对象（图片剪裁区域）、矩形对象（屏幕剪裁区域）、画笔对象。

（5）drawCircle(float cx, float cy, float radius, Paint paint)

该方法可绘制圆形。参数分别为中心点 x 轴坐标、中心点 y 轴坐标、半径、画笔对象。

（6）drawColor(int color)

该方法可绘制纯色画面。参数为颜色值。

（7）drawLine(float startX, float startY, float stopX, float stopY, Paint paint)

该方法可绘制直线。参数分别为起始点 x 轴坐标、起始点 y 轴坐标、终止点 x 轴坐标、终止点 y 轴坐标、画笔对象。

（8）drawOval(RectF oval, Paint paint)

该方法可绘制椭圆。值得一提的是，这个椭圆的形状是根据矩形来定位的。参数分别为矩形对象、画笔对象。

（9）drawPath(Path path, Paint paint)

该方法可绘制指定路径。参数分别为路径对象、画笔对象。

（10）drawPoint(float x, float y, Paint paint)

该方法可绘制点。参数分别为 x 轴坐标、y 轴坐标、画笔对象。

（11）drawRGB(int r, int g, int b)

该方法可绘制纯色画面，参数分别为 RGB 的 3 个数值。

（12）drawRect(Rect r, Paint paint)

该方法可绘制矩形。参数分别为矩形对象、画笔对象。

（13）drawRoundRect(RectF rect, float rx, float ry, Paint paint)

该方法可绘制圆角矩形。参数分别为矩形对象、x 轴圆角半径、y 轴圆角半径、画笔对象。

（14）drawText(String text, float x, float y, Paint paint)

该方法可绘制文字。参数分别为文字字符串、x 轴坐标、y 轴坐标、画笔对象。

（15）drawTextOnPath(String text, Path path, float hOffset, float vOffset, Paint paint)

该方法可按路径绘制文字。参数分别为文字字符串、路径对象、起始点到文本之间的间隔、路径线到文本之间的间隔、画笔对象。

（16）getWidth()

该方法可返回 Canvas 宽度。

（17）getHeight()

该方法可返回 Canvas 高度。

（18）translate(float dx, float dy)

该方法可对 Canvas 进行平移。参数分别为 x 轴移动距离和 y 轴移动距离。

14.4.2 Rect 和 Path

在 Canvas 的方法里有两个类要单独讲解,它们分别是 Rect 类和 Path 类。

(1) Rect 类

Rect 类是矩形的封装类,其方法和属性非常好理解,常用的构造方法为 Rect(int left, int top, int right, int bottom),参数分别为矩形的左上角 x 轴坐标、矩形的左上角 y 轴坐标、矩形的右下角 x 轴坐标、矩形的右下角 y 轴坐标。当然,也可以使用无参构造器,通过 set() 方法去设置这些参数。

另外还有一个 RectF 类,与 Rect 类的主要区别在于接收 float 类型的参数时比 Rect 类有更好的精度。

(2) Path 类

Path 类是路径的封装类,其常用的方法有 3 个。

① moveTo(float x, float y)

该方法可设置路径的起始位置。参数分别为起始位置的 x 轴坐标和起始位置的 y 轴坐标。

② lineTo(float x, float y)

该方法可设置路径的经过位置。参数分别为经过位置的 x 轴坐标和经过位置的 y 轴坐标。

③ close()

该方法可结束路径,将上一个位置设置为结束位置。

Path 类中有若干封装好的路径。

① addArc(RectF oval, float startAngle, float sweepAngle)

该方法可添加弧形路径。参数分别为生成圆弧的矩形、起始角度、持续角度。

② addCircle(float x, float y, float radius, Path.Direction dir)

该方法可添加圆形路径。参数分别为圆心 x 轴坐标、圆心 y 轴坐标、圆形半径、方向参数。方向参数一共有两个值,分别为 Path.Direction.CW(顺时针)和 Path.Direction.CCW(逆时针)。

③ addOval(RectF oval, Path.Direction dir)

该方法可添加椭圆形路径。参数分别为生成圆弧的矩形、方向参数。

④ addRect(RectF rect, Path.Direction dir)

该方法可添加矩形路径。参数分别为矩形对象、方向参数。

⑤ addRoundRect(RectF rect, float rx, float ry, Path.Direction dir)

该方法可添加圆角矩形路径。参数分别为生成圆弧的矩形、圆角的 x 轴半径、圆角的 y 轴半径、方向参数。

通过上面的方法可以非常方便地画出各种固定形状的路径,优先使用上面的方法而不是 lineTo 方法。

14.4.3 Paint

Paint 类可以说是跟 Canvas 类相辅相成的,Paint 表示画笔,其中包含了各种设置绘图样式和颜色等属性的方法。常用方法如下。

(1) setARGB(int a, int r, int g, int b)

该方法可设置颜色。参数为 ARGB 颜色数值。

（2）setAlpha(int a)

该方法可设置透明度。参数范围为 0~255。

（3）setAntiAlias(boolean aa)

该方法可设置是否开启抗锯齿功能。开启抗锯齿功能后，画笔边缘毛刺将会减少，画笔边缘更圆滑，但性能开销也会加大。

（4）setColor(int color)

该方法可设置颜色。

（5）setStrokeWidth(float width)

该方法可设置画笔粗度。

（6）setTextSize(float textSize)

该方法可设置文字大小。只在画笔绘制文字时生效。

（7）setStyle(Paint.Style style)

该方法可设置画笔风格。有3个参数：FILL（填充）、STROKE（画边）、FILL_AND_STROKE（既填充又画边）。

（8）measureText(String text)

该方法可返回文字的宽度。

14.4.4 Canvas 和 Paint 的使用

Canvas、Paint 的使用

本小节通过实际代码及效果来演示 Canvas 和 Paint 的使用。

```
public class CanvasPaintView extends View {

    public CanvasPaintView(Context context, AttributeSet attrs) {
        super(context, attrs);
    }

    @Override
    protected void onDraw(Canvas canvas) {
        super.onDraw(canvas);
        // 绘制背景颜色为白色
        canvas.drawColor(Color.WHITE);
        // 获得画笔对象
        Paint paint = new Paint();
        // 设置画笔ARGB颜色
        paint.setARGB(200, 120, 110, 90);
        // 开启画笔抗锯齿功能
        paint.setAntiAlias(true);
        // 绘制纯色画面
        canvas.drawRGB(200, 200, 255);
        // 获得矩形对象
        Rect rect = new Rect(20, 100, 70, 120);
        // 绘制矩形
        canvas.drawRect(rect, paint);
        // 获得矩形对象
        RectF arcRect = new RectF(10.1f, 120.2f, 120.3f, 180.4f);
        // 设置画笔颜色为黑色
        paint.setColor(Color.BLACK);
        // 绘制弧形
```

```
            canvas.drawArc(arcRect, 10.1f, 120.2f, true, paint);
            // 绘制直线
            canvas.drawLine(10, 10, 60, 10, paint);
            // 获得路径对象1
            Path path1 = new Path();
            // 设置路径起始点
            path1.moveTo(45, 45);
            // 设置路径点
            path1.lineTo(60, 75);
            // 设置路径点
            path1.lineTo(250, 175);
            // 路径绘制结束
            path1.close();
            // 绘制路径
            canvas.drawPath(path1, paint);
            // 设置文字大小
            paint.setTextSize(20);
            // 绘制文字
            canvas.drawText("Test draw text.", 130, 60, paint);
            // 设置画笔粗度
            paint.setStrokeWidth(10);
            // 绘制点
            canvas.drawPoint(170, 20, paint);
        }

    }
```

显示效果如图 14-6 所示。

14.5 视图动画

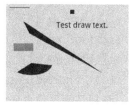

图 14-6 Canvas 和 Paint 的显示效果

视图动画即 View 动画，主要包括 4 种：TranslateAnimation、ScaleAnimation、RotateAnimation 和 AlphaAnimation。从命名上也是比较好理解的，分别为平移动画、缩放动画、旋转动画和透明度动画。严格来讲还有一种帧动画，在本小节中一并讲解，但是要注意的是，帧动画的使用和原理与上面 4 种视图动画并不一样。

视图动画既可以在代码中动态控制，也可以在 xml 文件中静态预设。从可行性上来讲，一般采用后者，本书采用后者来进行讲解。

关于 xml 文件中的一些固定用法，说明如下。

<set>结点表示动画集，可以在其中加入多个子结点，每个子结点都代表一段动画。<set>结点本身拥有如下属性。

（1）android:interpolator

该属性表示动画速率。可选值均来源于@android:anim/，如图 14-7 所示。

默认值为 @android:anim/accelerate_decelerate_interpolator，表示动画执行在开始和结束的时候比较慢，在中间的时候比较快。

（2）android:shareInterpolator

该属性表示共享动画速率。如果设置为 true，所有的子动画结点将共享同一个动画速率；如果设置为 false，每

图 14-7 android:interpolator 的可选值

个子结点动画将单独设置其动画速率。

（3）android:fillBefore

如果设置为 true，则动画结束后停留在动画的起始位置。

（4）android:fillAfter

如果设置为 true，则动画结束后停留在动画的结束位置。

（5）android:duration

该属性表示动画的持续时长。

（6）android:startOffset

该属性表示动画执行前的等待时长。

（7）android:repeatMode

该属性表示动画的重复模式。默认值为 restart，该属性只有当 android:repeatCount 为大于 0 的数或 infinite 时才起作用；还可以设置为 reverse，表示偶数次显示动画时会做与动画文件定义的方向相反的动作。

（8）android:repeatCount

该属性表示动画的重复次数。可以设置为 infinite，表示无穷次。

（9）android:fillEnabled

当其为 true 时，android:fillBefore 和 android:fillAfter 才会生效。

（10）android:zAdjustment

该属性表示动画播放时 z 轴上的位置，一共有 3 个值。

① normal：保持当前的 z 轴位置不变。

② top：动画播放时，始终在 z 轴最上层。

③ bottom：动画播放时，始终在 z 轴最底层。

（11）android:detachWallpaper

该属性表示是否在壁纸上运行，默认值是 false。如果为 true，并且动画窗体有一个壁纸的话，那么动画只会应用给 window，壁纸是静态不动的。

14.5.1　TranslateAnimation

TranslateAnimation 表示平移动画，对应的结点为<translate>，拥有以下属性。

（1）android:fromXDelta

该属性表示 x 轴的起始位置。

（2）android:toXDelta

该属性表示 x 轴的终止位置。

（3）android:fromYDelta

该属性表示 y 轴的起始位置。

（4）android:toYDelta

该属性表示 y 轴的终止位置。

下面通过实际代码来演示 TranslateAnimation 的使用，首先是 xml 文件，位于 res/anim/main_animation.xml。

```
<?xml version="1.0" encoding="utf-8"?>
<set xmlns:android="http://schemas.android.com/apk/res/android"
```

```xml
        android:interpolator="@android:anim/accelerate_decelerate_interpolator"
        android:shareInterpolator="true" >

    <translate
        android:duration="3000"
        android:fromXDelta="0"
        android:fromYDelta="0"
        android:toXDelta="200"
        android:toYDelta="200" />

</set>
```

程序中使用此动画，代码如下。

```
Animation animation = AnimationUtils.loadAnimation(mContext, R.anim.main_animation);
//给mText控件执行动画
mText.startAnimation(animation);
```

14.5.2 ScaleAnimation

ScaleAnimation 表示缩放动画，对应的结点为<scale>，拥有以下属性。

（1）android:fromXScale

该属性表示 x 轴的起始缩放值。

（2）android:toXScale

该属性表示 x 轴的终止缩放值。

（3）android:fromYScale

该属性表示 y 轴的起始缩放值。

（4）android:toYScale

该属性表示 y 轴的终止缩放值。

（5）android:pivotX

该属性表示缩放的中轴点 x 坐标距离自身左边缘的位置。

（6）android:pivotY

该属性表示缩放的中轴点 y 坐标距离自身上边缘的位置。

下面通过实际代码来演示 ScaleAnimation 的使用，首先是 xml 文件，位于 res/anim/main_animation.xml。

```xml
<?xml version="1.0" encoding="utf-8"?>
<set xmlns:android="http://schemas.android.com/apk/res/android"
    android:interpolator="@android:anim/accelerate_decelerate_interpolator"
    android:shareInterpolator="true" >

    <scale
        android:duration="10000"
        android:fromXScale="0.0"
        android:fromYScale="0.0"
        android:pivotX="50%"
        android:pivotY="50%"
        android:toXScale="1.5"
        android:toYScale="1.5" />

</set>
```

14.5.3　RotateAnimation

RotateAnimation 表示旋转动画，对应的结点为<rotate>，拥有以下属性。

（1）android:fromDegrees

该属性表示旋转的起始角度值。

（2）android:toDegrees

该属性表示旋转的终止角度值。

（3）android:pivotX

该属性表示旋转的中轴点 *x* 坐标距离自身左边缘的位置。

（4）android:pivotY

该属性表示旋转的中轴点 *y* 坐标距离自身上边缘的位置。

下面通过实际代码来演示 RotateAnimation 的使用，首先是 xml 文件，位于 res/anim/main_animation.xml。

```xml
<?xml version="1.0" encoding="utf-8"?>
<set xmlns:android="http://schemas.android.com/apk/res/android"
    android:interpolator="@android:anim/accelerate_decelerate_interpolator"
    android:shareInterpolator="true" >

    <rotate
        android:duration="5000"
        android:fromDegrees="10"
        android:pivotX="40%"
        android:pivotY="60%"
        android:toDegrees="180" />

</set>
```

14.5.4　AlphaAnimation

AlphaAnimation 表示透明度动画，对应的结点为<alpha>，拥有以下属性。

（1）android:fromAlpha

该属性表示透明度的起始值。

（2）android:toAlpha

该属性表示透明度的终止值。

下面通过实际代码来演示 AlphaAnimation 的使用，首先是 xml 文件，位于 res/anim/main_animation.xml。

```xml
<?xml version="1.0" encoding="utf-8"?>
<set xmlns:android="http://schemas.android.com/apk/res/android"
    android:interpolator="@android:anim/accelerate_decelerate_interpolator"
    android:shareInterpolator="true" >

    <alpha
        android:duration="7000"
        android:fromAlpha="0.1"
        android:toAlpha="1.0" />

</set>
```

14.5.5 帧动画

帧动画就是将每个图片资源作为动画的一帧，逐张播放。其对应的结点为 <animation-list>，其子结点<item>作为动画的一帧，多个<item>子结点一起组成了帧动画。值得注意的是，应避免使用过大的图片资源，因为帧动画本身就是加载多张图片资源构成的动画，如果整套资源过大，非常容易引发内存溢出的现象。

结点有以下属性。

（1）android:drawable

该属性表示引用的图片资源。

（2）android:duration

该属性表示此结点对应的动画的持续时间。

（3）android:oneshot

该属性表示动画是否只显示一次。如果为 true，则对应动画只显示一次；如果为 false，则动画重复显示。

（4）android:visible

该属性表示初始图片资源是否可见。如果为 true，则初始可见；如果为 false，则不可见。

下面通过实际代码来演示帧动画的使用，首先是 xml 文件，位于 res/drawable/main_animation。

```xml
<?xml version="1.0" encoding="utf-8"?>
<animation-list xmlns:android="http://schemas.android.com/apk/res/android"
    android:oneshot="false" >

    <item
        android:drawable="@drawable/img0"
        android:duration="50"/>
    <item
        android:drawable="@drawable/img1"
        android:duration="50"/>
    <item
        android:drawable="@drawable/img2"
        android:duration="50"/>

</animation-list>
```

程序中使用此动画，代码如下。

```
mText.setBackgroundResource(R.drawable.main_animation);
AnimationDrawable animationDrawable = (AnimationDrawable)mText.getBackground();
animationDrawable.start();
```

14.6 属性动画

属性动画是从一个状态过渡到另一个状态的动画。值得注意的是，由于是从一个属性过渡到另一个属性，那么改变的不只是动画本身，作用对象的属性也是变化的，从而可以实现各种各样的动画。另外一个增强的地方在于，属性动画可以作用于任何对象，这让属性动画的应用变得非常丰富。

但是属性动画是 Android 3.0 之后才加入的，API 11 之后集成，所以要在之前的 Android

版本上使用，可能需要手动添加第三方库。不过由于其优势明显，在开发中还是建议使用属性动画。

属性动画可以使用 AnimatorInflater，从而像视图动画那样通过 xml 文件来控制动画，但是对于属性动画，建议使用动态代码来进行控制，因为这种控制方法在可变性及易用性上都有明显的优势。因此，本书对属性动画的讲解都是通过动态控制来实现的。感兴趣的读者可自行查阅 API 11 之后的文档来了解 AnimatorInflater 这种动画的加载模式。

属性动画包含很多常用类，本书重点介绍 ValueAnimator、ObjectAnimator 和 AnimatorSet 类，并且最后会介绍属性动画的监听。

14.6.1 ValueAnimator

ValueAnimator 类用于计算动画数值，其本身并不会对控件做任何操作。如果要进行实际的动画操作，则需要主动监听 ValueAnimator 的动画过程来对控件进行操作。

ValueAnimator 有很多方法，下面举例说明一些常用方法。

（1）public static ValueAnimator ofInt(int... values)

通过此方法可以返回一个 ValueAnimator 对象，该方法的参数是可变参数，所以可以传入任何数量的值；传进去的值列表，就表示动画时的变化范围。此方法接收的数值为 int 型。同样，ofFloat()等方法可以接收其他类型的数值变化。

（2）setInterpolator(TimeInterpolator value)

该方法可设置动画速率。系统预置很多，如 LinearInterpolator 等。

（3）setEvaluator(TypeEvaluator value)

该方法可设置一个动画速率计算器，根据不同的动画速率，通过不同的 TypeEvaluator 内的计算方式来计算 ofInt()等方法设置的不同类型的数值。TypeEvaluator 有几种实现类型，包括 IntEvaluator、FloatEvaluator 和 AagbEvaluator。因为 TypeEvaluator 是一个接口，除了上述几种已经预置的类型外，也可以自己实现 TypeEvaluator 来自定义计算器对象。

（4）setDuration(long duration)

该方法可设置动画持续时间。

（5）setRepeatCount(int value)

该方法可设置动画重复的次数。默认值为 0，表示重复次数为 0。当数值为-1 时，表示无限循环。

（6）setRepeatMode(int value)

该方法可设置动画重复模式。有两个数值 ValueAnimator.RESTART 和 ValueAnimator.REVERSE，分别表示连续重复模式和反向重复模式。

（7）setStartDelay(long startDelay)

该方法可设置动画开始之前的延时时长。

14.6.2 ObjectAnimator

ObjectAnimator 是 ValueAnimator 的子类，省去了自己配置动画的麻烦。在设置动画的方法中可以直接送入控件对象来进行动画的实现。主要区别在于获得 ObjectAnimator 对象输入的参数要比 ValueAnimator 丰富得多。例如 int 类型的方法，代码如下。

```
public static ObjectAnimator ofInt(Object target, String propertyName, int... values)
```

可以看出，ofInt()方法的第一个参数为送入的控件对象，第二个参数为属性动画作用的属性的名称，包括 scaleX、scaleY、rotationX、rotationY、translationX、translationY、alpha 等效果。

下面通过代码来展示。

```
// 将mText对象设置为平移x轴动画，坐标分别变换为100、300、200、500
ObjectAnimator tranX = ObjectAnimator.ofInt(mText,"translationX", 100, 300, 200, 500);
// 设置动画持续时长为3000ms
tranX.setDuration(3000);
// 设置动画重复次数为一次
tranX.setRepeatCount(1);
// 设置重复模式为连续重复模式
tranX.setRepeatMode(ObjectAnimator.RESTART);
// 设置动画延时时间为1000ms
tranX.setStartDelay(1000);
// 开始动画
tranX.start();
```

14.6.3　AnimatorSet

AnimatorSet 为动画的集合，使用起来非常简单。该方法直接通过看代码即可理解，代码如下。

```
ObjectAnimator animator1 = ObjectAnimator.ofFloat(mText, "scaleX", 1.0f, 0.5f, 1.0f);
ObjectAnimator animator2 = ObjectAnimator.ofFloat(mText, "scaleY", 1.0f, 0.5f, 1.0f);
ObjectAnimator animator3 = ObjectAnimator.ofFloat(mText, "rotationX", 0.0f, 180.0f, 0.0f);
ObjectAnimator animator4 = ObjectAnimator.ofFloat(mText, "alpha", 100.0f, 180.0f, 200.0f);
AnimatorSet set = new AnimatorSet();
set.setDuration(5000);
set.setInterpolator(new AccelerateDecelerateInterpolator());
set.playTogether(animator1, animator2, animator3, animator4);
set.start();
```

当然，AnimatorSet 也可以通过 xml 文件来实现，此处就不多介绍了，开篇的时候曾介绍过。对于属性动画，还是建议使用代码来动态控制。

14.6.4　属性动画的监听器

前文中提到属性动画存在监听器，本小节来讲解其使用。监听器分为两种：AnimatorListener 和 AnimatorUpdateListener。

AnimatorListener 有如下 4 个回调方法。

（1）onAnimationStart(Animator animation)

动画开始时，回调此方法。

（2）onAnimationRepeat(Animator animation)

动画重复执行时，回调此方法。

（3）onAnimationEnd(Animator animation)

动画结束时，回调此方法。

（4）onAnimationCancel(Animator animation)

动画取消时，回调此方法。

AnimatorUpdateListener 只有一个回调方法：onAnimationUpdate(ValueAnimator animation)。动画每播放一帧，就回调一次。

动画监听器的使用代码如下。

```
ValueAnimator animator = ValueAnimator.ofInt(0, 400);
animator.setStartDelay(1000);

animator.addListener(new AnimatorListener() {

        @Override
        public void onAnimationStart(Animator animation) {
                Log.d("Jason", "动画开始的回调");
        }

        @Override
        public void onAnimationRepeat(Animator animation) {
                Log.d("Jason", "动画重复的回调");
        }

        @Override
        public void onAnimationEnd(Animator animation) {
                Log.d("Jason", "动画结束的回调");
        }

        @Override
        public void onAnimationCancel(Animator animation) {
                Log.d("Jason", "动画取消的回调");
        }
});

animator.addUpdateListener(new ValueAnimator.AnimatorUpdateListener() {

        @Override
        public void onAnimationUpdate(ValueAnimator animation) {
                int curValue = (int) animation.getAnimatedValue();
                Log.d("Jason", "curValue: " + curValue);
        }
});
animator.start();
```

通过属性动画监听器，可以在相关的回调方法中手动给控件进行一些位置等属性的变换，搭配前文中提到的 ValueAnimator，也可以自己实现相关的动画效果。实际上，ObjectAnimator 也是如此封装的。

14.7 SurfaceView 绘图

通常情况下的 UI 绘制和响应都是在 Android 的主线程中进行的，如 Button、TextView 等控件，但是这些动作都是非常轻量级的。有时候可能需要大量的绘图动作，这个时候仍然在主线程中去执行可能就会阻塞，造成 ANR 现象的出现。那么如何在子线程中进行绘制呢？这个时候就需要用到 SurfaceView 来避免上述情况的发生。

SurfaceView 拥有独立于主窗口的绘制图层，并且可以在子线程中进行大量的图像图形绘制，例如，一些游戏、视频播放和拍照都是基于 SurfaceView 的这种机制去实现的，从而避免主线程因为这些耗时操作而造成各种不必要的麻烦。

简单来说，实现 SurfaceView 需要继承 SurfaceView 类并实现其操作类 SurfaceHolder 下的 Callback 接口。

继承 SurfaceView 需要实现的方法如下。

（1）public void surfaceCreated(SurfaceHolder holder)

该方法是 SurfaceView 创建时的回调方法。

（2）public void surfaceChanged(SurfaceHolder holder, int format, int width, int height)

该方法是 SurfaceView 改变时的回调方法。

（3）public void surfaceDestroyed(SurfaceHolder holder)

该方法是 SurfaceView 销毁时的回调方法。SurfaceHolder 必须要实现 addCallback(SurfaceHolder.Callback callback)方法，给操作类一个回调对象。

完成上述框架后，一个 SurfaceView 的框架就搭建好了，最后只要在相关的回调中开启子线程进行相应的 UI 绘制即可。

SurfaceView 绘图

下面举一个例子来介绍具体的使用方法。

首先是自定义的 SurfaceView 的子类 MySurfaceView 的代码。

```java
public class MySurfaceView extends SurfaceView
        implements SurfaceHolder.Callback {

    private SurfaceHolder mHolder;
    private RefreshViewThread mThread;

    public MySurfaceView(Context context) {
        super(context);
        mHolder = getHolder();
        mHolder.addCallback(this);
        //建立一个绘制UI的子线程，将SurfaceView的操作类SurfaceHolder的对象作为参数传入
        mThread = new RefreshViewThread(mHolder);
    }

    @Override
    public void surfaceCreated(SurfaceHolder holder) {
        //当创建SurfaceView后开启绘制UI的子线程
        mThread.start();
    }

    @Override
    public void surfaceChanged(SurfaceHolder holder, int format, int width,
            int height) {
    }

    @Override
    public void surfaceDestroyed(SurfaceHolder holder) {
        mThread.mFlag = false;
    }
```

下面是 UI 绘制的子线程实现类 RefreshViewThread 的代码。

```java
public class RefreshViewThread extends Thread {

    private SurfaceHolder mHolder;
    // 控制线程是否持续运行的标志位
    public boolean mFlag = false;
    private int mCount = 0;

    private Canvas mCanvas;

    public RefreshViewThread(SurfaceHolder holder) {
        mHolder = holder;
        mFlag = true;
    }

    @Override
    public void run() {
        try {
            while (mFlag) {
                // 锁定画布，返回一个Canvas对象，利用其可以进行绘制
                mCanvas = mHolder.lockCanvas();
                mCanvas.drawColor(Color.GRAY);
                Paint paint = new Paint();
                paint.setColor(Color.BLUE);
                // 在画布上绘制子线程绘制的次数
                mCanvas.drawText("Run times: " + mCount, 300, 300, paint);
                // 为了使效果更显著，休眠1s
                Thread.sleep(1000);
                // 当绘制完成后要释放画布，并且将上述绘制的效果提交
                mHolder.unlockCanvasAndPost(mCanvas);
                if (mCount < 5) {
                    mCount++;
                } else {
                    mFlag = false;
                    mCount = 0;
                    mCanvas = null;
                }
            }

        } catch (Exception e) {
            e.printStackTrace();
        }

    }
}
```

这样一个高效的 SurfaceView 通过子线程绘制 UI 的功能就实现了。尽管 SurfaceView 的性能优良，但是它只适合主动绘制，即用户不进行操作屏幕依然在绘制，比如市面上的大多数动作游戏。有些场合下，只有用户进行触屏或者键盘输入后，UI 才会有刷新绘制的过程，这种情况下还是使用 View 在主线程中绘制更节省手机的性能消耗。

14.8　本章小结

本章介绍了 Android 上关于图像图形处理的各种知识点，这些知识点都相对比较基础，读者可以通过大量的组合来实现丰富多彩的效果，事实上也是如此实现的。有一些情况可能在开发的过程中需要注意，比如图片资源加载要控制得当以避免内存溢出；尽管属性动画的性能更加优良，但是在 Android 3.0 之前还是尽量避免使用。

实际上，实现功能是一个方面，在实现的基础上去优化又是另一个方面，所以本章也介绍了很多性能优良的解决方案。

高级类虽然在大多数情况下能带来更好的运行效率，但是某些时候可能要考虑性能开销的问题。这些都需要读者在项目中摸索、体会。

关键知识点测评

1. 以下哪个不属于视图动画（　　）。
   A. ScaleAnimation
   B. AlphaAnimation
   C. ObjectAnimator
   D. RotateAnimation
2. SurfaceHolder 下的 Callback 接口有 3 个回调方法，是什么？各有什么用途？

第15章

项目综合开发

■ 前 14 章都是基本知识的介绍，基础知识学习的最终目的是将其作为生产力工具，并转化为实际存在的产品，即项目成品。本章内容由浅入深逐步带领读者写出一个项目，这对前文中的基础知识点是一个很好的练习和总结。

15.1 项目简介

项目简介

前面 14 章已经讲解了 Android 的基础知识，本章将综合使用前 14 章的内容开发一个综合项目。此项目称为谷歌电子市场。它是一款专门下载手机客户端 App 的商城。主题框架为主页和侧拉菜单，如图 15-1～图 15-3 所示。

图 15-1 侧拉菜单

图 15-2 首页

图 15-3 应用详情

因为此项目主要带领读者进行项目实战锻炼，并不投入市场，所以并没有实现所有的功能，即相同功能的地方不重复实现。

此项目的整体目录结构如图 15-4 所示，Java 代码目录结构如图 15-5 所示。

图 15-4 整体目录结构

图 15-5 Java 代码目录结构

15.2 项目实战准备

15.2.1 搭建服务器

服务器搭建

因为本项目是实战项目，所以服务器需要自己去搭建，所有的数据也需要读者去做相应的准备。服务器是运行在手机客户端的服务器，如图 15-6 和图 15-7 所示。

数据需要我们复制到手机 SD 卡中。

图 15-6　运行服务器

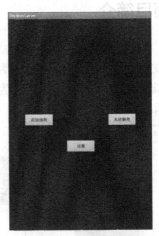

图 15-7　启动服务器

如图 15-6 所示，需要读者将 MyWebServer 服务器项目导入到 Android Studio 中，从而部署到手机上。在图 15-7 中，单击"启动服务"按钮来打开服务，客户端服务器和数据都随项目一起打包并放在案例包里，读者可以解压出来进行相应的操作。

15.2.2　项目相关类库

Gson：解析从服务器请求来的 json 字符串数据。
ImageLoaderLibrary：异步加载图片。
photoViewLibrary：双击图片，使图片放大。
pullToRefresh：下拉刷新，上拉加载更多。
PagerSlidingTab：ViewPager 指示器开源类。

15.3　侧拉菜单及 ActionBar 的实现

15.3.1　侧拉菜单的实现

要实现侧拉菜单，可以使用第三方框架，如 SlidingMenu 等，但是我们有更简便的方法就是使用 Android v4 包下的 DrawerLayout 控件。实现效果如图 15-8 所示。

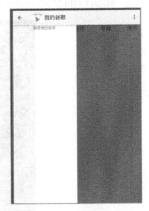

图 15-8　侧拉菜单

实现图 15-8 所示效果图的具体代码如下。

```
<android.support.v4.widget.DrawerLayout xmlns:android="http://schemas.android.com/apk/res/android"
    xmlns:tools="http://schemas.android.com/tools"
    android:layout_width="match_parent"
    android:layout_height="match_parent"
    android:id="@+id/drawerLayout"
    tools:context="com.farsight.mygoole.MainActivity">

    <LinearLayout
        android:layout_width="match_parent"
        android:layout_height="match_parent"
```

```xml
        android:orientation="vertical">

    <TextView
        android:layout_width="match_parent"
        android:layout_height="match_parent"
        android:text="我是主页面"/>
    </LinearLayout>
    <LinearLayout
        android:layout_width="240dp"
        android:layout_height="match_parent"
        android:layout_gravity="start"
        android:orientation="vertical"
        android:background="#ffff">
    <TextView
        android:layout_width="match_parent"
        android:layout_height="match_parent"
        android:text="我是侧拉页面"/>
    </LinearLayout>
</android.support.v4.widget.DrawerLayout>
```

15.3.2 填充侧拉菜单

在 15.3.1 小节中我们已经实现了侧拉功能，本小节将填充侧拉菜单，实现图 15-9 所示的效果。

侧拉页只是完成了一个布局，并没有实现真正的功能，具体代码如下。

图 15-9 侧拉菜单

```xml
<?xml version="1.0" encoding="utf-8"?>
<LinearLayout xmlns:android="http://schemas.android.com/apk/res/android"
    android:orientation="vertical"
    android:layout_width="240dp"
    android:background="@drawable/selector_menu_icon_bg"
    android:layout_height="match_parent">
    <LinearLayout
        android:layout_marginTop="10dp"
        android:layout_width="match_parent"
        android:layout_height="55dp"
        android:orientation="horizontal"
        android:background="@drawable/selector_menu_icon_bg"
        >
        <RelativeLayout
            android:layout_marginLeft="@dimen/dp6"
            android:layout_width="55dp"
            android:layout_height="55dp"
            >
            <ImageView
                android:layout_width="match_parent"
                android:layout_height="match_parent"
                android:layout_centerInParent="true"
                android:src="@drawable/bg_photo"/>
            <ImageView
                android:id="@+id/iv_photo_over"
                android:layout_width="match_parent"
                android:layout_height="match_parent"
                android:layout_centerInParent="true"
                android:src="@drawable/photo_over"/>
```

```xml
            </RelativeLayout>
            <LinearLayout
                android:layout_width="wrap_content"
                android:layout_height="55dp"
                android:orientation="vertical"
                android:gravity="center_vertical"
                android:layout_marginLeft="10dp">
                <TextView
                    android:layout_width="wrap_content"
                    android:layout_height="wrap_content"
                    android:text="未知"
                    android:textColor="#000000"
                    android:textSize="18sp"
                    />
                <TextView
                    android:textSize="14sp"
                    android:layout_width="wrap_content"
                    android:layout_height="wrap_content"
                    android:text="unknown@gmail.con"
                    />
            </LinearLayout>
        </LinearLayout>
        <View
            android:layout_width="match_parent"
            android:layout_height="1dp"
            android:background="#1a000000"
            android:layout_marginTop="3dp"/>
        <LinearLayout
            android:background="@drawable/selector_menu_icon_bg"
            android:layout_width="match_parent"
            android:layout_height="wrap_content"
            android:orientation="horizontal"
            android:gravity="center_vertical">
            <ImageView
                style="@style/MenuImageView"
                android:src="@drawable/ic_home"/>
            <TextView
                android:layout_marginLeft="6dp"
                android:layout_width="match_parent"
                android:layout_height="wrap_content"
                android:textSize="18sp"
                android:text="首页"/>
        </LinearLayout>
        <View
            android:layout_width="match_parent"
            android:layout_height="1dp"
            android:background="#1a000000"/>

        <LinearLayout
            android:background="@drawable/selector_menu_icon_bg"
            android:layout_width="match_parent"
            android:layout_height="wrap_content"
            android:orientation="horizontal"
            android:gravity="center_vertical">
            <ImageView
```

```xml
        style="@style/MenuImageView"
        android:src="@drawable/ic_setting"/>
    <TextView
        android:layout_marginLeft="6dp"
        android:layout_width="match_parent"
        android:layout_height="wrap_content"
        android:textSize="18sp"
        android:text="设置"/>
</LinearLayout>
<View
    android:layout_width="match_parent"
    android:layout_height="1dp"
    android:background="#1a000000"/>

<LinearLayout
    android:background="@drawable/selector_menu_icon_bg"
    android:layout_width="match_parent"
    android:layout_height="wrap_content"
    android:orientation="horizontal"
    android:gravity="center_vertical">
    <ImageView
        style="@style/MenuImageView"
        android:src="@drawable/ic_theme"/>
    <TextView
        android:layout_marginLeft="6dp"
        android:layout_width="match_parent"
        android:layout_height="wrap_content"
        android:textSize="18sp"
        android:text="主题"/>
</LinearLayout>
<View
    android:layout_width="match_parent"
    android:layout_height="1dp"
    android:background="#1a000000"/>

<LinearLayout
    android:background="@drawable/selector_menu_icon_bg"
    android:layout_width="match_parent"
    android:layout_height="wrap_content"
    android:orientation="horizontal"
    android:gravity="center_vertical">
    <ImageView
        style="@style/MenuImageView"
        android:src="@drawable/ic_scans"/>
    <TextView
        android:layout_marginLeft="6dp"
        android:layout_width="match_parent"
        android:layout_height="wrap_content"
        android:textSize="18sp"
        android:text="安装包管理"/>
</LinearLayout>
<View
    android:layout_width="match_parent"
    android:layout_height="1dp"
    android:background="#1a000000"/>
```

```xml
<LinearLayout
    android:background="@drawable/selector_menu_icon_bg"
    android:layout_width="match_parent"
    android:layout_height="wrap_content"
    android:orientation="horizontal"
    android:gravity="center_vertical">
    <ImageView
        style="@style/MenuImageView"
        android:src="@drawable/ic_feedback"/>
    <TextView
        android:layout_marginLeft="6dp"
        android:layout_width="match_parent"
        android:layout_height="wrap_content"
        android:textSize="18sp"
        android:text="反馈"/>
</LinearLayout>
<View
    android:layout_width="match_parent"
    android:layout_height="1dp"
    android:background="#1a000000"/>

<LinearLayout
    android:background="@drawable/selector_menu_icon_bg"
    android:layout_width="match_parent"
    android:layout_height="wrap_content"
    android:orientation="horizontal"
    android:gravity="center_vertical">
    <ImageView
        style="@style/MenuImageView"
        android:src="@drawable/ic_updates"/>
    <TextView
        android:layout_marginLeft="6dp"
        android:layout_width="match_parent"
        android:layout_height="wrap_content"
        android:textSize="18sp"
        android:text="检查更新"/>
</LinearLayout>
<View
    android:layout_width="match_parent"
    android:layout_height="1dp"
    android:background="#1a000000"/>

<LinearLayout
    android:background="@drawable/selector_menu_icon_bg"
    android:layout_width="match_parent"
    android:layout_height="wrap_content"
    android:orientation="horizontal"
    android:gravity="center_vertical">
    <ImageView
        style="@style/MenuImageView"
        android:src="@drawable/ic_about"/>
    <TextView
        android:layout_marginLeft="6dp"
        android:layout_width="match_parent"
```

```xml
                android:layout_height="wrap_content"
                android:textSize="18sp"
                android:text="关于"/>
        </LinearLayout>
        <View
            android:layout_width="match_parent"
            android:layout_height="1dp"
            android:background="#1a000000"/>

        <LinearLayout
            android:background="@drawable/selector_menu_icon_bg"
            android:layout_width="match_parent"
            android:layout_height="wrap_content"
            android:orientation="horizontal"
            android:gravity="center_vertical">
            <ImageView
                style="@style/MenuImageView"
                android:src="@drawable/ic_exit"/>
            <TextView
                android:layout_marginLeft="6dp"
                android:layout_width="match_parent"
                android:layout_height="wrap_content"
                android:textSize="18sp"
                android:text="退出"/>
        </LinearLayout>
        <View
            android:layout_width="match_parent"
            android:layout_height="1dp"
            android:background="#1a000000"/>
</LinearLayout>
```

15.3.3 设置 ActionBar

1. 修改 ActionBar 的样式

在 res/values/style.xml 文件中将下列样式中的颜色去掉，代码如下。

```xml
<style name="AppTheme" parent="Theme.AppCompat.Light"></style>
```

2. 设置 ActionBar 的内容

给 ActionBar 设置 icon 和 title，还可以将左侧箭头换成汉堡包 ≡ 样式，打开侧边栏时又变成箭头样式，设置开关与 DrawLayout 同步，具体实现代码如下。

```java
private void initView() {
    drawerLayout = (DrawerLayout) findViewById(R.id.drawerLayout);
}
public void setActionBar() {
    //得到ActionBar
    ActionBar actionBar = getSupportActionBar();
    actionBar.setTitle(R.string.app_name);
    //显示ActionBar图标
    actionBar.setDisplayShowHomeEnabled(true);
    actionBar.setIcon(R.drawable.ic_launcher);
    //显示左侧的箭头
    actionBar.setDisplayHomeAsUpEnabled(true);
    //将Home按钮的返回箭头替换为汉堡包样式
```

```
        drawerToggle = new ActionBarDrawerToggle(this,drawerlayout,0,0);
    //给开关设置监听动画
        drawerlayout.setDrawerListener(drawerToggle);
        drawerToggle.syncState();//开关和DrawerLayout同步
    }
```

注意：DrawerLayout 位于 v4 包中，ActionBarDrawerToggle 在 21 版本以上的 v4 包和 v7 包中都存在，大家在导包的时候需要注意。如果导入的是 v4 包中的 ActionBarDrawerToggle，那么在 21 版本及以上的模拟器中没有动画效果，但是在低版本中是可以正常显示的，所以这里建议大家在导包的时候，导 v7 中的 ActionBarDrawerToggle，此时默认动画由汉堡包样式变成箭头。另外，API22 以后，如果导的是 v4 包中的 ActionBarDrawerToggle，默认显示的是向右的箭头，而不是汉堡包样式，并且不管是低版本手机还是高版本手机都没有动画效果，而且默认要求导 v7 中的 ActionBarDrawerToggle。

3. 使 ActionBar 的左边箭头具有开关功能

当单击汉堡包样式按钮时可以打开侧拉菜单，实现这个功能需要重写 Activity 里的两个方法 onCreateOptionsMenu(Menu menu)和 onOptionsItemSelected(MenuItem item)，具体实现代码如下。

```
//创建菜单
@Override
public boolean onCreateOptionsMenu(Menu menu) {
    return true;//只要返回true,则说明menu已经被创建
}
/**使左边箭头具有开关功能*/
@Override
public boolean onOptionsItemSelected(MenuItem item) {
    switch(item.getItemId()){
    case android.R.id.home :
        drawerToggle.onOptionsItemSelected(item);
         break;
    }
    return super.onOptionsItemSelected(item);
}
```

4. 填充右侧的 Menu 菜单

当创建了菜单之后，在 ActionBar 的右侧就有 3 个圆点，单击圆点，展开菜单，如图 15-10 所示。

图 15-10　填充菜单

实现上述功能，首先需要创建菜单的 xml 文件，具体代码如下。

```xml
<menu xmlns:android="http://schemas.android.com/apk/res/android">
    <item android:title="hehe" android:id="@+id/item1"/>
    <item android:title="haha" android:id="@+id/item2"/>
</menu>
```

创建完菜单 xml，使用 Java 代码将布局文件加载进来，具体代码如下。

```
@Override
```

```
public boolean onOptionsItemSelected(MenuItem item) {
    switch(item.getItemId()){
        case android.R.id.home:
            drawerToggle.onOptionsItemSelected(item);
            break;
        case R.id.item1://菜单条目的单击事件
            Toast.makeText(this,"hehe被单击了！",Toast.LENGTH_SHORT).show();
            break;
        case R.id.item2:
            Toast.makeText(this,"haha被单击了！",Toast.LENGTH_SHORT).show();
            break;
    }
    return super.onOptionsItemSelected(item);
}

@Override
public boolean onCreateOptionsMenu(Menu menu) {
    getMenuInflater().inflate(R.menu.main,menu);
    return true;
}
```

15.4 主界面框架的搭建

谷歌电子市场主界面框架是指示器+ViewPager+Fragment，当打开下拉列表时有下拉刷新功能，如图 15-11 所示。

15.4.1 导入主页需要的类库

若要实现图 15-11 所示界面，需要导入两个类库：一个是 ViewPager 的指示 PagerSlidingTab，一个是下拉刷新的 PullToRefresh。

PagerSlidingTab：PagerSlidingTab 是一个第三方开源类，开发项目需要将此 Java 文件复制到自己的项目中相应的位置，如图 15-12 所示，并将此文件需要的资源 background_tab.xml 复制到 res/drawable 文件夹下，将 attrs.xml 文件复制到 res/values 文件夹下。

整体框架搭建

导入类库添加依赖

图 15-11 主页界面

图 15-12 PagerSlidingTab 类

PullToRefresh：PullToRefresh 是第三方类库，开发时需要导入到工程中来并添加依赖。首先是导入，选择 Android Studio 菜单栏中的"File"→"New"→"import Module"命令，打开导入 Module 界面，如图 15-13 所示，单击图 15-12 中方框框住的按钮，打开图 15-14 所示界面，选择类库所在的路径。

图 15-13　导入 Module 界面

图 15-14　选择路径

给项目添加依赖，单击工具栏中的"Project Structure"按钮，如图 15-15 所示。打开 Project Structure 界面，选中 App，单击右侧顶部的"Dependencies"选项，如图 15-16 所示，最后单击最右侧的+号按钮，选择"Module Dependency"选项，然后选择自己导入项目中的 Module，单击"OK"按钮即可。

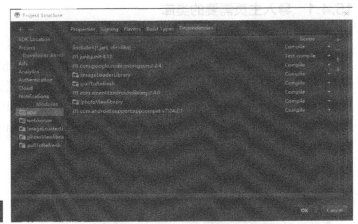

图 15-15　Project Structure 按钮　　　　图 15-16　Project Structure 界面

15.4.2　完成主界面的 xml 布局

15.4.1 小节中已经导入了所有需要的类库，在 xml 文件中就可以使用了，具体代码如下。

```
<?xml version="1.0" encoding="utf-8"?>
<android.support.v4.widget.DrawerLayout xmlns:android="http://schemas.android.com/apk/res/android"
    xmlns:tools="http://schemas.android.com/tools"
    android:layout_width="match_parent"
    android:layout_height="match_parent"
```

```xml
    android:id="@+id/drawerlayout"
    tools:context=".activity.MainActivity">
    <LinearLayout
        android:layout_height="match_parent"
        android:layout_width="match_parent"
        android:orientation="vertical"
        android:background="#ffffff">
        <com.farsight.mygooleplay.widget.PagerSlidingTab
            android:id="@+id/slidingtab"
            android:layout_width="match_parent"
            android:layout_height="wrap_content">
        </com.farsight.mygooleplay.widget.PagerSlidingTab>
        <android.support.v4.view.ViewPager
            android:id="@+id/viewpager"
            android:layout_width="match_parent"
            android:layout_height="match_parent">
        </android.support.v4.view.ViewPager>
    </LinearLayout>
    <LinearLayout
        android:id="@+id/ll_left"
        android:layout_width="240dp"
        android:layout_height="match_parent"
        android:layout_gravity="start">
        <include layout="@layout/menu_list"/>
    </LinearLayout>
</android.support.v4.widget.DrawerLayout>
```

15.4.3 填充 ViewPager 并绑定 Indicator

填充 VeiwPager 需要用到适配器,首先要准备适配器需要的数据。

➢ 指示器标题字符串:指示器标题字符串可以在 string.xml 资源文件中进行定义,然后用 Java 代码进行引用。创建字符数组资源的代码如下。

```xml
<string-array name="tabs">
    <item>首页</item>
    <item>应用</item>
    <item>游戏</item>
    <item>专题</item>
    <item>推荐</item>
    <item>分类</item>
    <item>热门</item>
</string-array>
```

➢ 工程工具类:由于之后会用到上下文,所以为了方便,可以创建一个工程工具类,用来提供全局变量,具体代码如下。

```java
public class GooglePlayApplication extends Application {
    public static Context context;
    public static Handler mhandler;

    @Override
    public void onCreate() {
        super.onCreate();
        context = this;
        mhandler = new Handler();
        ImageLoader.getInstance().init(ImageLoaderConfiguration.createDefault(GooglePlayApplication.context));
```

    }
}

> MainPagerAdapter：ViewPager 填充的是 Fragment，首先需要创建出各个 Pager 需要的 Fragment，创建 7 个类，即 HomeFragment、AppFragment、GameFragment、SubjectFragment、RecommendFragment、CategoryFragment、HotFragment，完成主界面的适配器，具体代码如下。

```java
public class MainPagerAdapter extends FragmentPagerAdapter {
    String[] tabs ;
    int ids[] = {R.drawable.ic_launcher};
    public MainPagerAdapter(FragmentManager fm) {
        super(fm);
        tabs = CommUtil.getResStringArray(R.array.tabs);
    }
    @Override
    public Fragment getItem(int position) {
        Fragment fragment = null;
        switch(position){
            case 0:
                fragment = new HomeFragment();
                break;
            case 1:
                fragment = new AppFragment();
                break;
            case 2:
                fragment = new GameFragment();
                break;
            case 3:
                fragment = new SubjectFragment();
                break;
            case 4:
                fragment = new RecommendFragment();
                break;
            case 5:
                fragment = new CategoryFragment();
                break;
            case 6:
                fragment = new HotFragment();
                break;
        }
        return fragment;
    }
    //有几个Pager
    @Override
    public int getCount() {
        return tabs.length;
    }
    //获取Pager标题,返回指示器标题
    @Override
    public CharSequence getPageTitle(int position) {
        return tabs[position];
    }
}
```

至此，整个项目的框架已经搭建完成，接下来就是对各个 Fragment 的具体实现了。

15.5 填充 HomeFragment 界面

15.5.1 工具类 CommonUtil 的创建

由于各个功能都会频繁地引用 values 中的资源，所以首先要创建一个工具类，方便获取 values 里面的资源，具体代码如下。

```java
public class CommUtil {
    public static void runOnUIThread(Runnable runnable){
        GooglePlayApplication.mhandler.post(runnable);
    }
    /**获取资源文件里的字符串*/
    public static String getResString(int id){
        return GooglePlayApplication.context.getResources().getString(id);
    }
    /**获取资源里的字符串数组*/
    public static String[] getResStringArray(int id){
        return GooglePlayApplication.context.getResources().getStringArray(id);
    }
    /**获取资源文件里的尺寸*/
    public static int getDimens(int id){
        return GooglePlayApplication.context.getResources().getDimensionPixelSize(id);
    }
    /**获取资源文件里的颜色*/
    public static int getColor(int id){
        return GooglePlayApplication.context.getResources().getColor(id);
    }
    //rgb:random类随机地生成漂亮颜色
    public static int randomColor(){
        Random random = new Random();
        int red = random.nextInt(150);//0~150
        int green = random.nextInt(150);
        int blue = random.nextInt(150);
        int rgb = Color.rgb(red, green, blue);
        return rgb;
    }
    //随机生成字体的大小
    public static int randomTextSize(){
        Random random = new Random();
        int size = random.nextInt(14)+10;//14~23
        return size;
    }
}
```

15.5.2 LoadingPager 类的创建

每个 Fragment 都包括 3 个状态：数据请求成功、数据请求失败、正在加载中。3 个状态对应 3 个界面显示，其中，数据请求失败和正在加载中这两个状态是一样的，可以用 xml 文件写出，加载成功的界面需要具体的 Fragment 去实现，具体代码如下。

```xml
<?xml version="1.0" encoding="utf-8"?>
<FrameLayout xmlns:android="http://schemas.android.com/apk/res/android"
    android:layout_width="match_parent"
```

```xml
        android:layout_height="match_parent">
    <LinearLayout
        android:layout_width="match_parent"
        android:layout_height="match_parent"
        android:gravity="center"
        android:orientation="vertical">
        <ImageView
            android:layout_width="wrap_content"
            android:layout_height="wrap_content"
            android:src="@drawable/ic_error_page"
            />
        <Button
            android:id="@+id/btn_reload"
            android:layout_width="wrap_content"
            android:layout_height="wrap_content"
            android:singleLine="true"
            android:ellipsize="end"
            android:background="#33000000"
            android:textColor="#99000000"
            android:padding="@dimen/dp6"
            android:text="加载失败,单击重新加载"/>
    </LinearLayout>
</FrameLayout>

<?xml version="1.0" encoding="utf-8"?>
<FrameLayout xmlns:android="http://schemas.android.com/apk/res/android"
    android:layout_width="match_parent"
    android:layout_height="match_parent">
    <ProgressBar
        android:layout_gravity="center"
        android:layout_width="wrap_content"
        android:layout_height="wrap_content" />
</FrameLayout>
```

把这3个View抽取出LoadingPager以进行统一管理,具体代码如下。

```java
public abstract class LoadingPager extends FrameLayout {
    private View loadingPager;
    private View errorPager;
    private View successPager;
    enum PagerState{
        STATE_LOADING,
        STATE_ERROR,
        STATE_SUCCESS;
    };
    /**记录LoadingPager的状态,默认是正在加载中*/
    private PagerState mState = PagerState.STATE_LOADING;
    public LoadingPager(Context context) {
        super(context);
        initLoadingPager();
    }
    public LoadingPager(Context context, AttributeSet attrs) {
        super(context, attrs);
        initLoadingPager();
    }
    public LoadingPager(Context context, AttributeSet attrs, int defStyleAttr) {
        super(context, attrs, defStyleAttr);
```

```java
            initLoadingPager();
        }
        /**初始化LoadingPager*/
        public void initLoadingPager(){
            //设置布局的参数
            LayoutParams params = new LayoutParams(LayoutParams.MATCH_PARENT,LayoutParams.MATCH_PARENT);
            //添加3个View
            //1.添加加载中的View
            if(loadingPager == null){
                loadingPager = View.inflate(GooglePlayApplication.context, R.layout.pager_loading,null);
            }
            addView(loadingPager,params);
            //2.添加数据请求失败的页面
            if(errorPager == null){
                errorPager = View.inflate(GooglePlayApplication.context, R.layout.pager_error,null);
                Button bt_reload = (Button) errorPager.findViewById(R.id.btn_reload);
                bt_reload.setOnClickListener(new OnClickListener() {
                    @Override
                    public void onClick(View v) {
                        //把状态变成正在加载中
                        mState = PagerState.STATE_LOADING;
                        //根据状态显示页面
                        showPager();
                        //加载数据显示页面
                        loadDataAndRefreshPager();
                    }
                });
            }
            addView(errorPager,params);
            //数据请求成功的页面
            if(successPager == null){
                successPager = createSuccessView();
            }
            if(successPager == null){
                throw new IllegalArgumentException("createSuccessView()the mothed can not return null! ");
            }else {
                addView(successPager,params);
            }
            //根据状态显示Pager
            showPager();
            //加载数据，根据数据来更新Pager
            loadDataAndRefreshPager();
        }
        /**加载数据，根据数据来进行更新Pager*/
        protected void loadDataAndRefreshPager() {
            new Thread(){
                @Override
                public void run() {
                    SystemClock.sleep(1500);
                    Object data = loadData();
                    if(data == null){
                        mState = PagerState.STATE_ERROR;
                    }else{
                        mState = PagerState.STATE_SUCCESS;
```

```
                }
                //更新页面
                CommUtil.runOnUIThread(new Runnable() {
                    @Override
                    public void run() {
                        showPager();
                    }
                });
            }
        }.start();
    }

    /**请求数据的方法，让具体的子类去完成*/
    protected abstract Object loadData();

    /**根据不同的状态显示不同的Pager*/
    private void showPager() {
        //刚开始全部隐藏，根据不同的状态显示不同的Pager
        loadingPager.setVisibility(View.INVISIBLE);
        errorPager.setVisibility(View.INVISIBLE);
        successPager.setVisibility(View.INVISIBLE);
        switch(mState){
            case STATE_LOADING:
                loadingPager.setVisibility(View.VISIBLE);
                break;
            case STATE_ERROR:
                errorPager.setVisibility(View.VISIBLE);
                break;
            case STATE_SUCCESS:
                successPager.setVisibility(View.VISIBLE);
                break;
        }
    }

    public abstract View createSuccessView();

}
```

15.5.3 BaseFragment 类的创建

由于 7 个 Fragment 中有很多相同的操作和逻辑，所以可以将相同的操作和逻辑抽取出来做成基类 BaseFragment，这样，子类只需要继承父类即可。BaseFragment 的具体实现代码如下。

```
public abstract class BaseFragment extends Fragment {
    protected LoadingPager loadingPager;
    @Nullable
    @Override
    public View onCreateView(LayoutInflater inflater, @Nullable ViewGroup container, @Nullable Bundle savedInstanceState) {
        loadingPager = new LoadingPager(GooglePlayApplication.context) {
            @Override
            protected Object loadData() {
                return requstData();
            }
            @Override
```

```
            public View createSuccessView() {
                return getCreateSuccessView();
            }
        };
        return loadingPager;
    }
    protected abstract View getCreateSuccessView();
    /**让具体的子类去请求数据*/
    public abstract Object requstData();
}
```

15.5.4 封装网络请求框架

在 Android 中有很多网络请求框架，例如 Android 原生的 HttpUrlConnection 和 HttpClient，开源框架 Xutil、AsyncHttpClient、Volley、OkHttp 等。

这里将封装 HttpClient 来请求网络数据，具体代码如下。

```
public class HttpUtil {
    /**
     * 执行GET请求，返回json字符串
     * @param url
     * @return
     */
    public static String get(String url){
        String result = "";
        HttpClient httpClient = new DefaultHttpClient();
        HttpGet httpGet = new HttpGet(url);
        Log.i("HttpUtil", "请求的url:"+url);
        try {
            HttpResponse httpResponse = httpClient.execute(httpGet);
            int code = httpResponse.getStatusLine().getStatusCode();
            if(code == 200){
                HttpEntity entity = httpResponse.getEntity();//获取响应体
                InputStream is = entity.getContent();//获取输入流
                ByteArrayOutputStream baos = new ByteArrayOutputStream();
                byte[] buffer = new byte[1024];//1KB的缓存区
                int len = -1;
                while((len=is.read(buffer))!=-1){
                    baos.write(buffer, 0, len);
                }
                result = new String(baos.toByteArray(),"UTF-8");
                //关闭流和链接
                is.close();
                //关闭闲置的链接，释放资源
                httpClient.getConnectionManager().closeExpiredConnections();
            }
        } catch (ClientProtocolException e) {
            e.printStackTrace();
        } catch (IOException e) {
            e.printStackTrace();
        }
        return result;
    }
    /**
     * 下载文件，返回流对象
```

```java
 *
 * @param url
 * @return
 */
public static HttpResult download(String url) {
    HttpClient httpClient = new DefaultHttpClient();
    HttpGet httpGet = new HttpGet(url);
    boolean retry = true;//重试
    while (retry) {
        try {
            HttpResponse httpResponse = httpClient.execute(httpGet);
            if(httpResponse!=null){
                return new HttpResult(httpClient, httpGet, httpResponse);
            }
        } catch (Exception e) {
            retry = false;
            e.printStackTrace();
        }
    }
    return null;
}
public static class HttpResult{
    private HttpClient httpClient;
    private HttpGet httpGet;
    private HttpResponse httpResponse;
    private InputStream inputStream;
    public HttpResult(HttpClient httpClient,HttpGet httpGet,
                      HttpResponse httpResponse){
        super();
        this.httpClient = httpClient;
        this.httpGet = httpGet;
        this.httpResponse = httpResponse;
    }
    /**
     * 获取状态码
     * @return
     */
    public int getStatusCode() {
        StatusLine status = httpResponse.getStatusLine();
        return status.getStatusCode();
    }
    /**
     * 获取输入流
     * @return
     */
    public InputStream getInputStream(){
        if(inputStream==null && getStatusCode()<300){
            HttpEntity entity = httpResponse.getEntity();
            try {
                inputStream =  entity.getContent();
            } catch (Exception e) {
                e.printStackTrace();
            }
        }
        return inputStream;
```

```
        }
        /**
         * 关闭链接和流对象
         */
        public void close() {
            if (httpGet != null) {
                httpGet.abort();
            }
            if(inputStream!=null){
                try {
                    inputStream.close();
                } catch (IOException e) {
                    e.printStackTrace();
                }
            }
            //关闭链接
            if (httpClient != null) {
                httpClient.getConnectionManager().closeExpiredConnections();
            }
        }
    }
}
```

15.5.5 请求路径封装和 json 数据解析

毫无疑问的是，进行网络请求必须要有网络路径。网络请求路径是编写服务器人员给的接口文档，只需要根据给出的接口文档来组织自己的请求路径即可。这里根据接口文档对路径进行了封装，具体代码如下。

```
public interface Api {
    //服务器主机地址
    String SERVER_HOST = "http://127.0.0.1:8090/";
    //图片请求路径的前缀
    String IMAGE_PREFIX = SERVER_HOST + "image?name=";
    //home页的请求路径
    String Home = SERVER_HOST+"home?index=";
    //app页的URL地址
    String App = SERVER_HOST + "app?index=";
    //Game页的URL地址
    String Game = SERVER_HOST+"game?index=";
    //Subject页的URL地址
    String Subject = SERVER_HOST + "subject?index=";
    //RecommendFragment页的URL地址
    String Recommend = SERVER_HOST+"recommend?index=0";
    //Category页的URL地址
    String Category = SERVER_HOST+"category?index=0";
    //hot页的URL地址
    String Hot = SERVER_HOST+"hot?index=0";
    //AppDetailActivity页面获取的数据：s%表示要替换成一个字符串
    String Detail = SERVER_HOST + "detail?packageName=%s";
    //App下载的URL地址
    String Download = SERVER_HOST + "download?name=%s";
    //App断点下载的URL地址
    String Break_Download = SERVER_HOST + "download?name=%s&range=%d";
}
```

从网络上请求的数据大多是 json 字符串，需要将 json 字符串进行解析，转换成 Bean 类，HomeFragment 页返回的数据进行 json 数据解析，封装成 Home 类和 AppInfo，具体代码如下。

```java
public class Home {
    private List<String> picture;
    private List<AppInfo> list;
    public List<String> getPicture() {
        return picture;
    }
    public void setPicture(List<String> picture) {
        this.picture = picture;
    }
    public List<AppInfo> getList() {
        return list;
    }
    public void setList(List<AppInfo> list) {
        this.list = list;
    }
}

public class AppInfo {
    private long id;
    private String des;//App的描述
    private String iconUrl;//App的图标的URL后缀
    private String name;//App的名字
    private String packageName;//App的包名
    private long size;//App的大小
    private float stars;//App的星级
    private String downloadUrl;
    private String author;//作者
    private String date;//日期
    private String downloadNum;//下载数量
    private String version;//版本
    private ArrayList<String> screen;//App的截图
    private ArrayList<SafeInfo> safe;//安全信息
    public String getAuthor() {
        return author;
    }
    public void setAuthor(String author) {
        this.author = author;
    }
    public String getDate() {
        return date;
    }
    public void setDate(String date) {
        this.date = date;
    }
    public String getDownloadNum() {
        return downloadNum;
    }
    public void setDownloadNum(String downloadNum) {
        this.downloadNum = downloadNum;
    }
    public String getVersion() {
        return version;
    }
```

```java
    public void setVersion(String version) {
        this.version = version;
    }
    public ArrayList<String> getScreen() {
        return screen;
    }
    public void setScreen(ArrayList<String> screen) {
        this.screen = screen;
    }
    public ArrayList<SafeInfo> getSafe() {
        return safe;
    }
    public void setSafe(ArrayList<SafeInfo> safe) {
        this.safe = safe;
    }
    public String getDownloadUrl() {
        return downloadUrl;
    }
    public void setDownloadUrl(String downloadUrl) {
        this.downloadUrl = downloadUrl;
    }
    public long getId() {
        return id;
    }
    public void setId(long id) {
        this.id = id;
    }
    public String getDes() {
        return des;
    }
    public void setDes(String des) {
        this.des = des;
    }
    public String getIconUrl() {
        return iconUrl;
    }
    public void setIconUrl(String iconUrl) {
        this.iconUrl = iconUrl;
    }
    public String getName() {
        return name;
    }
    public void setName(String name) {
        this.name = name;
    }
    public String getPackageName() {
        return packageName;
    }
    public void setPackageName(String packageName) {
        this.packageName = packageName;
    }
    public long getSize() {
        return size;
    }
    public void setSize(long size) {
```

```
            this.size = size;
    }
    public float getStars() {
        return stars;
    }
    public void setStars(float stars) {
        this.stars = stars;
    }
}
```

15.5.6 封装 Gson 工具类

将 json 字符串转换成 Bean 对象，可以使用 Gson 进行转换。为了使用方便，还是将此功能封装成 JsonUtil 类，具体代码如下。

```
public class JsonUtil {
    /**将json字符串解析成Bean类*/
    public static <T> T parseJsonToBean(String json,Class<T> cls){
        T t = null;
        if(t == null){
            Gson gson = new Gson();
            t = gson.fromJson(json,cls);
        }
        return t;
    }


    /**将json字符串解析成集合
     * @param json
     * @param type    new TypeToken<List<yourbean>>(){}.getType()
     * @return
     **/
    public static List<?> parseJsonToList(String json, Type type){
        Gson gson = new Gson();
        List<?> list = gson.fromJson(json,type);
        return list;
    }

}
```

15.5.7 抽取 BaseHolder 和 BasicAdapter

由于整个项目中的多个 Fragment 都用到了 ListView，因此势必要用到适配器，而 ListView 的优化又要用到 ViewHolder，所以可将这些类进行分离和抽取，让 Holder 类独立于 Adapter 而存在。这时，可抽取出两个基类 BaseHolder 和 BasicAdapter，它们的具体代码如下。

```
public abstract class BaseHolder<T> {
    public View holderView;
    public BaseHolder(){
        holderView = initHolderView();
        holderView.setTag(this);
    }

    /**填充布局，查找控件*/
    public abstract View initHolderView();
```

```java
    /**绑定数据的方法*/
    public abstract void bindData(T data);

    public View getHolderView(){
        return holderView;
    }
}

public abstract class BasicAdapter<T> extends BaseAdapter{
    public ArrayList<T> list;
    public BasicAdapter(ArrayList<T> list){
        this.list = list;
    }
    @Override
    public int getCount() {
        return list.size();
    }
    @Override
    public Object getItem(int position) {
        return list.get(position);
    }
    @Override
    public long getItemId(int position) {
        return position;
    }
    @Override
    public View getView(int position, View convertView, ViewGroup parent) {
        BaseHolder<T> baseHolder = null;
        if(convertView == null){
            baseHolder = getHolder(position);
            convertView = baseHolder.getHolderView();
        }else{
            baseHolder = (BaseHolder<T>) convertView.getTag();
        }
        //绑定数据
        baseHolder.bindData(list.get(position));
        //View先变小，再变大
        ViewHelper.setScaleX(convertView,0.5f);
        ViewHelper.setScaleY(convertView,0.5f);
        ViewPropertyAnimator.animate(convertView)
                .scaleX(1f)
                .setInterpolator(new OvershootInterpolator())
                .setDuration(400)
                .start();
        ViewPropertyAnimator.animate(convertView)
                .scaleY(1f)
                .setInterpolator(new OvershootInterpolator())
                .setDuration(400)
                .start();
        return convertView;
    }
    /**获取具体的子类的Holder*/
    public abstract BaseHolder<T> getHolder(int position);
}
```

15.5.8 BaseListFragment 基类的抽取

因为首页、应用、游戏、专题和分类界面都具有下拉刷新功能，即都需要使用 PullToRefresh 里的 PullToRefreshListView 控件，所以可以将 BaseFragment 进一步抽取封装成拥有下拉刷新功能的 BaseListFragment，先将 PullToRefresh 类库导入到工程里。因为之前已经对此进行了详细介绍，这里不再进行赘述，具体代码如下。

```java
public abstract class BaseListFragment<T> extends BaseFragment implements AdapterView.OnItemClickListener {
    protected PullToRefreshListView refreshListView;
    protected ArrayList<T> list = new ArrayList<>();
    protected ListView listview;
    protected BasicAdapter<T> adapter;

    @Override
    protected View getCreateSuccessView() {
        refreshListView = (PullToRefreshListView) View.inflate(GooglePlayApplication.context, R.layout.ptr_listview, null);
        refreshListView.setMode(PullToRefreshBase.Mode.BOTH);
        //给下拉刷新ListView设置监听
        refreshListView.setOnRefreshListener(new PullToRefreshBase.OnRefreshListener<ListView>() {
            @Override
            public void onRefresh(PullToRefreshBase<ListView> refreshView) {
                loadingPager.loadDataAndRefreshPager();
            }
        });
        listview = refreshListView.getRefreshableView();
        listview.setDividerHeight(0);
        adapter = getAdapter();
        addHeader();
        listview.setAdapter(adapter);
        listview.setOnItemClickListener(this);
        return refreshListView;
    }

    /**添加头布局的方法，如果子类需要可以重写此方法*/
    public void addHeader() {
        //empty
    }

    public void checkFromRefreshFromStart(){
        if(refreshListView.getCurrentMode() == PullToRefreshBase.Mode.PULL_FROM_START){
            list.clear();
        }
    }

    @Override
    public Object requstData() {
        return null;
    }

    public abstract BasicAdapter<T> getAdapter();

    @Override
    public void onItemClick(AdapterView<?> parent, View view, int position, long id) {
        //空实现
    }
}
```

至此,所有的准备工作都完成了。

15.5.9　HomeFragment 的实现

HomeFragment 页面的条目有图片的显示,所以需要使用第三方类库 ImageLoader,将 ImageLoader 类库导入项目并添加依赖。值得一提的是,ImageLoader 导入后还需要将它的配置文件 ImageLoaderOptions 复制到工程里,并在全局工具类 GooglePlayApplication 的 onCreate()方法里对 ImageLoader 进行全局初始化,代码如下。

```
ImageLoader.getInstance().init(ImageLoaderConfiguration.createDefault(GooglePlayApplication.context));
```

因为已经进行了 BaseListFragment 基类的抽取,所以 HomeFragment 不再需要独立地布局,而只需要给它的 item 准备相应的布局即可。ListView 条目的布局在 Holder 里进行加载和绑定数据。首先看 HomeFragment 里的代码,代码如下。

```java
public class HomeFragment extends BaseListFragment<AppInfo>{
    private HomeAdapter homeAdapter;
    private View view;
    private ViewPager viewpager;
    @Override
    public Object requstData() {
        checkFromRefreshFromStart();
        String result = "";
        result = HttpUtil.get(Api.Home + list.size());
        Home home = JsonUtil.parseJsonToBean(result, Home.class);
        if(home != null){
            ArrayList<AppInfo> appInfos = (ArrayList<AppInfo>) home.getList();
            list.addAll(appInfos);
            CommUtil.runOnUIThread(new Runnable() {
                @Override
                public void run() {
                    homeAdapter.notifyDataSetChanged();
                    refreshListView.onRefreshComplete();
                }
            });
        }
        return result;
    }
    @Override
    public BasicAdapter<AppInfo> getAdapter() {
        homeAdapter = new HomeAdapter(list);
        return homeAdapter;
    }
    public void checkFromRefreshFromStart(){
        if(refreshListView.getCurrentMode() == PullToRefreshBase.Mode.PULL_FROM_START){
            list.clear();
        }
    }
    @Override
    public void onStart() {
        super.onStart();
    }
    @Override
    public void onStop() {
        super.onStop();
```

}
}

HomeFragment 界面的 HomeAdapter 代码如下。

```java
public class HomeAdapter extends BasicAdapter<AppInfo> {
    public HomeAdapter(ArrayList<AppInfo> list) {
        super(list);
    }
    @Override
    public BaseHolder<AppInfo> getHolder(int position) {
        return new HomeHolder();
    }
}
```

对于 HomeFragment 里的 ListView 的条目，需要在 HomeHolder 里进行填充，具体代码如下。

```xml
<?xml version="1.0" encoding="utf-8"?>
<FrameLayout xmlns:android="http://schemas.android.com/apk/res/android"
    android:layout_width="match_parent"
    android:layout_height="match_parent"
    android:descendantFocusability="blocksDescendants"
    >
    <LinearLayout
        android:layout_marginLeft="@dimen/dp6"
        android:layout_marginRight="@dimen/dp6"
        android:orientation="vertical"
        android:layout_width="match_parent"
        android:layout_height="match_parent"
        android:background="@drawable/selector_bg_item">
        <RelativeLayout
            android:layout_width="match_parent"
            android:layout_height="wrap_content">
            <ImageView
                android:layout_marginLeft="@dimen/dp8"
                android:id="@+id/iv_icon"
                android:layout_width="@dimen/dp55"
                android:layout_height="@dimen/dp55"
                android:src="@drawable/ic_launcher"/>
            <LinearLayout
                android:layout_width="match_parent"
                android:layout_height="wrap_content"
                android:orientation="vertical"
                android:layout_toRightOf="@id/iv_icon"
                android:gravity="center_vertical"
                android:padding="@dimen/dp6">
                <TextView
                    android:id="@+id/tv_appname"
                    style="@style/TitleText"
                    android:text="有缘网"/>
                <RatingBar
                    android:layout_width="wrap_content"
                    android:layout_height="14dp"
                    android:id="@+id/rb_star"
                    style="@android:style/Widget.RatingBar"
                    android:layout_gravity="center_vertical"
                    android:progressDrawable="@drawable/ratingbar_progress"
```

```xml
                    android:rating="3"
                    />
                <TextView
                    android:id="@+id/tv_size"
                    style="@style/SubTitleText"
                    android:text="3.70MB"/>
            </LinearLayout>
        </RelativeLayout>
        <View
            android:layout_width="match_parent"
            android:layout_height="1dp"
            android:background="#33000000"
            />
        <TextView
            android:padding="@dimen/dp6"
            android:id="@+id/tv_des"
            style="@style/SubTitleText"
            android:singleLine="true"
            android:text="一支穿云箭,千军万马来相见。"/>
    </LinearLayout>
</FrameLayout>
```

```xml
<?xml version="1.0" encoding="utf-8"?>
<layer-list xmlns:android="http://schemas.android.com/apk/res/android">
    <item android:id="@android:id/background" android:drawable="@drawable/rating_small_empty" />
    <item android:id="@android:id/secondaryProgress" android:drawable="@drawable/rating_small_empty" />
    <item android:id="@android:id/progress" android:drawable="@drawable/rating_small_full" />
</layer-list>
```

```java
public class HomeHolder extends BaseHolder<AppInfo> {
    private View view;
    private ImageView iv_appicon;
    TextView tv_appname, tv_appsize, tv_appdes;
    RatingBar rb_appstars;
    @Override
    public View initHolderView() {
        view = View.inflate(GooglePlayApplication.context, R.layout.adapter_home, null);
        iv_appicon = (ImageView) view.findViewById(R.id.iv_icon);
        tv_appname = (TextView) view.findViewById(R.id.tv_appname);
        tv_appsize = (TextView) view.findViewById(R.id.tv_size);
        tv_appdes = (TextView) view.findViewById(R.id.tv_des);
        rb_appstars = (RatingBar) view.findViewById(R.id.rb_star);
        return view;
    }
    @Override
    public void bindData(AppInfo appInfo) {
        ImageLoader.getInstance().displayImage(Api.IMAGE_PREFIX + appInfo.getIconUrl(), iv_appicon, ImageLoaderOptions.fadein_options);
        iv_appicon.setImageResource(R.drawable.ic_launcher);
        tv_appname.setText(appInfo.getName());
        tv_appsize.setText(Formatter.formatFileSize(GooglePlayApplication.context, appInfo.getSize()));
        tv_appdes.setText(appInfo.getDes());
        rb_appstars.setRating(appInfo.getStars());
    }
}
```

运行效果如图 15-17 所示。

15.5.10　给 HomeFragment 添加轮播图

本小节要给首页添加轮播图，添加轮播图是给 HomeFragment 里的 PullToRefreshList View 添加头布局。头布局是一个 ViewPager。要实现 ViewPager 自动换页，要用 Handler 发送延迟消息来进行处理。首页轮播图布局文件和实现轮播的 Java 代码如下。

图 15-17　首页界面

```xml
<?xml version="1.0" encoding="utf-8"?>
<LinearLayout    xmlns:android="http://schemas.android.com/apk/res/android"
    android:orientation="vertical"
    android:layout_width="match_parent"
    android:layout_height="match_parent">
    <android.support.v4.view.ViewPager
        android:id="@+id/viewpager_header_home"
        android:layout_width="match_parent"
        android:layout_height="120dp">
    </android.support.v4.view.ViewPager>
</LinearLayout>
```

```java
public class HomeFragment extends BaseListFragment<AppInfo>{
    private HomeAdapter homeAdapter;
    private View view;
    private ViewPager viewpager;

    private Handler handler = new Handler(){
        @Override
        public void handleMessage(Message msg) {
            int currentItem = viewpager.getCurrentItem();
            viewpager.setCurrentItem(currentItem + 1);
            handler.sendEmptyMessageDelayed(0, 1500);
        }
    };
    /**
     * 添加轮播图头布局的方法
     */
    public void addHeader() {
        view = View.inflate(GooglePlayApplication.context, R.layout.adapter_header_home, null);
        viewpager = (ViewPager) view.findViewById(R.id.viewpager_header_home);
        WindowManager wm = (WindowManager) getActivity().getSystemService(Context.WINDOW_SERVICE);
        int screenWidth = wm.getDefaultDisplay().getWidth();
        LinearLayout.LayoutParams params = (LinearLayout.LayoutParams) viewpager.getLayoutParams();
        params.height = (int) (screenWidth/2.46);
        viewpager.setLayoutParams(params);
        listview.addHeaderView(view);
    }
    /**返回具体的Fragment请求的数据*/
    @Override
    public Object requstData() {
        checkFromRefreshFromStart();
```

```java
            String result = "";
            //0→20/20→20/40→40/60
            result = HttpUtil.get(Api.Home + list.size());
            Home home = JsonUtil.parseJsonToBean(result, Home.class);
            if(home != null){
                ArrayList<AppInfo> appInfos = (ArrayList<AppInfo>) home.getList();
                list.addAll(appInfos);
                final ArrayList<String> pictures = (ArrayList<String>) home.getPicture();
                CommUtil.runOnUIThread(new Runnable() {
                    @Override
                    public void run() {
                        homeAdapter.notifyDataSetChanged();
                        if(pictures != null && pictures.size()>0){
                            viewpager.setAdapter(new HomeHeaderAdapter(pictures));
                        }
                        refreshListView.onRefreshComplete();
                    }
                });
            }
            return result;
        }
    @Override
    public void onItemClick(AdapterView<?> parent, View view, int position, long id) {
        Intent intent = new Intent(getActivity(), AppDetailActivity.class);
        //position是ListView条目的position，单击条目的位置是position=2处
        AppInfo appInfo = list.get(position-2);
        intent.putExtra("packageName", appInfo.getPackageName());
        startActivity(intent);
    }
    @Override
    public BasicAdapter<AppInfo> getAdapter() {
        homeAdapter = new HomeAdapter(list);
        return homeAdapter;
    }
    public void checkFromRefreshFromStart(){
        if(refreshListView.getCurrentMode() == PullToRefreshBase.Mode.PULL_FROM_START){
            list.clear();
        }
    }
    @Override
    public void onStart() {
        super.onStart();
        handler.sendEmptyMessageDelayed(0,1500);
    }

    @Override
    public void onStop() {
        handler.removeMessages(0);
        super.onStop();
    }
}
```

此段代码中多了一个 addHeader()方法，addHeader()方法就是添加轮播图的。在 HomeFragment 的字段部分定义出了 Handler，Handler 就是通过发送空消息来实现 ViewPager 换页的。ViewPager 的 Adapter 里的代码如下。

```java
public class HomeHeaderAdapter extends PagerAdapter {
    ArrayList<String> pictures;
    public HomeHeaderAdapter(ArrayList<String> pictures){
        this.pictures = pictures;
    }
    @Override
    public int getCount() {
        return Integer.MAX_VALUE;
    }
    @Override
    public boolean isViewFromObject(View view, Object object) {
        return view == object;
    }
    @Override
    public Object instantiateItem(ViewGroup container, int position) {
        ImageView imageView = new ImageView(GooglePlayApplication.context);
        ImageLoader.getInstance().displayImage(Api.IMAGE_PREFIX+pictures.get(position%pictures.size()), imageView, fadein_options);
        container.addView(imageView);
        return imageView;
    }
    @Override
    public void destroyItem(ViewGroup container, int position, Object object) {
        container.removeView((View) object);
    }
}
```

实现效果如图 15-18 所示。

15.6 填充 SubjectFragment 界面

15.6.1 SubjectFragment 界面条目的创建

专题界面也是一个可以下拉刷新和上拉加载更多内容的界面，所以它的父类还是 BaseListFragment，SubjectFragment 界面具体的实现效果如图 15-19 所示。

图 15-18　首页轮播图

图 15-19　SubjectFragment 界面的效果

如图 15-19 所示，界面中有大量图片的展示，而图片都是从网络中获取的，当网络获取比较慢时可能只显示文字，当图片加载完成后再进行填充，而此时所有的内容都向下移，这样会造成非常不好的用户体验，所以通过自定义控件 RadioImageView 直接把控件的宽高定义好，这样当网络图片没有加载完成时，此控件还是存在的并占据图片的同等大小区域。当加载下来后直接进行填充，这样不会引起内容下移，RadioImageView 的具体代码如下。

```java
public class RatioImageView extends ImageView {
    /**
     * 设置宽高的比例
     * @param context
     */
    private float ratio = 0f;
    public RatioImageView(Context context) {
        super(context);
    }
    public RatioImageView(Context context, AttributeSet attrs) {
        super(context, attrs);
    }
    public RatioImageView(Context context, AttributeSet attrs, int defStyleAttr) {
        super(context, attrs, defStyleAttr);
    }
    public float getRatio() {
        return ratio;
    }
    //设置宽高比的方法
    public void setRatio(float ratio) {
        this.ratio = ratio;
    }
    /**
     * MeasureSpec 测量规格：size + mode
     * @param widthMeasureSpec
     * @param heightMeasureSpec
     * onMeasure()->onLayout()->onDraw()
     */
    @Override
    protected void onMeasure(int widthMeasureSpec, int heightMeasureSpec) {
        int width = MeasureSpec.getSize(widthMeasureSpec);
        if(ratio != 0){
            float height = width/ratio;
            heightMeasureSpec = MeasureSpec.makeMeasureSpec((int) height, MeasureSpec.EXACTLY);
        }
        super.onMeasure(widthMeasureSpec, heightMeasureSpec);
    }
}
```

完成自定义控件 RadioImageView 后就可以在布局中进行使用，下一步可以实现 SubjectFragment 界面中的条目布局，代码如下。

```xml
<?xml version="1.0" encoding="utf-8"?>
<FrameLayout xmlns:android="http://schemas.android.com/apk/res/android"
    android:layout_width="match_parent"
    android:layout_height="match_parent"
    >
    <LinearLayout
        android:orientation="vertical"
        android:layout_width="match_parent"
        android:layout_height="match_parent"
        android:layout_marginLeft="@dimen/dp8"
        android:layout_marginRight="@dimen/dp8"
        android:background="@drawable/selector_bg_item">
```

```xml
<com.farsight.mygooleplay.widget.RatioImageView
    android:id="@+id/iv_icon_subject"
    android:layout_width="match_parent"
    android:layout_height="wrap_content"
    android:src="@drawable/ic_launcher"/>
<TextView
    android:id="@+id/tv_des_subject"
    style="@style/TitleText"
    android:text="你还好吗? "/>
</LinearLayout>
</FrameLayout>
```

完成 SubjectFragment 界面的 SubjectAdapter 和 SubjectHolder，具体代码如下。

```java
public class SubjectAdapter extends BasicAdapter<Subject>{

    public SubjectAdapter(ArrayList<Subject> list) {
        super(list);
    }

    @Override
    public BaseHolder<Subject> getHolder(int position) {
        return new SubjectHolder();
    }
}

public class SubjectHolder extends BaseHolder<Subject> {

    private RatioImageView imageView;
    private TextView textView;

    @Override
    public View initHolderView() {
        View view = View.inflate(GooglePlayApplication.context,
                R.layout.adapter_subject, null);
        imageView = (RatioImageView) view.findViewById(R.id.iv_icon_subject);
        imageView.setRatio(2.42f);//给自定义控件设置宽高比
        textView = (TextView) view.findViewById(R.id.tv_des_subject);
        return view;
    }
    @Override
    public void bindData(Subject data) {
        ImageLoader.getInstance().displayImage(Api.IMAGE_PREFIX+data.getUrl(),imageView,
                ImageLoaderOptions.fadein_options);
        textView.setText(data.getDes());
    }
}
```

15.6.2 SubjectFragment 界面解析数据

根据接口文档所提供的数据对数据进行分析，需要创建 SubjectFragment 数据的 Bean 类，具体代码如下。

```java
public class Subject {
    private String des;
    private String url;
    public String getDes() {
        return des;
```

```
    }
    public void setDes(String des) {
        this.des = des;
    }
    public String getUrl() {
        return url;
    }
    public void setUrl(String url) {
        this.url = url;
    }
}
```

15.6.3 SubjectFragment 请求数据给界面填充数据

完成布局后就可以使从网络上请求到的数据在界面上显示出来了，具体实现代码如下。

```
public class SubjectFragment extends BaseListFragment<Subject> {
    private SubjectAdapter subjectAdapter;
    @Override
    public BasicAdapter<Subject> getAdapter() {
        subjectAdapter = new SubjectAdapter(list);
        return subjectAdapter;
    }
    @Override
    public Object requstData() {
        checkFromRefreshFromStart();
        String url = Api.Subject;
        String result = HttpUtil.get(url + list.size());
        ArrayList<Subject> subjects = (ArrayList<Subject>)
        JsonUtil.parseJsonToList(result, new TypeToken<List<Subject>>(){}.getType());
        if(subjects != null){
            list.addAll(subjects);
            CommUtil.runOnUIThread(new Runnable() {
                @Override
                public void run() {
                    subjectAdapter.notifyDataSetChanged();
                    refreshListView.onRefreshComplete();
                }
            });
        }
        return result;
    }
}
```

15.7 填充 HotFragment 界面

15.7.1 自定义流式布局 FlowLayout

HotFragment 界面看起来简单，然而实现起来并不简单，因为展示的文字并不是动态地使用 TextView 就能实现的。布局中的每一行有多少个 TextView 是动态的，需要我们自己创建一个自定义布局来动态地加入 TextView 并显示。

HotFragment 界面效果如图 15-20 所示。

图 15-20 所示的流式布局 FlowLayout 的实现代码如下。

图 15-20　HotFragment 界面

```
public class FlowLayout extends ViewGroup {
    //子View和子View之间的水平间距
    private int horizontalSpacing = 15;
    //子View和子View之间的竖直间距
    private int verticalSpacing = 15;
    //
    ArrayList<Line> lineList = new ArrayList<>();
    public FlowLayout(Context context) {
        super(context);
    }
    public FlowLayout(Context context, AttributeSet attrs) {
        super(context, attrs);
    }
    public FlowLayout(Context context, AttributeSet attrs, int defStyleAttr) {
        super(context, attrs, defStyleAttr);
    }
    public int getHorizontalSpacing() {
        return horizontalSpacing;
    }
    //设置水平间距的方法
    public void setHorizontalSpacing(int horizontalSpacing) {
        this.horizontalSpacing = horizontalSpacing;
    }
    public int getVerticalSpacing() {
        return verticalSpacing;
    }
    public void setVerticalSpacing(int verticalSpacing) {
        this.verticalSpacing = verticalSpacing;
    }
    /**
     * 获取留白部分
     * @param line
     * @return
     */
    private int getLineRemainSpacing(Line line){
        return getMeasuredWidth()-getPaddingLeft()-getPaddingRight()-line.getLineWidth();
    }
    @Override
    protected void onMeasure(int widthMeasureSpec, int heightMeasureSpec) {
        super.onMeasure(widthMeasureSpec, heightMeasureSpec);
        //获取当前布局（FlowLayout）的宽度
        int width = MeasureSpec.getSize(widthMeasureSpec);
        //获取真正用于比较的宽度
        int noPaddingWidth = width - getPaddingLeft() - getPaddingRight();
        //创建行对象用于记录每一行的子View
        Line line = new Line();
        for (int i = 0;i<getChildCount; i ++){
            View childView = getChildAt(i);
            //手动测量子View的宽高，为了确保一定能得到宽高
            childView.measure(0,0);
            int tempWidth = line.getLineWidth() + horizontalSpacing +
                    childView.getMeasuredWidth();
            //如果当前line中没有子View，则不用比较，直接放入line中
```

```java
                if(line.getViewList().size() == 0){
                    line.addLineView(childView);
                }else if(tempWidth < noPaddingWidth){
                    //如果加入的新View没有超过布局的宽度，则直接加入本行
                    line.addLineView(childView);
                }else{
                    //如果加入的新View超过布局的宽度，则把新的View加入新的一行
                    lineList.add(line);
                    line = new Line();
                    line.addLineView(childView);
                }
                if(i == (getChildCount()-1)){
                    lineList.add(line);
                }
            }
            //上述for结束后已经完成了分行
            int height = getPaddingBottom()+getPaddingTop();
            for (int i = 0;i< lineList.size();i ++){
                //加入所有行的高度
                height = height + lineList.get(i).getLineHeight();
            }
            //加入所有行之间的竖直间距
            height += (lineList.size()-1)*verticalSpacing;
            //设置测量的宽高
            setMeasuredDimension(width,height);
        }
        /**去摆放所有的子View,让每个人对应到自己的位置上*/
        @Override
        protected void onLayout(boolean changed, int l, int t, int r, int b) {
            int paddingLeft = getPaddingLeft();
            int paddingTop = getPaddingTop();
            //取出每一行
            for (int i = 0; i < lineList.size();i++){
                Line line = lineList.get(i);
                //从第二行开始，每行的top总比上一行的top多一个行高和垂直间距
                if(i>0){
                    //获取上一行
                    Line preLine = lineList.get(i-1);
                    paddingTop = paddingTop + verticalSpacing + preLine.getLineHeight();
                }
                //需要对每一行的子View进行排版
                //取出每一行的子View
                ArrayList<View>  viewList = line.getViewList();
                //获取传入的line的剩余部分
                int remainSpacing = getLineRemainSpacing(line);
                float perSpacing = remainSpacing/viewList.size();
                for (int j = 0;j < viewList.size();j++){
                    View childView = viewList.get(j);
                    int widthSpec = MeasureSpec.makeMeasureSpec((int) (childView.getMeasuredWidth()+perSpacing),MeasureSpec.EXACTLY);
                    childView.measure(widthSpec,0);
                    if(j == 0){
                        //每一行的第一个View
                        childView.layout(paddingLeft,paddingTop,
                            paddingLeft+childView.getMeasuredWidth(),
```

```java
                    paddingTop+childView.getMeasuredHeight());
            }else {
                //如果不是第一个，可以参考前一个View的right
                View preView = viewList.get(j -1);
                //当前View的left = 前一个View的right+水平间距
                int left = preView.getRight()+horizontalSpacing;
                    childView.layout(left, preView.getTop(),
                        left+childView.getMeasuredWidth(),preView.getBottom());
            }
        }
    }
}
class Line{
    //行的宽度
    private int lineWidth;
    //行的高度
    private int lineHeight;
    //记录每一行里的子View
    private ArrayList<View> viewList;
    public Line(){
        viewList = new ArrayList<>();
    }
    /**
     * 获取行宽的方法
     * @return
     */
    public int getLineWidth() {
        return lineWidth;
    }
    /**
     * 获取行高的方法
     * @return
     */
    public int getLineHeight() {
        return lineHeight;
    }
    /**
     * 获取行里面所有的View的方法
     * @return
     */
    public ArrayList<View> getViewList() {
        return viewList;
    }
    /**
     * 往行里面添加View的方法
     **/
    public void addLineView(View child){
        if(!viewList.contains(child)){
            viewList.add(child);
            if(viewList.size() == 1){
                //当只有一个View时，行宽=View的宽度
                lineWidth = child.getMeasuredWidth();
            }else{
                //如果不是第一个View
                lineWidth = lineWidth + child.getMeasuredWidth()+horizontalSpacing;
```

```
                }
                lineHeight = Math.max(lineHeight,child.getMeasuredHeight());
            }
        }
    }
}
```

15.7.2 使用 FlowLayout 完成 HotFragment 界面

　　HotFragment 界面的数据非常简单，只是一些字符串，不需要我们额外进行处理，获得请求数据后即可填充，但是我们还需要对 TextView 进行一些特殊效果的处理，给 FlowLayout 布局中的 TextView 添加背景颜色，并且单击能够实现背景颜色的渐变效果。这里封装一个工具类 DrawableUtil，具体代码如下。

```
public class DrawableUtil {
    public static Drawable createDrawable(int rgb, float raduis){
        GradientDrawable drawable = new GradientDrawable();
        drawable.setShape(GradientDrawable.RECTANGLE);
        drawable.setColor(rgb);
        drawable.setCornerRadius(raduis);
        return drawable;
    }
    public static Drawable createSelector(Drawable pressed,Drawable normal){
        StateListDrawable drawable = new StateListDrawable();
        drawable.addState(new int[]{android.R.attr.state_pressed},pressed);
        drawable.addState(new int[]{},normal);
        if(Build.VERSION.SDK_INT>10){
            drawable.setEnterFadeDuration(500);
            drawable.setExitFadeDuration(500);
        }
        return drawable;
    }
}
```

　　HotFragment 里的代码如下。

```
public class HotFragment extends BaseFragment {
    private FlowLayout flowLayout;
    private int vPadding;
    private int hPadding;
    private int padding;
    @Override
    protected View getCreateSuccessView() {
        ScrollView scrollView = new ScrollView(getActivity());
        //创建FlowLayou对象
        flowLayout = new FlowLayout(getActivity());
        padding = CommUtil.getDimens(R.dimen.dp15);
        vPadding = CommUtil.getDimens(R.dimen.dp6);
        hPadding = CommUtil.getDimens(R.dimen.dp6);
        flowLayout.setPadding(padding, padding, padding, padding);
        flowLayout.setHorizontalSpacing(hPadding);
        flowLayout.setVerticalSpacing(vPadding);
        scrollView.addView(flowLayout);
        return scrollView;
    }
    @Override
```

```java
public Object requstData() {
    String result = HttpUtil.get(Api.Hot);
    final ArrayList<String> list = (ArrayList<String>)
    JsonUtil.parseJsonToList(result,new TypeToken<List<String>>(){}.getType());
    if(list != null){
        CommUtil.runOnUIThread(new Runnable() {
            @TargetApi(Build.VERSION_CODES.JELLY_BEAN)
            @Override
            public void run() {
                for (int i = 0; i < list.size();i++){
                    final TextView textView = new TextView(getActivity());
                    textView.setTextSize(16);
                    textView.setGravity(Gravity.CENTER);
                    textView.setText(list.get(i));
                    textView.setTextColor(Color.WHITE);
                    textView.setPadding(hPadding, vPadding, hPadding, vPadding);
                    Drawable pressed =
                    DrawableUtil.createDrawable(CommUtil.randomColor(),10);
                    Drawable normal =
                    DrawableUtil.createDrawable(CommUtil.randomColor(),10);

                    textView.setBackgroundDrawable(DrawableUtil.createSelector
                    (pressed,normal));
                    //textView.setBackground(normal);
                    flowLayout.addView(textView);
                    textView.setOnClickListener(new View.OnClickListener() {
                        @Override
                        public void onClick(View v) {
                            Toast.makeText(GooglePlayApplication.
                            context,textView.getText(), Toast.LENGTH_SHORT).show();
                        }
                    });
                }
            }
        });
    }
    return result;
}
```

15.8 完成应用详情页 AppDetailActivity

应用详情页开启时，用户单击一个应用时便打开一个应用详情页，详情页使用分模块进行填充，一方面是利于代码的复用，另一方面是便于管理和分工。详情页分为 5 个模块：AppInfo 模块、AppSafe 模块、AppScreen 模块、AppDes 模块和 AppDownload 模块。应用详情页运行效果如图 15-21 所示。

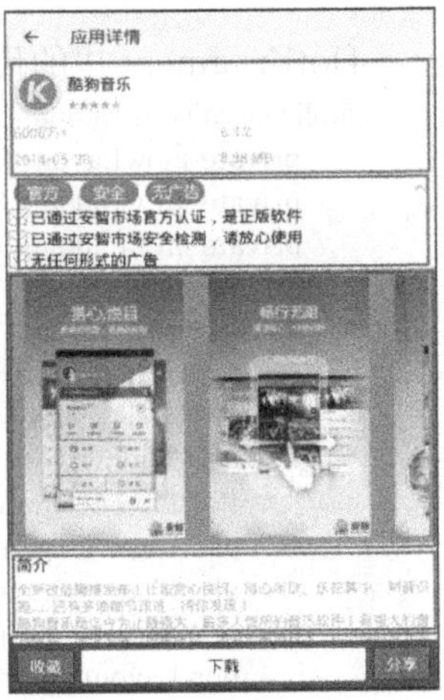

图 15-21 应用详情页效果

15.8.1 AppDetailActivity 整体框架

虽然我们将 AppDetailActivity 分为 5 个模块来进行，但是我们还是需要一个整体的布局将这 5 个模块一一添加进去。整体布局文件代码如下。

```xml
<?xml version="1.0" encoding="utf-8"?>
<LinearLayout xmlns:android="http://schemas.android.com/apk/res/android"
    android:orientation="vertical"
    android:layout_width="match_parent"
    android:layout_height="0dp"
    android:layout_weight="1">
    <ScrollView
        android:id="@+id/scrollview"
        android:layout_width="match_parent"
        android:layout_height="0dp"
        android:layout_weight="1">
        <LinearLayout
            android:id="@+id/holder_container"
            android:layout_width="match_parent"
            android:layout_height="match_parent"
            android:orientation="vertical">
        </LinearLayout>
    </ScrollView>
    <FrameLayout
        android:id="@+id/fl_download"
        android:layout_width="match_parent"
        android:layout_height="55dp">
    </FrameLayout>
</LinearLayout>
```

详情页是从网络上获取数据来进行填充的，因此它也拥有 3 个状态，即加载成功、加载失败和加载中，所以也可以用 LoadingPager 来进行管理。具体框架代码如下。

```java
public class AppDetailActivity extends AppCompatActivity {

    private String packageName;
    private LoadingPager loadingPager;
    private ScrollView scrollView;
    private LinearLayout viewContainer;
    private AppInfo appInfo;
    private FrameLayout fl_download;
    //添加AppInfo、AppSafe、AppScreen、AppDes、AppDownload这5个模块

    @Override
    protected void onCreate(@Nullable Bundle savedInstanceState) {
        super.onCreate(savedInstanceState);
        setActionBar();
        packageName = getIntent().getStringExtra("packageName");
        loadingPager = new LoadingPager(GooglePlayApplication.context) {
            @Override
            protected Object loadData() {
                return requestData();
            }
            @Override
            public View createSuccessView() {
                View view =
                View.inflate(GooglePlayApplication.context,
                R.layout.activity_app_detail,null);
                scrollView = (ScrollView) view.findViewById(R.id.scrollview);
                viewContainer = (LinearLayout) view.findViewById(R.id.holder_container);
                fl_download = (FrameLayout) view.findViewById(R.id.fl_download);
                //1.添加AppInfo模块
```

```java
                //2.添加AppSafe模块
                //3.添加AppScreen模块
                //4.添加AppDes模块
                //5.添加AppDownload模块
                return view;
            }
        };
        setContentView(loadingPager);
    }
    /**
     * 请求数据的方法
     * @return
     */
    private Object requestData() {
        String url = String.format(Api.Detail,packageName);
        String result = HttpUtil.get(url);
        Log.e("Detail", "requestData: "+result);
        appInfo = JsonUtil.parseJsonToBean(result,AppInfo.class);
        if(appInfo != null){
            CommUtil.runOnUIThread(new Runnable() {
                @Override
                public void run() {
                    updateUI();
                }
            });
        }
        return appInfo;
    }
    /**
     * 更改UI的方法
     */
    private void updateUI() {
        //1.绑定AppInfo模块的数据
        //2.绑定AppSafe模块的数据
        //3.绑定AppScreen模块的数据
        //4.绑定AppDes模块的数据
        //5.绑定AppDownLoad模块的数据
    }
    public void setActionBar(){
        ActionBar actionBar = getSupportActionBar();
        actionBar.setTitle("应用详情");
        actionBar.setDisplayHomeAsUpEnabled(true);
    }

    @Override
    public boolean onOptionsItemSelected(MenuItem item) {
        switch(item.getItemId()){
            case android.R.id.home:
                finish();
                break;
        }
        return super.onOptionsItemSelected(item);
    }
    @Override
    public boolean onCreateOptionsMenu(Menu menu) {
        return true;
```

        }
    }

由此可知，viewContainer 是一个容器，只需添加 5 个模块的 View 到 viewContainer 中，每个模块便可以继承 BaseHolder 加载自己的布局，然后返回一个 View。由于篇幅有限，本书只介绍 5 个模块中具有代表性且综合性较强的 AppDownload 模块，其余模块实现可参照光盘项目代码。

15.8.2 完成 AppDownload 模块

AppDownload 模块是这 5 个模块中最复杂的一个模块，应用的下载用到了线程池的管理及断点下载。

首先创建出 AppDownload 模块的 xml 文件，具体代码如下。

```xml
<?xml version="1.0" encoding="utf-8"?>
<LinearLayout xmlns:android="http://schemas.android.com/apk/res/android"
    android:layout_width="match_parent"
    android:layout_height="55dp"
    android:padding="@dimen/dp8"
    android:background="@drawable/detail_bottom_bg"
    android:orientation="horizontal" >
    <Button android:layout_width="wrap_content"
        android:layout_height="match_parent"
        android:textColor="#fff"
        android:textSize="16sp"
        android:background="@drawable/selector_btn_detail"
        android:text="收藏"/>
    <FrameLayout android:layout_weight="1"
        android:layout_width="0dp"
        android:layout_marginLeft="8dp"
        android:layout_marginRight="8dp"
        android:layout_height="match_parent">
        <ProgressBar android:layout_width="match_parent"
            android:id="@+id/pb_progress"
            style="@android:style/Widget.ProgressBar.Horizontal"
            android:progressDrawable="@drawable/progress_app_download"
            android:layout_height="match_parent"/>
        <Button android:layout_width="match_parent"
            android:layout_height="match_parent"
            android:textColor="#000"
            android:textSize="16sp"
            android:id="@+id/btn_download"
            android:background="@drawable/selector_bt_download"
            android:text="下载"/>
    </FrameLayout>
    <Button android:layout_width="wrap_content"
        android:layout_height="match_parent"
        android:textColor="#fff"
        android:textSize="16sp"
        android:background="@drawable/selector_btn_detail"
        android:text="分享"/>
</LinearLayout>

<?xml version="1.0" encoding="utf-8"?>
<layer-list xmlns:android="http://schemas.android.com/apk/res/android">
```

```xml
<item android:id="@android:id/background"
    android:drawable="@drawable/progress_bg">
    <!--  <shape>
        <corners android:radius="5dip" />
        <gradient
            android:startColor="#ff9d9e9d"
            android:centerColor="#ff5a5d5a"
            android:centerY="0.75"
            android:endColor="#ff747674"
            android:angle="270"
            />
    </shape> -->
</item>
<item android:id="@android:id/secondaryProgress">
    <clip>
        <shape>
            <corners android:radius="5dip" />
            <gradient
                android:startColor="#80ffd300"
                android:centerColor="#80ffb600"
                android:centerY="0.75"
                android:endColor="#a0ffcb00"
                android:angle="270"
                />
        </shape>
    </clip>
</item>
<item android:id="@android:id/progress">
    <clip android:drawable="@drawable/download_progress">
    <!--  <shape>
        <corners android:radius="5dip" />
        <gradientsdfg
            android:startColor="#ffffd300"
            android:centerColor="#ffffb600"
            android:centerY="0.75"
            android:endColor="#ffffcb00"
            android:angle="270"
            />
    </shape> -->
    </clip>
</item>
</layer-list>
```

对下载信息进行封装，创建 Bean 类 DownloadInfo。

```java
public class DownloadInfo {
    private long id;//下载任务的唯一标识
    private int state;//下载状态
    private long currentLength;//已经下载的长度
    private long size;//总大小
    private String downloadUrl;//下载地址
    private String path;//apk文件保存的绝对路径
    public static DownloadInfo create(AppInfo appInfo) {
        DownloadInfo downloadInfo = new DownloadInfo();
        downloadInfo.setId(appInfo.getId());
        downloadInfo.setSize(appInfo.getSize());
        downloadInfo.setDownloadUrl(appInfo.getDownloadUrl());
        downloadInfo.setState(DownloadManager.STATE_NONE);//初始化状态
```

```java
            downloadInfo.setCurrentLength(0);
            //下载目录为/mnt/sdcard/包名/download/有缘网.apk
            downloadInfo.setPath(DownloadManager.DOWNLOAD_DIR + File.separator
                    + appInfo.getName() + ".apk");
            return downloadInfo;
    }
    public long getId() {
        return id;
    }

    public void setId(long id) {
        this.id = id;
    }

    public int getState() {
        return state;
    }

    public void setState(int state) {
        this.state = state;
    }

    public long getCurrentLength() {
        return currentLength;
    }

    public void setCurrentLength(long currentLength) {
        this.currentLength = currentLength;
    }

    public long getSize() {
        return size;
    }

    public void setSize(long size) {
        this.size = size;
    }

    public String getDownloadUrl() {
        return downloadUrl;
    }

    public void setDownloadUrl(String downloadUrl) {
        this.downloadUrl = downloadUrl;
    }

    public String getPath() {
        return path;
    }

    public void setPath(String path) {
        this.path = path;
    }
}
```

封装线程池 ThreadPoolManager，把下载任务放到线程池中进行下载，具体代码如下。

```java
public class DownloadManager {
```

```java
//定义下载目录：/mnt/sdcard/包名/download
public static String DOWNLOAD_DIR = Environment.getExternalStorageDirectory().getPath()+
        File.separator + GooglePlayApplication.context.getPackageName()+
        File.separator + "download";
//定义下载状态常量
public static final int STATE_NONE = 0;//未下载的状态
public static final int STATE_DOWNLOADING = 1;//下载中的状态
public static final int STATE_PAUSE = 2;//暂停的状态
public static final int STATE_WAITING = 3;//等待中的状态，任务对象已经创建，但是run()方法没有执行
public static final int STATE_FINISH = 4;//下载完成的状态
public static final int STATE_ERROR = 5;//下载出错的状态

private static DownloadManager mInstance = new DownloadManager();
public static DownloadManager getInstance(){
    return mInstance;
}
//用来存放所有界面的监听器对象
private ArrayList<DownloadObserver> observerList = new ArrayList<DownloadObserver>();
//用来存放所有的任务的DownloadInfo数据。注意：此处没有进行持久化存储，而是内存存储
// private HashMap<Integer, DownloadInfo> downloadInfoMap = new HashMap<Integer, DownloadInfo>();
private SparseArray<DownloadInfo> downloadInfoMap = new SparseArray<DownloadInfo>();
private DownloadManager(){
    //初始化下载目录
    File file = new File(DOWNLOAD_DIR);
    if(!file.exists()){
        file.mkdirs();
    }
}

public void download(AppInfo appInfo){
    //1.获取下载任务对应的DownloadInfo
    DownloadInfo downloadInfo = downloadInfoMap.get((int) appInfo.getId());
    if(downloadInfo==null){
        //说明该任务从来没有下载过
        downloadInfo = DownloadInfo.create(appInfo);
        //将downloadInfo存入downloadInfoMap中
        downloadInfoMap.put((int) downloadInfo.getId(), downloadInfo);
    }
    //2.获取下载任务对应的state来判断是否能够进行下载: none、pause、error
    int state = downloadInfo.getState();
    if(state==STATE_NONE || state==STATE_PAUSE || state==STATE_ERROR){
        //说明可以进行下载了,此时就可以创建DownloadTask,交给线程池管理
        DownloadTask downloadTask = new DownloadTask(downloadInfo);

        //更新下载任务对应的state
        downloadInfo.setState(STATE_WAITING);//更新状态为等待中
        //通知监听器状态更改了
        notifyDownloadStateChange(downloadInfo);

        //3.将DownloadTask交给线程池管理
        ThreadPoolManager.getInstance().execute(downloadTask);
    }
}

/**
 * 下载文件和保存文件的逻辑都在这里面
 * @author Administrator
```

```java
 *
 */
class DownloadTask implements Runnable{
    private DownloadInfo downloadInfo;
    public DownloadTask(DownloadInfo downloadInfo) {
        this.downloadInfo = downloadInfo;
    }
    @Override
    public void run() {
        //4.run()方法执行，将state设置downloading
        downloadInfo.setState(STATE_DOWNLOADING);//更新状态为等待中
        //通知监听器状态更改
        notifyDownloadStateChange(downloadInfo);

        //5.判断下载类型：a.从头下载  b.断点下载
        HttpUtil.HttpResult httpResult = null;
        File file = new File(downloadInfo.getPath());
        if(!file.exists() || file.length()!=downloadInfo.getCurrentLength()){
            //需要从头下载的情况
            file.delete();//删除无效文件
            downloadInfo.setCurrentLength(0);//清空currentLength

            String url = String.format(Api.Download,downloadInfo.getDownloadUrl());
            httpResult = HttpUtil.download(url);
        }else {
            //需要断点下载的情况
            String url = String.format(Api.Break_Download,downloadInfo.getDownloadUrl(),downloadInfo.getCurrentLength());
            httpResult = HttpUtil.download(url);
        }

        //6.读取流，写入文件
        if(httpResult!=null && httpResult.getInputStream()!=null){
            //说明成功地请求到了文件数据
            InputStream is = httpResult.getInputStream();
            FileOutputStream fos = null;
            try {
                fos = new FileOutputStream(file,true);
                byte[] buffer = new byte[1024*8];//8KB的缓冲区
                int len = -1;
                while((len=is.read(buffer))!=-1 && downloadInfo.getState()==STATE_DOWNLOADING){
                    fos.write(buffer, 0, len);//写文件

                    //更新CurrentLength
                    downloadInfo.setCurrentLength(downloadInfo.getCurrentLength()+len);
                    //通知监听器下载进度更新
                    notifyDownloadProgressChange(downloadInfo);
                }
            } catch (Exception e) {
                e.printStackTrace();
                //属于下载失败的情况
                processDownloadError(file);
            }finally{
                //关闭链接和流
                httpResult.close();
                try {
```

```java
                    if(fos!=null)fos.close();
                } catch (IOException e) {
                    e.printStackTrace();
                }
            }

            //7.代码走到这里：a.下载完成  b.暂停
            if(file.length()==downloadInfo.getSize() && downloadInfo.getState()==STATE_DOWNLOADING){
                //说明下载完成了
                downloadInfo.setState(STATE_FINISH);
                notifyDownloadStateChange(downloadInfo);
            }else if (downloadInfo.getState()==STATE_PAUSE) {
                notifyDownloadStateChange(downloadInfo);
            }

        }else {
            //说明请求文件数据失败
            processDownloadError(file);
        }

    }
    /**
     * 处理下载失败的情况
     * @param file
     */
    private void processDownloadError(File file){
        file.delete();//删除失败文件
        downloadInfo.setCurrentLength(0);//清空currentLength
        downloadInfo.setState(STATE_ERROR);//更改状态为error
        notifyDownloadStateChange(downloadInfo);//通知状态更改
    }

}
/**
 * 通知所有的监听器状态更改了
 * @param downloadInfo
 */
private void notifyDownloadStateChange(final DownloadInfo downloadInfo){
    CommUtil.runOnUIThread(new Runnable() {
        @Override
        public void run() {
            for(DownloadObserver observer : observerList){
                observer.onDownloadStateChange(downloadInfo);
            }
        }
    });
}
/**
 * 通知所有的监听器下载进度更新了
 * @param downloadInfo
 */
private void notifyDownloadProgressChange(final DownloadInfo downloadInfo){
    CommUtil.runOnUIThread(new Runnable() {
        @Override
        public void run() {
            for(DownloadObserver observer : observerList){
```

```java
                    observer.onDownloadProgressChange(downloadInfo);
                }
            }
        });
    }
    public DownloadInfo getDownloadInfo(AppInfo appInfo){
        return downloadInfoMap.get((int) appInfo.getId());
    }

    /**
     * 暂停的方法
     */
    public void pause(AppInfo appInfo){
        DownloadInfo downloadInfo = getDownloadInfo(appInfo);
        if(downloadInfo!=null){
            //将当前downloadInfo的state设置为pause
            downloadInfo.setState(STATE_PAUSE);//更改状态
            notifyDownloadStateChange(downloadInfo);
        }
    }
    /**
     * 安装App的方法
     */
    public void installApk(AppInfo appInfo){
        DownloadInfo downloadInfo = getDownloadInfo(appInfo);
        if(downloadInfo!=null){
            /*<action android:name="android.intent.action.VIEW" />
                <category android:name="android.intent.category.DEFAULT" />
                <data android:scheme="content" />
                <data android:scheme="file" />
                <data android:mimeType="application/vnd.android.package-archive" />*/

            Intent intent = new Intent(Intent.ACTION_VIEW);
            intent.addFlags(Intent.FLAG_ACTIVITY_NEW_TASK);//开启新的任务栈来存放新的Activity
            intent.setDataAndType(Uri.parse("file://"+downloadInfo.getPath()),"application/vnd.android.package-archive");
            GooglePlayApplication.context.startActivity(intent);
        }
    }

    /**
     * 注册下载观察者
     * @param downloadObserver
     */
    public void registerDownloadObserver(DownloadObserver downloadObserver){
        if(!observerList.contains(downloadObserver)){
            observerList.add(downloadObserver);
        }
    }

    /**
     * 从集合中移除下载观察者
     * @param downloadObserver
     */
    public void unregisterDownloadObserver(DownloadObserver downloadObserver){
        if(observerList.contains(downloadObserver)){
```

```
                observerList.remove(downloadObserver);
        }
    }
        public interface DownloadObserver{
            void onDownloadProgressChange(DownloadInfo downloadInfo);
        }
}
```

封装下载任务进行断点下载 DownloadManager，代码如下。

```
public class DownloadManager {
    //定义下载目录：/mnt/sdcard/包名/download
    public static String DOWNLOAD_DIR = Environment.getExternalStorageDirectory().getPath()+
            File.separator + GooglePlayApplication.context.getPackageName()+
            File.separator + "download";
    //定义下载状态常量
    public static final int STATE_NONE = 0;//未下载的状态
    public static final int STATE_DOWNLOADING = 1;//下载中的状态
    public static final int STATE_PAUSE = 2;//暂停的状态
    public static final int STATE_WAITING = 3;//等待中的状态，任务对象已经创建，但是run()方法没有执行
    public static final int STATE_FINISH = 4;//下载完成的状态
    public static final int STATE_ERROR = 5;//下载出错的状态

    private static DownloadManager mInstance = new DownloadManager();
    public static DownloadManager getInstance(){
        return mInstance;
    }
    //用来存放所有界面的监听器对象
    private ArrayList<DownloadObserver> observerList = new ArrayList<DownloadObserver>();
    //用来存放所有任务的DownloadInfo数据。注意：此处没有进行持久化存储，而是内存存储
//  private HashMap<Integer, DownloadInfo> downloadInfoMap = new HashMap<Integer, DownloadInfo>();
    private SparseArray<DownloadInfo> downloadInfoMap = new SparseArray<DownloadInfo>();

    private DownloadManager(){
        //初始化下载目录
        File file = new File(DOWNLOAD_DIR);
        if(!file.exists()){
            file.mkdirs();
        }
    }
    public void download(AppInfo appInfo){
        //1.获取下载任务对应的DownloadInfo
        DownloadInfo downloadInfo = downloadInfoMap.get((int) appInfo.getId());
        if(downloadInfo==null){
            //说明该任务从来没有下载过
            downloadInfo = DownloadInfo.create(appInfo);
            //将downloadInfo存入downloadInfoMap中
            downloadInfoMap.put((int) downloadInfo.getId(), downloadInfo);
        }
        //2.获取下载任务对应的state来判断是否能够进行下载: none、pause、error
        int state = downloadInfo.getState();
        if(state==STATE_NONE || state==STATE_PAUSE || state==STATE_ERROR){
            //说明可以进行下载了，那么就可以创建DownloadTask，交给线程池管理
            DownloadTask downloadTask = new DownloadTask(downloadInfo);

            //更新下载任务对应的state
            downloadInfo.setState(STATE_WAITING);//更新状态为等待中
            //通知监听器状态更改了
```

```java
            notifyDownloadStateChange(downloadInfo);

            //3.将DownloadTask交给线程池管理
            ThreadPoolManager.getInstance().execute(downloadTask);
    }
}
class DownloadTask implements Runnable{
    private DownloadInfo downloadInfo;
    public DownloadTask(DownloadInfo downloadInfo) {
        this.downloadInfo = downloadInfo;
    }
    @Override
    public void run() {
        //4.run()方法执行时将state设置为downloading
        downloadInfo.setState(STATE_DOWNLOADING);//更新状态为等待中
        //通知监听器状态更改
        notifyDownloadStateChange(downloadInfo);

        //5.判断下载类型：a.从头下载   b.断点下载
        HttpUtil.HttpResult httpResult = null;
        File file = new File(downloadInfo.getPath());
        if(!file.exists() || file.length()!=downloadInfo.getCurrentLength()){
            //需要从头下载的情况
            file.delete();//删除无效文件
            downloadInfo.setCurrentLength(0);//清空CurrentLength

            String url = String.format(Api.Download,downloadInfo.getDownloadUrl());
            httpResult = HttpUtil.download(url);
        }else {
            //需要断点下载的情况
            String url = String.format(Api.Break_Download,downloadInfo.getDownloadUrl(),
downloadInfo.getCurrentLength());
            httpResult = HttpUtil.download(url);
        }

        //6.读取流，写入文件
        if(httpResult!=null && httpResult.getInputStream()!=null){
            //说明成功地请求到了文件数据
            InputStream is = httpResult.getInputStream();
            FileOutputStream fos = null;
            try {
                fos = new FileOutputStream(file,true);
                byte[] buffer = new byte[1024*8];//8KB的缓冲区
                int len = -1;
                while((len=is.read(buffer))!=-1 &&
                downloadInfo.getState()==STATE_DOWNLOADING){
                    fos.write(buffer, 0, len);//写文件
                    //更新CurrentLength
                    downloadInfo.setCurrentLength(downloadInfo.getCurrentLength()+len);
                    //通知监听器下载进度更新
                    notifyDownloadProgressChange(downloadInfo);
                }
            } catch (Exception e) {
                e.printStackTrace();
                //属于下载失败的情况
                processDownloadError(file);
```

```java
            }finally{
                //关闭链接和流
                httpResult.close();
                try {
                    if(fos!=null)fos.close();
                } catch (IOException e) {
                    e.printStackTrace();
                }
            }

            //7.代码走到这里：a.下载完成  b.暂停
            if(file.length()==downloadInfo.getSize() &&
            downloadInfo.getState()==STATE_DOWNLOADING){
                //说明下载完成了
                downloadInfo.setState(STATE_FINISH);
                notifyDownloadStateChange(downloadInfo);
            }else if (downloadInfo.getState()==STATE_PAUSE) {
                notifyDownloadStateChange(downloadInfo);
            }

        }else {
            //说明请求文件数据失败
            processDownloadError(file);
        }

    }
    /**
     * 处理下载失败的情况
     * @param file
     */
    private void processDownloadError(File file){
        file.delete();//删除失败文件
        downloadInfo.setCurrentLength(0);//清空CurrentLength
        downloadInfo.setState(STATE_ERROR);//更改状态为error
        notifyDownloadStateChange(downloadInfo);//通知状态更改
    }

}
/**
 * 通知所有的监听器状态更改了
 * @param downloadInfo
 */
private void notifyDownloadStateChange(final DownloadInfo downloadInfo){
    CommUtil.runOnUIThread(new Runnable() {
        @Override
        public void run() {
            for(DownloadObserver observer : observerList){
                observer.onDownloadStateChange(downloadInfo);
            }
        }
    });
}
/**
 * 通知所有的监听器下载进度更新了
 * @param downloadInfo
 */
```

```java
    private void notifyDownloadProgressChange(final DownloadInfo downloadInfo){
        CommUtil.runOnUIThread(new Runnable() {
            @Override
            public void run() {
                for(DownloadObserver observer : observerList){
                    observer.onDownloadProgressChange(downloadInfo);
                }
            }
        });
    }
    /**
     * 获取对应的DownloadInfo
     * @param appInfo
     * @return
     */
    public DownloadInfo getDownloadInfo(AppInfo appInfo){
        return downloadInfoMap.get((int) appInfo.getId());
    }

    /**
     * 暂停的方法
     */
    public void pause(AppInfo appInfo){
        DownloadInfo downloadInfo = getDownloadInfo(appInfo);
        if(downloadInfo!=null){
            //将当前downloadInfo的state设置为pause
            downloadInfo.setState(STATE_PAUSE);//更改状态
            notifyDownloadStateChange(downloadInfo);
        }
    }
    /**
     * 安装App的方法
     */
    public void installApk(AppInfo appInfo){
        DownloadInfo downloadInfo = getDownloadInfo(appInfo);
        if(downloadInfo!=null){
            /*<action android:name="android.intent.action.VIEW" />
                <category android:name="android.intent.category.DEFAULT" />
                <data android:scheme="content" />
                <data android:scheme="file" />
                <data android:mimeType="application/vnd.android.package-archive" />*/

            Intent intent = new Intent(Intent.ACTION_VIEW);
            intent.addFlags(Intent.FLAG_ACTIVITY_NEW_TASK);
            intent.setDataAndType(Uri.parse("file://"+downloadInfo.getPath()),
                    "application/vnd.android.package-archive");
            GooglePlayApplication.context.startActivity(intent);
        }
    }
    /**
     * 注册下载观察者
     * @param downloadObserver
     */
    public void registerDownloadObserver(DownloadObserver downloadObserver){
        if(!observerList.contains(downloadObserver)){
            observerList.add(downloadObserver);
```

```java
        }
    }
    /**
     * 从集合中移除下载观察者
     * @param downloadObserver
     */
    public void unregisterDownloadObserver(DownloadObserver downloadObserver){
        if(observerList.contains(downloadObserver)){
            observerList.remove(downloadObserver);
        }
    }
    /**
     * 下载状态和进度改变的监听器
     * @author Administrator
     *
     */
    public interface DownloadObserver{
        /**
         * 下载状态改变的回调
         */
        void onDownloadStateChange(DownloadInfo downloadInfo);
        /**
         * 下载进度改变的回调
         */
        void onDownloadProgressChange(DownloadInfo downloadInfo);
    }
}
```

在 AppDetailActivity 中加入 AppDownload 模块，在相应注释的地方分别加入如下代码。

添加 AppDownload 的 View：

```
appDownloadHolder = new AppDownloadHolder();
fl_download.addView(appDownloadHolder.getHolderView());
```

给模块绑定数据：

```
appDownloadHolder.bindData(appInfo);
```

至此，谷歌电子市场已经实现了所有的功能，其他的单击事件都是相同的操作，这里不再赘述。

15.9 本章小结

谷歌电子市场是一个比较大的相对比较综合的项目，几乎包括了前面几章所有的基础知识，既是基础知识的回顾与应用，也是对基础知识的扩展。对于项目的掌握，没有其他捷径，读者只能多练才能灵活运用。

关键知识点测评

1. 以下（　　）用于 ViewPager 指示器的第三方框架。
   A. PhotoView   B. ImageLoader
   C. PagerSlidingTab   D. StellarMap

2. 请选择兼容 3.0 以下版本的属性动画的开源类（　　）。
   A. ImageLoader   B. NineOldAndroid
   C. ObjectAnimation   D. FlowAnimation